四川省重点出版专项资金资助项目

无人机遥感及图像处理

WURENJI YAOGAN JI
TUXIANG CHULI

主　编◎童　玲
副主编◎李玉霞　何　磊

电子科技大学出版社
University of Electronic Science and Technology of China Press

·成都·

图书在版编目（CIP）数据

无人机遥感及图像处理／童玲主编．—成都：
电子科技大学出版社，2018.11
ISBN 978-7-5647-6686-3

Ⅰ.①无… Ⅱ.①童… Ⅲ.①无人驾驶飞机—航空遥感
—遥感图象—图象处理 Ⅳ.①V279 ②TP72

中国版本图书馆 CIP 数据核字（2018）第 228259 号

无人机遥感及图像处理
WURENJI YAOGAN JI TUXIANG CHULI

童　玲　主编
李玉霞　何　磊　副主编

策划编辑　张　琴　吴艳玲
责任编辑　刘　凡

出版发行	电子科技大学出版社
	成都市一环路东一段 159 号电子信息产业大厦九楼　邮编　610051
主　页	www.uestcp.com.cn
服务电话	028-83203399
邮购电话	028-83201495

印　　刷	四川煤田地质制图印刷厂
成品尺寸	170mm×240mm
印　　张	21
字　　数	550 千字
版　　次	2018 年 11 月第一版
印　　次	2018 年 11 月第一次印刷
书　　号	ISBN 978-7-5647-6686-3
定　　价	98.00 元

版权所有，侵权必究

前　言

无人机遥感系统具有机动灵活性、低成本、专用化等特点，能够快速获取目标物的多种特征信息，完成遥感数据处理、应用与分析，在军事及民用领域具有极为广泛的应用前景。无人机遥感图像由于具有小像幅、小基高比、重叠度高和偏角大等特点，其处理难度远大于其他遥感图像，也导致了无人机遥感图像处理技术成为遥感图像研究的前沿和热点之一。

作者及其研究团队在无人机遥感的成像机理、图像几何校正、图像配准和拼接等方面开展了大量的理论和实验研究。在国家自然科学基金、民用航天预先研究和四川省科技支撑计划支持下，在无人机遥感及其图像处理方面取得了一批研究成果。

本书将航空遥感理论和无人机图像处与工程应用相结合，系统论述了无人机遥感成像机理、图像处理技术和应用的核心内容。全书分为四个部分：第一部分介绍了无人机遥感图像成像原理；第二部分以无人机遥感图像的几何畸变校正为主要内容，包括图像传感器内部畸变校正和缺少控制点的几何纠正技术；第三部分从面向复杂场景的无人机图像配准和拼接方面，阐述了面向灾害应急的无人机图像配准和无人机遥感图像拼接和融合；第四部分主要阐述了无人机遥感图像海量数据并行处理技术。本书提供了无人机遥感图像处理方法、实验结果和分析，可为相关研究工作提供方法参考和应用依据。

无人机遥感及其图像处理是集成遥感科学、数字图像处理、计算机技术等交叉学科。随着无人机遥感最新技术和需求的发展，虽然作者已积累了大量的研究成果，但仍然有未解决和不完善之处，特别缺乏系统性、整体性和持续性的跟踪研究。

本书是在童玲教授领导的四川省对地观测研究中心所取得的研究成果基础上完成的。童玲教授、李玉霞副教授和何磊博士负责了本书的撰写和校对。

此外部分研究生参与本书的校对和绘图工作，他们是李振旭、李凡、潘益群、袁浪、王丹蕾，在此表示感谢。同时，司宇、范琨龙同学在本书撰写承担了大量协助工作。此外，本书还参考了大量的相关资料，对这些文献的作者表示感谢。

由于作者水平有限，书中缺点错误在所难免，恳请读者不吝批评指正。

作　者

目 录 Contents

前言 ·· (1)

第1章 绪论 ··· (1)

1.1 无人机遥感系统概述 ··· (1)

1.1.1 无人机系统概述 ··· (2)

1.1.2 地面控制系统 ·· (8)

1.1.3 数据后处理系统 ··· (9)

1.2 无人机遥感现状及趋势 ·· (10)

1.3 无人机遥感图像处理的发展现状 ································ (12)

1.3.1 无人机图像几何校正的研究现状 ······················· (13)

1.3.2 无人机图像配准的研究现状 ····························· (13)

1.4 无人机遥感的主要应用领域 ····································· (15)

1.4.1 自然灾害动态监测与评估 ································ (15)

1.4.2 环境监测与保护 ··· (16)

1.4.3 国土资源调查与管理 ······································ (17)

1.4.4 海洋及海事应用 ··· (19)

1.4.5 测绘领域的应用 ··· (20)

1.4.6 无人机遥感系统的其它应用 ····························· (21)

参考文献 ··· (22)

第2章 无人机遥感图像成像原理 (26)

2.1 无人机遥感常用的传感器 (26)
2.1.1 数码相机传感器 (26)
2.1.2 多光谱、高光谱成像仪 (27)
2.1.3 红外传感器 (29)

2.2 传感器成像原理及误差来源 (29)
2.2.1 数码相机成像原理 (30)
2.2.2 无人机遥感影像的误差来源 (31)
2.2.3 镜头成像畸变类型 (37)

2.3 无人机成像的坐标系统和姿态参数 (38)
2.3.1 坐标系统 (38)
2.3.2 坐标变换 (40)
2.3.3 飞行姿态角 (41)

参考文献 (42)

第3章 无人机遥感图像传感器内部畸变的几何校正 (46)

3.1 无人机遥感影像内部变形误差纠正 (46)
3.1.1 无人机遥感影像的内部误差纠正方法 (46)
3.1.2 利用畸变模型的校正算法 (48)
3.1.3 多项式校正原理与模型 (51)

3.2 实验与计算结果分析 (55)
3.2.1 实验准备 (55)
3.2.2 计算校正结果 (58)

3.3 检验评价 (72)
3.3.1 应用指标评价 (72)

参考文献 (77)

第4章 缺少控制点的无人机遥感影像几何校正 (80)

4.1 基于飞行姿态参数的无人机遥感影像几何校正模型 (80)

4.1.1　校正模型的假设条件 …………………………………… (81)
　　4.1.2　俯仰角 PITCH …………………………………………… (81)
　　4.1.3　滚转角 ROLL …………………………………………… (85)
　　4.1.4　偏航角 YAW …………………………………………… (86)
　　4.1.5　高度 HEIGHT …………………………………………… (88)
4.2　无人机遥感影像几何校正算法设计与实现 ……………………… (89)
　　4.2.1　几何校正算法设计 ………………………………………… (89)
　　4.2.2　算法系统实现 ……………………………………………… (92)
4.3　无人机低空遥感影像的几何校正试验 …………………………… (96)
　　4.3.1　无地面控制点试验 ………………………………………… (96)
　　4.3.2　地面控制点测量 …………………………………………… (98)
　　4.3.3　缺少地面控制点试验 ……………………………………… (103)
　　4.3.4　有地面控制点试验 ………………………………………… (105)
　　4.3.5　质量评价与结果分析 ……………………………………… (109)
参考文献 ……………………………………………………………………… (116)

第 5 章　面向灾害应急的无人机遥感图像配准 ………………………… (118)

5.1　图像配准概述 ………………………………………………………… (118)
　　5.1.1　图像配准分类 ……………………………………………… (118)
　　5.1.2　图像配准的模型 …………………………………………… (119)
　　5.1.3　图像配准的常用方法 ……………………………………… (122)
　　5.1.4　图像配准流程 ……………………………………………… (125)
5.2　分阶段匹配与二次分步搜索 ………………………………………… (126)
　　5.2.1　分阶段匹配策略 …………………………………………… (127)
　　5.2.2　基于相位相关法的重叠区域检测 ………………………… (129)
　　5.2.3　二次分步搜索法 …………………………………………… (134)
5.3　特征检测与伪控制点变换模型 ……………………………………… (142)
　　5.3.1　Harris 角点检测算法 ……………………………………… (142)

5.3.2 角点匹配及其改进 …………………………………… (146)
5.3.3 重叠区域分块和分块平移参数 ……………………… (150)
5.3.4 伪控制点变换模型 …………………………………… (153)
5.4 实验与结论 ………………………………………………… (162)
5.4.1 实验概况 ……………………………………………… (163)
5.4.2 分阶段匹配策略整体性能 …………………………… (164)
5.4.3 二次分步搜索法实验结果及分析 …………………… (166)
5.4.4 伪控制点变换模型实验结果及分析 ………………… (171)
5.4.5 多图的拼接效果 ……………………………………… (176)
参考文献 …………………………………………………………… (179)

第6章 无人机遥感图像拼接与融合 …………………………… (182)
6.1 无人机图像拼接概述 ……………………………………… (182)
6.1.1 图像拼接的特点 ……………………………………… (182)
6.1.2 图像拼接的常用方法 ………………………………… (183)
6.1.3 图像拼接的基本流程 ………………………………… (184)
6.2 基于全局配准的影像拼接 ………………………………… (185)
6.2.1 透视变换模型简介 …………………………………… (186)
6.2.2 基于影像局部配准的拼接 …………………………… (187)
6.2.3 传统的全局配准的拼接方法 ………………………… (188)
6.2.4 改进的全局配准的拼接方法 ………………………… (190)
6.2.5 实验分析 ……………………………………………… (199)
6.3 基于最佳拼接线的影像融合 ……………………………… (206)
6.3.1 影像融合技术概述 …………………………………… (207)
6.3.2 基于最佳拼接线的多分辨率样条技术影像融合 ………
 …………………………………………………………… (210)
6.3.3 实验分析 ……………………………………………… (215)
参考文献 …………………………………………………………… (219)

第 7 章 基于 GPU 的无人机图像快速处理 (225)

7.1 GPU 与 CUDA 并行计算概述 (225)
7.1.1 CUDA 软件架构 (229)
7.1.2 CUDA 硬件架构 (232)
7.1.3 CUDA 与无人机图像处理 (236)

7.2 基于 CUDA 实现无人机遥感图像快速配准 (237)
7.2.1 极坐标变换的相位相关法 (237)
7.2.2 遍历搜索的相位相关法图像配准 (241)
7.2.3 CUDA 实现相位相关法配准 (241)
7.2.4 实验结果分析与性能优化 (243)

7.3 基于 CUDA 实现无人机图像融合 (249)
7.3.1 加权平均法 (249)
7.3.2 多分辨率融合法 (250)
7.3.3 图像高斯金字塔分解 (251)
7.3.4 拉普拉斯金字塔建立 (253)
7.3.5 金字塔图像重构 (255)
7.3.6 基于拉普拉斯金字塔分解的图像多分辨率融合 (257)

参考文献 (261)

第 8 章 面向对象的无人机遥感图像信息提取 (265)

8.1 面向对象技术概述 (265)
8.1.1 面向对象分割的含义 (265)
8.1.2 面向对象技术的特点 (266)
8.1.3 遥感中的尺度问题 (267)
8.1.4 多尺度影像分割技术 (267)

8.2 改进基于纹理连续的多尺度分割算法 (270)
8.2.1 技术路线 (270)

8.2.2　过分割 ……………………………………………………… (271)
　　8.2.3　纹理连续性计算 …………………………………………… (272)
　　8.2.4　区域异质性函数建立 ……………………………………… (277)
　　8.2.5　区域合并过程 ……………………………………………… (279)
　　8.2.6　算法各因子分析 …………………………………………… (282)
8.3　最优尺度模型构建与结果分析 ……………………………………… (286)
　　8.3.1　最优尺度模型构建 ………………………………………… (286)
　　8.3.2　分割算法对比评价 ………………………………………… (290)
8.4　分割对象特征的提取与分析 ………………………………………… (296)
　　8.4.1　对象的特征定量描述 ……………………………………… (296)
　　8.4.2　对象选择与特征统计 ……………………………………… (298)
　　8.4.3　主成分分析 ………………………………………………… (302)
　　8.4.4　对象特征提取实验 ………………………………………… (303)
8.5　基于支持向量机的高分辨率无人机影像分类 ……………………… (303)
　　8.5.1　支持向量机基础 …………………………………………… (303)
　　8.5.2　分类识别模型建立 ………………………………………… (309)
　　8.5.3　分类实验及精度对比 ……………………………………… (312)
　　8.5.4　不同灾害信息提取 ………………………………………… (315)
参考文献 ……………………………………………………………………… (322)

第1章 绪论

1.1 无人机遥感系统概述

无人机遥感系统（Unmanned Aerial Vehicle Remote Sensing System, UAVRSS）是一种以无人机为航空平台，以各种成像与非成像传感器为主要载荷，飞行高度一般在几千米以内（军用可达10km之上），能够获取遥感影像、视频等数据的无人航空遥感与摄影测量系统。该系统以获取低空高分辨率及高精度遥感影像为目的，集成无人驾驶飞行器、遥感传感器、遥测遥控、通信、GPS/INS导航定位和遥感应用等先进技术，建立一种高机动性、低成本、小型化和专用化的遥感系统。无人机遥感系统是能够自动化、智能化快速获取国土、资源、环境等空间遥感信息，完成遥感数据处理、建模和应用分析的综合性系统[1]。一般，民用的UAVRSS主要有无人机系统、轻小型多功能对地观测传感系统、地面控制系统、地面数据后处理系统、数据传输链路、综合保障系统与设备等组成，主要组成如图1-1所示。

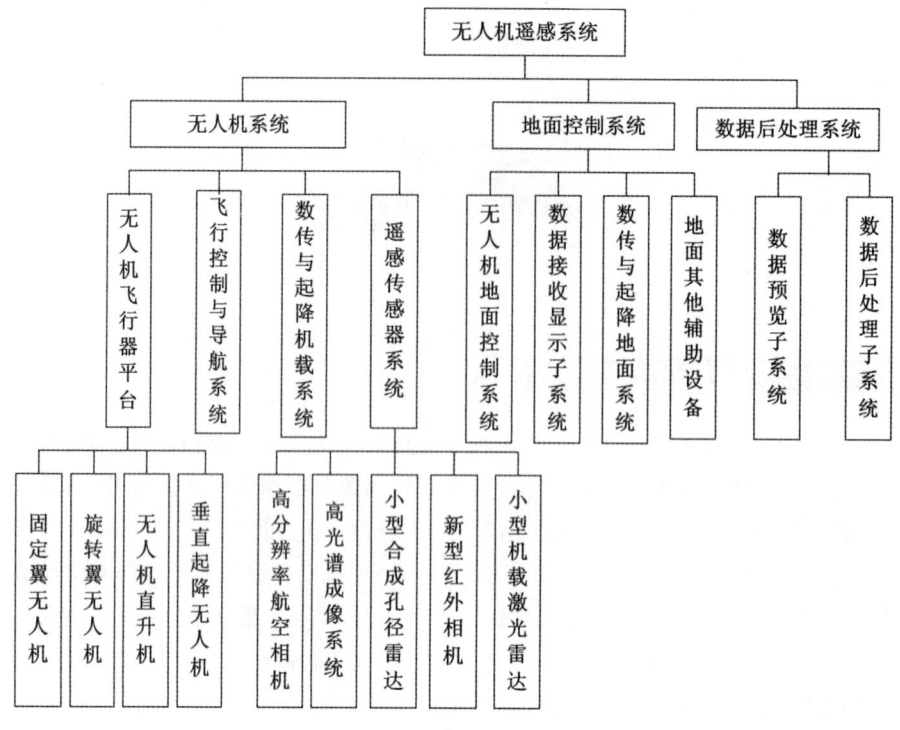

图 1-1　无人机遥感系统组成[1]

下面分别阐述无人机遥感系统所包含的无人机系统、地面控制系统和数据后处理系统组成和功能等方面的概况。

1.1.1　无人机系统概述

无人机系统（Unmanned Aerial System，UAS）是一套综合的技术支撑系统，它是对无人机（UAV）概念的扩展，由机体、机上载荷和地面设备等组成，可实现飞行、操控、数据处理和信息传输等功能。无人机系统是无人机遥感系统中一个重要组成部分，它主要包括无人驾驶飞行器、飞行控制及导航子系统、有效载荷（遥感传感器子系统）、数据链路（通信子系统）、发射与回收机载子系统等几个组成部分。

1. 无人驾驶飞行器

无人驾驶飞行器（Unmanned Aerial Vehicle，UAV）也称无人机，是一种无人驾驶的航空飞行器，具有动力装置和导航模块，在一定范围内靠计算机预编程序自主控制或无线电遥控设备飞行。它一般包括无人机机体、推进装置、飞行操作装置和供电系统。飞行数据终端安装在无人驾驶飞行器上，是通信数据链路的机载部分。有效载荷也安装在无人驾驶飞行器上,但它是一个独立的子系统,通常情况下易于在不同飞行器间互换使用,并且是为一项或多项具体任务而特别设计的。

无人机类型繁多,从动力、用途、控制方式、结构、航程和飞行器重量等方面可划分为多种类型。按照机体结构划分为固定翼、多旋翼、无人机直升机、垂直起降、伞翼、扑翼等无人机;按照航程分为近程、中程、远程和全球无人机;按照飞行器重量分为微型、小型、中型和大型无人机;按照用途分为军用、民用和多用途无人机;按照动力分为太阳能、燃油、燃料电池和混合动力无人机;按控制方式可分为无线电遥控、预编程自主控制、程控与遥控复合控制无人机。目前,全世界有超过 50 个国家装备了 300 种以上的无人机。比较著名的有美国的"全球鹰""捕食者""X-47B""猎鹰"等大型 UAV,中国的"ASN""彩虹""翼龙""翔龙"等无人机,英国的"凤凰"中型 UAV,以色列的"云雀""鸟眼"系列小型 UAV 等。

目前,随着军事方面的需求和发展,军用无人机平台将逐渐向隐形化、高空、高速、长航时、空中预警与格斗化以及驾驶功能多样化等方向发展。与军用无人机发展需求不同,民用无人机技术要求较低,更注重经济性,军用技术的民用化也降低了无人机市场进入门槛和研发成本,使得民用无人机得以快速发展。民用领域对无人机的飞行速度要求通常在 100km/h 以下,飞机高度在 3000m 以下,某些特殊应用飞行高度在 4000~5000m。我国民用无人机市场空间巨大,已具有先进的技术,进入了快速发展期,譬如,深圳市大疆创新科技有限公司(DJI-Innovations,DJI)所生产的中小型无人机已占据约 50% 的全球无人机市场。

无人机性能主要由它承担的任务所决定,描述无人机性能的指标一般包括:速度性能(最大平飞速度、最小平飞速度、巡航速度)、高度性能(最大爬升率)、飞行距离(航程、活动半径、续航时间)、起飞着陆性能、机动性能、稳定性能等。

1) 速度性能指标

最大平飞速度:是指无人机在一定高度上做水平飞行时,发动机以最大推力工作所能达到的最大飞行速度,这是衡量飞机性能的一个重要指标。

最小平飞速度:是指飞机在一定飞行高度上维持水平飞行的最小速度。无人机的最小平飞速度越小,它的起飞、着陆和盘旋性能就越好。

巡航速度:是指发动机在每千米消耗燃油最少的情况下飞机的飞行速度。这个速度一般是最大平飞速度的 70%~80%。无人机以巡航速度飞行是最经

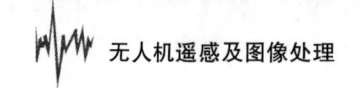

济且飞行航程最大的。

2）高度性能指标

高度性能一般用最大爬升率表示。最大爬升率又称爬升速度或上升率，是各型无人机，尤其是战斗型无人机的重要性能指标。它是指飞行器在稳定爬升，即爬升过程中速度的大小和方向不变的情况下，在单位时间内增加的高度。飞机在一定高度以最大油门状态，按不同爬升角爬升，所能获得的爬升率的最大值称为该高度的最大爬升率。最大爬升率越大，所需爬升时间越短。

3）飞行距离

航程：是指无人机在不加油的情况下所能达到的最远水平飞行距离，发动机的耗油率是决定无人机航程的主要因素。

活动半径：对于军用无人机也称为作战半径，指飞机由机场起飞，到达某一空中位置，并完成一定任务后返回原机场所能达到的最远单程距离。

续航时间：是指无人机耗尽其可用燃料所能持续飞行的时间。

4）起飞着陆性能

无人机的起飞着陆性能是指飞机起飞和着陆滑跑距离的长短，距离越短则性能越优越。无人机的自主起飞和着陆过程是无人机安全行驶的一个重要环节。

5）机动性能和稳定性能

无人机的机动性能是指无人机在一定的时间内改变飞行速度、飞行高度、飞行方向的能力（盘旋、滚转、俯冲、筋斗等动作），相应的性能称为速度机动性、高度机动性和方向机动性。显然，飞机改变一定速度、高度和方向所需时间较短，则无人机的机动性能越好。

无人机的稳定性是指处于平衡状态的无人机受到扰动偏离原来的平衡状态后，自动恢复到原平衡状态趋势的能力，包括静稳定性和动稳定性。静稳定性是指作用在飞机上的各种力合成一个方向上，在飞机遭受其他外力扰动后，合力仍有把飞机机身恢复到初始平衡位置的趋势。动稳定性则是指体系经过扰动脱离了平衡位置发生了运动，产生了阻尼力矩，最终使体系能回到原来平衡状态。即：无人机受到小扰动后如果不改变原来飞行状态，则其为静稳定；反之为静不稳定。当无人机受到扰动已经脱离了原来的飞行状态，扰动结束后，无人机能自动恢复到原来的飞行状态，则其为动稳定；反之则为不具有动稳定性或简称运动发散。

2. 飞行控制和导航子系统

飞行控制是指让无人机相对于一组固定的定义轴移动运动和转动运动。移动运动是指飞行器在空间从某一点移动到另一点的运动，移动运动的方向即为无人机飞行的方向；转动运动是指无人机绕三个定义轴（俯仰轴、横滚轴和偏航轴）的转动。

无人机飞行控制系统（UAV Flight Control System）是无人机系统的"大脑"，它接收操作员指令，比较飞机的实际方位和指令要求的方位，对系统其他部分发出控制指令，并对系统状态进行适当修正。它主要通过控制无人机飞行时的俯仰角、横滚角、航偏角、飞行速度、飞行高度、飞机中心的地理坐标六个参数来改变无人机的飞行姿态和航迹。俯仰角、横滚角和飞行高度用于控制无人机的姿态，偏角航、飞行速度和飞机中心的地理坐标用于控制无人机的航迹。飞行控制系统一般由传感器子系统、飞控计算机子系统、伺服作动子系统组成。传感器子系统是飞行控制系统信息的来源，主要测量飞机的运动参数，传感器主要有加速度计、角速率陀螺、GPS、高度传感器，其中加速度计和角速率陀螺组合为捷联惯导系统。计算机系统对传感器的数据进行处理并规划出控制指令。伺服作动系统接收控制指令控制舵面从而改变或者维持无人机的状态。

飞行控制系统有两大主要任务：一个是稳定和控制无人机的姿态，另一个是对无人机实现航迹控制和任务规划；同时为了方便地面控制站对无人机的控制和通信，在飞行控制系统中也加入了遥控遥测系统。所以，飞行控制系统是无人机完成起飞、空中飞行、执行任务、返场回收等整个飞行过程的核心系统，对无人机实现全权控制与管理，是无人机执行任务的关键。无人机导航控制系统是无人机遥感系统完成给定任务的关键要素之一，主要向无人机提供相对于所选定的参考坐标系的位置、速度与飞行姿态，引导无人机沿指定航线安全、准时、准确地飞行到预定地点，并能随时给出无人机准确的即时位置。因此导航子系统之于无人机相当于领航员之于有人机。在军事上，无人机导航系统还要配合其他系统完成武器投放、侦察、巡逻、反潜、预警和救援等任务。导航方式有卫星导航系统、惯性导航系统、无线电跟踪系统、多普勒导航、图形匹配导航系统、地磁导航和天文导航等。

3. 无人机遥感传感器

有效载荷是指为执行任务而装备到无人机上的设备，不包括航空电子设备、数据链路和燃油，而仅包括遥感传感器、发射机和执行任务所需的设备。有效载荷的类型和性能是由无人机要完成的任务所决定的。无人机遥感传感器是无人机遥感系统的有效载荷，无人机飞行的目的主要是基于遥感传感器获取遥感影像、视频等数据，所以，遥感传感器在无人机系统中起着核心作用。

目前，大多中小型 UAV 遥感成像设备主要有能拍摄彩色、红外、全色的高精度图像的航空测量数码相机，还有小型多光谱/超光谱成像传感器、小型合成孔径雷达、磁测仪、新型红外相机和小型机载激光雷达传感器等。一般，中小型无人机平台选用的遥感传感器应具备数字化、体积小、重量轻、精度高、存储量大、性能优异等特点。

1）航空测量数码相机

目前，在民用领域，中小型无人机遥感系统中一般搭载的是非量测型数码相机，即高分辨率数码相机。为了满足航空摄影测量的需要，数码相机系统主要包括数码相机、检影器、相机摄影稳定平台、控制系统等。数码相机作为无人机遥感传感器具有以下特点：一是分辨率高，拍摄图片无须冲印，可直接导入计算机做相应处理；二是体积小巧、灵敏度高、噪声低、费电少、存储量高（支持大容量存储卡扩展），并且一般可使用单反相机镜头，搭配也十分灵活；三是价格相对专业航空摄影量测相机便宜很多。

无人机遥感系统中的非量测型数码相机技术指标主要有：分辨率、相机大小与重量、CCD/CMOS 尺寸、辐射特性、感光度、光圈与快门、镜头焦距、存储介质、工作环境等。

其中，分辨率是数码相机最重要的性能指标，数码相机的分辨率采用图像绝对像素数衡量，它取决于 CCD/CMOS 器件上像素点的多少，像素点越多分辨率越高，并与焦距、航高等一起决定低空遥感影像的地面分辨率。对于辐射特性，一般航空摄影影像要求具有多通道的信息，每通道灰度等级在 8 位以上，通道数越多，通道位长越高，对目标物的信息提取越有利。感光度也是数码相机的一个重要性能指标，其感光度的大小将直接影响数码相机的拍摄效果，特别是在光线比较差的情况下的拍摄效果。光圈是光线通过镜头的口径，口径越大，在单位时间内，所能投射的光线越多；快门是光线通过镜头的时间，时间越短，曝光量越小。光圈和快门将配合控制数码相机的光线摄入量的总体范围值，同时快门速度也将直接影响动态拍摄图像时的效果，而光圈范围将影响拍摄图像的景深；两者配合才能获取反差适中、清晰、饱和的影像。镜头的焦距不同，能拍摄的景物广阔程度就不同。对于相同的成像面积，镜头焦距越短视角就越大；而对于同样焦距的镜头而言，成像面积越小，镜头的视角也越小。CCD 面阵的总有效尺寸和焦距的关系，直接决定相机的视场角。

2）多光谱/超光谱成像传感器

多光谱/超光谱成像传感器不同于传统的单一宽波段成像传感器，而是将成像技术和光谱测量技术相结合，获取的信息不仅包括二维空间信息，还包含随波长分布的光谱辐射信息。该技术最大的特点就是能够将工作光谱区精细划分为多个谱段,并同时在各谱段对目标场景成像探测。由于绝大多数物质都有其独特的辐射、反射或吸收光谱特征,所以根据阵列探测器上探测到的目标物光谱分布特征,可以准确地分辨像素所对应的目标成分。多光谱/超光谱成像技术可以根据需要应用在不同的光谱范围。譬如,可见/近红外波段是太阳反射光谱区,在该波段探测地表物体的反射可以获取土壤类型、水体特性、植被分布以及军事装备、军队部署等信息。中波红外波段的超光谱成像技术可用于探测飞机尾喷气流、爆炸气体等高温物体的辐射光谱特征;长波红外波段则是多种化学物质的吸收特征光谱所在区域,可用于生化战争中的探测。此外,长波红外波段还是实现昼夜战场侦察、监视,识别伪目标、消除背景干扰的主要工作波段。多光谱/超光谱成像传感器的小型化、轻量化研究,使其与无人飞机能够精密结合,成为一种灵活机动的对地观测手段,尤其是在对生态环境监测、灾害应急、国土勘测、原油泄漏、海洋污染等重大事件的发现和监测中发挥重要作用。而且经过多个波段的针对性获取,可获取目标物不同组分和结构等参数。

3) 合成孔径雷达

雷达(Radar——Radio Detection and Ranging)是一种主动微波遥感传感器。它是用无线电波探测物体并测定物体距离(位置),主动发射已知的微波信号(短脉冲),再接收这些信号与地面相互作用后的回波反射信号,并对这两种信号的探测频率和极化位移等进行比较,生成地表的数字图像或者模拟图像。

合成孔径雷达(Synthetic Aperture Radar)是利用雷达与目标间的相对运动,将雷达在每个不同位置上接收到的目标回波信号进行相干处理,就相当于在空中安装了一个"大个"的雷达,这样小孔径天线就能获得大孔径天线的探测效果,具有很高的目标方位分辨率,再加上应用脉冲压缩技术又能获得很高的距离分辨率,因而能探测到隐身目标。合成孔径雷达属于微波遥感的范畴,微波遥感主要以外空间、地球和大气为研究目标,是利用微波传感器获取从目标物反射、散射和辐射的微波信号,利用一定的技术加工处理,获取感兴趣目标物信息的一门技术。在微波遥感中,传感器主要接收微波频段信号,其频率范围为300MHz~300GHz,对应波长为1mm~1m。

无人机平台上搭载的小型合成孔径雷达(SAR)是一种主动式微波成像遥感器,它综合脉冲压缩技术、合成孔径技术和数据处理技术,采用较短的天线就能够获得方位和距离两个方向的高分辨率;不仅可以靠空间分辨率来鉴别物体的大小，而且可以根据物体对所照射的电磁波的散射强度来判断物体性质和结构。因此，小型合成孔径雷达具有高分辨率、全天候、全天时性，已经在地球遥感、海洋研究、资源勘测、灾情预报及军事侦察等领域被广泛地应用。

4. 无人机数据链路和起降控制系统

无人机通信链路要用于无人机系统传输控制、无载荷通信、载荷通信三部分信息的无线电链路。数据链路对任何一架无人机都是一个关键的子系统，它主要功能是根据要求持续不断地提供双向通信。无人机数据链路系统也称为无线电测控系统，包括遥控、遥测、跟踪测量设备、信息传输设备、数据中继设备等，按其数据传输方向的不同分为上行链路和下行链路。上行链路主要完成地面站至无人机的遥控指令的发送和接收；下行链路主要完成无人机至地面终端的遥测数据和红外或视频图像的发送和接收，以及跟踪定位信息的传输，并利用上、下行链路进行测距。通常无人机数据链系统由两部分设备组成：一部分装在无人机上，另一部分装在地面控制站上。

无人机系统通信链路的机载终端常被称为机载电台，集成于机载设备中。机载数据链主要有：V/UHF 视距数据链、L 视距数据链、C 视距数据链、UHF 卫星中继数据链、Ku 卫星中继数据链。根据 ITU-R M.2171 报告给出的定义，无人机系统通信链路是指控制和无载荷链路，主要包括：指挥与控制（C&C）、空中交通管制（ATC）、感知和规避（S&A）三种链路。

无人机系统通信链路的地面终端硬件一般会被集成到控制站系统中，称作地面电台，部分地面终端会有独立的显示控制界面。视距内通信链路地面天线采用鞭状天线、八木天线和自跟踪抛物面天线，需要进行超视距通信的控制站还会采用固定卫星通信天线。

在无人机控制和应用过程中，安全自主起飞着陆是无人机起降控制系统中的一项关键技术，发射和回收阶段往往被认为是最困难、关键的阶段。无人机发射方式分为起落架滑跑起飞、滑轨式发射、手发射、零长发射、由发射车上发射、母机空中发射、容器式发射装置发射和垂直起飞等类型。无人机的回收方式可归纳为降落伞回收、中空回收、起落架滑轮着陆、拦截网回收、气垫着陆和垂直着陆等类型。

1.1.2 地面控制系统

无人机地面站也称控制站、遥控站或任务规划与控制站。在规模较大的无人机系统中，可以有若干个控制站，这些不同功能的控制站通过通信设备连接起来，构成无人机地面站系统。无人机地面站是无人机系统中的重要环节，它的好坏直接影响着整个系统的性能。

无人机地面站的主要作用有：指挥调度、任务规划、操作控制和显示记录等。譬如，指挥调度功能主要包括上级指令接收、系统之间联络、系统内部调度；任务规划功能主要包括飞行航路规划与重规划、任务载荷工作规划与重规划；操作控制功能主要包括起降操纵、飞行控制操作、任务载荷操作、数据链控制；显示记录功能主要包括飞行状态参数显示与记录、航迹显示与记录、任务载荷信息显示与记录等。

根据无人机地面站的作用，无人机地面站具有如下三类不同功能的控制站模块。

（1）指挥处理中心：制定任务，完成载荷数据的处理和应用，一般都是通过无人机控制站等间接地实现对无人机的控制和数据接收。

（2）无人机控制站：飞行操纵、任务载荷控制、数据链路控制和通信指挥。

（3）载荷控制站：载荷控制站与无人机控制站的功能类似，但载荷控制站只能控制无人机的机载任务设备，不能进行无人机的飞行控制。

无人机地面站系统一般由数据链路控制、飞行控制、载荷控制、载荷数据处理四类硬件设备机柜或机箱构成。

1.1.3 数据后处理系统

无人机遥感系统多使用小型成像与非成像传感器作为机载遥感设备，与传统的航天和航空影像相比，存在采样周期短、分辨率高、像幅小、影像数量多、倾角过大和倾斜方向不规律等问题。因此，针对其特殊的飞行特性和图像处理要求，UAV 遥感图像处理系统与一般图像处理系统相比有所不同。如对一般影像处理，需要针对其遥感影像的特点以及相机定标参数、拍摄时的姿态数据和有关几何模型，根据地面控制点进行几何和辐射校正；而对用于监测目的的遥感数据处理则有更高的实时性能要求，需要开发影像自动识别和快速拼接软件，实现影像质量、飞行质量的快速检查以及数据的自动/交互式快速处理和自动变化检测等，以满足 UAVRSS 实时、快速工作的技术要求。

UAV 遥感数据的处理可分为地面准实时处理和机上实时处理。传统 UAV 遥感数据的处理以地面处理为主，它通过固定或移动地面数据接收站，建立具有海量数据存储、管理和分发能力的数据中心，对遥感数据库中的遥感影像数据进行加工与应用。机上实时处理则是将 GPS、北斗定位技术、惯性导航技术、激光测距技术进行集成得到机载扫描激光地形系统，并依此来为同机或同步获得的遥感图像提供定位信息，用于遥感数据的机上处理。

一般，无人机遥感数据处理主要包括图像几何校正、图像增强、图像配准、图像拼接，在这些数据处理技术中，无人机图像几何校正和图像配准是关键技术。无人机图像几何校正是指无人机遥感图像在成像时，由于成像投影方式、传感器及外方位元素变化、地形起伏、传感介质不均匀、地球曲率、地球旋转等因素的影响，获得的图像相对于地表目标存在一定的几何变形；图像上的几何图形与该物体在所选定的地图投影中的几何图形产生差异，产生了几何形状或位置的失真，主要表现为位移、旋转、缩放、仿射、弯曲和更高阶歪曲，消除差异的过程就称为无人机遥感图像几何校正。它一般包括由传感器镜头产生的内部几何畸变校正以及由无人机飞行姿态和地形产生的外方位元素几何畸变校正。无人机图像配准是指将不同时间、不同传感器（成像设备）或不同条件下（天候、照度、摄像位置和角度等）获取的两幅或多幅图像进行匹配、叠加的过程。无人机图像配准是图像拼接技术体系的最重要组成部分，其精度直接决定无人机图像拼接后的图像质量。依据无人机图像信息匹配方法，无人机图像配准可分为三大类：基于变换域的无人机图像配准、基于灰度信息的无人机图像配准和基于特征的无人机图像配准。

1.2　无人机遥感现状及趋势

无人机技术从20世纪初开始研究以来，不仅在军事领域发挥了其特有作用，并且已广泛地应用于民用领域。随着民用领域需求的提高，无人机逐渐渗透到民用领域的各个行业。在无人机上搭载不同的民用设备，就可以应用于不同的领域，于是出现不同的无人机。比如通信中继无人机、气象探测无人机、灾害监测无人机、农药喷洒无人机、地质勘测无人机、交通管制无人机和边境控制无人机等。

无人机遥感技术已经成为世界各国争相研究的热点，正得到研究者和生产者的青睐，特别是21世纪以来面对自然灾害、环境保护、恐怖主义、社会事件等问题，以及海岸监视、城市规划、资源勘查、气象观测、林业普查等众多活动，各国政府对无人机遥感高新技术的需求与日俱增，各部门和组织亟须将这一新兴科技运用到自身部门和领域，以应对不断出现的挑战和难题。这使得越来越多的关键技术已从研究开发发展到实际应用阶段，从军事应用领域扩展到商、民用市场，扩大了无人机遥感技术的应用范围和用户群。当前，美国正在进行"全球鹰"和"捕食者"等军用无人机民用化改造和政策制定，欧洲正拟定实施UAV海事监测规划，中国已将"天翼"军用无人机应用到国家环保部卫星环境应用中心"节能减排与生态保护环境遥感技术支撑能力建设"

等重大民生工程中。这些工作把无人机遥感技术发展推向新的阶段，加速了世界范围内的无人机遥感技术商、民用转化进程，将使其成为未来的主要航空遥感技术之一。近几年，中国无人机航空遥感技术发展迅速，已成功研制各型无人飞行器、适用于航空遥感的飞行控制系统、通信系统，并且实现了轻小型传感器及其数据处理系统的集成。

目前，无人机遥感技术有了长足发展，取得了众多技术成果和实践经验。面对社会上不断提高的产品要求和需求市场，无人机遥感技术也面临挑战和发展机遇。

在无人机发动机方面，目前仍存在体积大、寿命短、耗油量大、可靠性差等问题，特别是针对微型、小型和中型民用无人机对发动机的不同要求，长航时发动机和低速低空静音推进系统的研制将被迫切需求。

在飞行控制系统方面，多数飞行控制系统主要利用经典的单回路频域或根轨迹等线性控制方法来设计飞行控制与导航系统，但随着无人机遥感系统对无人机飞行性能要求的复杂化，常规的线性控制和单独的导航方法已很难满足无人机遥感任务的需求。近年来，非线性动态控制、神经网络智能控制和组合导航等方法已有很多研究，这些新型飞行控制与导航方法能很好地从不同角度提高无人机的飞行性能。并且，时效性、模块化和高效计算的非线性模型和多组合导航方法将是未来无人机飞行控制与导航系统的主要发展方向之一。常用的飞行控制系统有北京普洛特公司的 UP30、成都纵横自动化技术有限公司的 NP-100、零度智控（北京）智能科技有限公司的 YS-09、北京航空航天大学的 iFLY40、加拿大 MicroPilot 公司的 MP2028、美国 UAV Flight Systems 公司的 AP50 等。

在无人机遥感传感器方面，近些年，为了更好地发挥无人机遥感监测潜力，国内外研究机构研发了小型多光谱/超光谱成像、合成孔径雷达、超高频/甚高频探测、LiDARS 成像等相关传感器高新技术。各种数字化、重量轻、体积小、探测精度高的新型传感器不断面世，如美国研制的仅 397g 的 MV201B 固态 CCD 电视摄像机和仅 6.8kg 前视红外仪；我国生产的数字航空摄影相机像素已达到 8000 多万像素，能够同时拍摄彩色、红外、全色的高精度航片。当前，遥感传感器技术的发展除了各种传感器在硬件技术上的突破与成功应用外，还体现在传感器智能化和自主化的发展上，它依托计算机处理能力和机上存储器的发展，利用传感器自动搜索符合目标数据库中特性或发生变化的目标，进行匹配计算，找出现势遥感场景中的目标变化情况，将地面先进处理系统与传感器组合起来，初步实现传感器自主性观测。无人机遥感传感器是 UA-

VRSS得以推广应用的基础设施之一，无人机遥感数据质量和传感器技术密切相关，开发成本合理、通用性强、体积小、重量轻的无人机传感器是无人机遥感发展的长期目标。

在数据传输存储技术上，无人机遥感系统数据传输包括两部分。一是无人机控制信息传送：传送无人机和遥感设备的状态参数，实现飞机姿态、高度、速度、航向、方位、距离及机上电源的测量和实时显示，并用于传输地面操纵人员的指令，引导无人机按地面人员指示飞行。二是无人机遥感信息的传输：传输无人机获得的影像、视频等遥感信息，供地面人员处理应用。所以，数据传输存储技术直接影响到无人机遥感信息获取质量和对无人机飞行状态的监控。无人机遥感数据的实时获取及传输与多模态传感器、飞行器平台的数据实时传输链路等都有密切关系，而且无人机遥感系统产生的高分辨率遥感信息数据量大，易受环境干扰造成码率跳动，这对带宽受限的无线信道传输具有较大挑战。特别是在应对紧急事件时，决策者要根据无人机传回来的实时影像决定应对方案和做出决策，这制约了无人机遥感的进一步发展。所以，为了无人机和地面站之间及时、不间断传递数据，要采取高效可靠的数传链路系统和数据传输解压缩方法，并考虑机上信息存储，将遥感信息在下传地面站的同时进行机上硬盘备份，以确保获得快速、安全、高质量的遥感数据。

1.3 无人机遥感图像处理的发展现状

由于无人机遥感数据具有受天气影响小，作业灵活，平台构建、维护作业成本低，能快速获得大比例尺高精度影像，能够获取高度重叠的影响，增加后续处理可靠性等优势，在灾害应急、环境监测等很多领域发挥了不可替代的科学作用。它具有高分辨率、高灵活性、高效率和低成本的"三高一低"优势。

随着无人机飞行速度、遥感图像的分辨率、数据采样频率和通信频带宽度的不断提高，海量遥感图像数据的自动、高速、高质量时处理将成为无人机遥感应用的新瓶颈。因此，不断进行大量科学研究与实践，解决新的技术问题，设计开发高性能的无人机航空遥感图像智能处理系统，是无人机遥感监测应用系统推陈出新的前提。

但是，在特定灾害环境和复杂地理条件下，无人机低空遥感图像快速处理也暴露了许多技术问题。主要有：（1）恶劣的飞行环境，导致影像倾角大而无规律、航向重叠度有时过小、灰度不一致，使得影像匹配难度大、精度低，获取的外方位元素精度也低，对无人机影像快速处理和信息提取造成了极大困难。（2）在特定的山区地震灾害环境和地理条件下（例如滑坡、崩塌、泥石流等），道路严重损坏，人车无法到达拍摄区域进行地面控制点设置，因此，恶劣地理环境下缺少控制点的几何纠正技术成为关键问题之一。（3）飞行航线呈曲线，影像的旁向重叠度不规则，给连接点的提取和布设带来困难，影响空中三角测量的精度。（4）影像像幅小、数量多，导致工作量大、效率低。这些问题成为无人机遥感数据处理和应用的障碍，为了使无人机遥感数据尽量反映真实的地形地貌情况，并尽量提高其应用的实时性，必须研究解决无人机遥感数据的几何校正、快速配准、质量评价等问题，使其能快速有效地应用于图像信息的提取和分析。

在1.1.3节中提到，无人机遥感数据处理主要包括图像几何校正、图像增强、图像配准、图像拼接，下面简要阐述无人机遥感数据处理关键技术（几何校正和图像配准）的研究现状。

1.3.1 无人机图像几何校正的研究现状

无人机遥感影像的几何校正的质量和速度将会直接影响后续的数据处理及分析决策。现有的无人机遥感影像几何校正主要有两种方法：（1）利用足量均匀的地面控制点，采用多项式拟合校正；（2）使用大比例尺地形图作为底图，通过同名点配准校正无人机的航摄影像。由于无人机影像存在像幅小、数量多、影像倾角大而无规律等特点，第一种方法需要有足够数量且分布良好的地面控制点才能获得较好的影像校正精度。然而，获取大量控制点的信息，需要使用专业的测量仪器并投入大量的人力物力，尤其在山区、海洋、森林等区域，地面特征不明显，人员无法到达或精确定位，地面控制点的获取往往存在困难或根本不可能。第二种方法需要有能覆盖航摄范围的大比例尺地形图，这无疑增加了无人机遥感影像处理的成本，并且对于人口相对稀少的草原、沙漠、边境等地区获得大比例尺地形图的可能性很小。以上两点成为无人机遥感数据应用的障碍。为了使无人机遥感影像能尽可能真实地反映地形地貌，并尽量提高其应用的实时性，在图像预处理过程中，必须研究解决如何在缺少控制点的情况下，对无人机遥感影像进行几何校正，为后续的影像快速镶嵌、质量评价以及信息的定量提取和分析提供有力的技术支持。在缺少控制点的卫星遥感影像几何校正方面已有学者进行了相应研究。对无控制点地区的遥感影像，通过研究轨道外推、姿态精化和侧视角修正，可利用卫星系统参数的外推几何校正算法对卫星影像进行处理。本书将在第2章和第3章分别阐述针对无人机遥感数据几何畸变校正方法。

1.3.2 无人机图像配准的研究现状

国内外图像配准技术，所采用的方法主要分为基于区域灰度信息的方法、基于频域的方法和基于特征匹配的方法三种[6]。基于区域灰度信息的方法是从基准影像中选取一块小的区域,然后在待配准影像中去搜索相同大小的一块区域,当两者的相似度最高时,则认为匹配。对于没有发生旋转的影像,该方法精度较高,但是一旦影像之间存在旋转变化,该方法不能得到非常精确的匹配结果,不但计算量非常大,而且方法稳定性也较差;对噪声和灰度差异比较敏感,它不能处理发生旋转变换的图像,方法不够鲁棒。基于频域的配准方法是将图像先变换到频域,然后利用影像的频域信息来进行配准[10]。基于频域的配准方法在影像配准方面取得了一定的成就,但是其计算量一般都非常大,不能满足无人机影像实时处理的要求。

基于特征的图像配准方法主要是先提取图像的特征信息,然后基于提取出来的这些特征(尤其是基于特征点)信息进行特征匹配,最后再基于匹配后的特征实现整个影像的配准。Harris C. G 和 Stephen M 提出了 Harris 兴趣点检测算法[15],该算法是在 Moravec 算法的基础上改进而来,首先对图像分别进行 x 方向和 y 方向的差分,然后统计某个区域内的 Hessian 矩阵,最后根据 Hessian 矩阵的秩和矩阵迹,以及设定的阈值来判断一个像素点是否为特征点,当特征点提取出来后,常用的匹配方法是直接用特征点邻域内的图像纹理块来进行匹配,建立不同图像的特征点的对应关系。采用 Harris 算法可以较好地处理旋转变换所带来的影响,并且光照和噪声对其影响也较小,但 Harris 算法对图像尺度变化特别敏感。1999 年,David G. Lowe 提出了尺度不变特征变换 SIFT(Scale Invariant Feature Transform)的概念[18][19],这对后来基于特征点的图像配准和拼接的发展产生了重大影响。该算法由 David G. Lowe 本人于 2004 年进行了改进和总结,不仅对于旋转、平移、缩放等变换具有不变性,对于仿射变换模型也具有很强的鲁棒性,而且是在多尺度空间进行关键点检测,可以使其消除尺度变化对配准的影响,同时光照条件对其影响也很小[22]。然而,SIFT 算法亦存在一定的缺点,该算法需建立较多的金字塔,从而导致其计算量较大,影响了算法的整体速度。但是由于它具有配准精度高、鲁棒性强等特点,被广泛应用于图像配准与图像拼接等领域。

而在摄影测量领域,对传统的航拍影像数据的处理有一套非常完整的体系,其核心为空中三角测量[27]。空中三角测量是利用光束法(Bundle Adjustment)整体优化来解算所有影像的未知参数[28],它在恢复三维离散点坐标的同时,可以计算出每张图像的外方位元素和相机的内方位元素,然后利用内外方位元素和地面高程模型来计算正射影像从而完成整体配准,进而实现拼接。为解算每张相片的外方位元素,摄影测量中利用共线方程来建立三维控制点和图像特征点之间的投影关系,并将非线性的共线方程线性化,进而利用最小二乘法不断迭代来获取所有参数的解。

1.4 无人机遥感的主要应用领域

无人机遥感(UAVRS)技术作为航空遥感手段,具有高分辨率、高机动灵活性、高效率、成本低、影像实时传输和高危地区探测等优点,是卫星遥感与有人机航空遥感的有力补充,在国外已得到广泛应用。它利用高分辨率CCD相机系统获取遥感影像,利用空中和地面控制系统实现影像的自动拍摄和获取,同时实现航迹的规划和监控、信息数据的压缩和自动传输、影像预处理等功能,可广泛应用于自然灾害动态监测与评估、生态环境监测与保护、国土资源调查、海洋环境监测、水资源开发、农作物长势监测与估产、城市规划与市政管理、森林病虫害防护与监测、公共安全、国防事业、数字地球等领域。

1.4.1 自然灾害动态监测与评估

近年来,我国发生的地震、滑坡、泥石流、森林火灾、洪涝干旱和冰雪等自然灾害中,无人机遥感技术无处不在。

21世纪以来,类似地震、泥石流、洪涝等自然灾害紧急事件在我国频繁发生,给国民经济的持续增长和和谐社会的建设带来了沉重的负担。重大自然灾害如地震、滑坡、水灾、冰雪等具有突发性强、灾害范围广、破坏性大的特点,往往会造成重灾区信息通信中断和道路交通破坏,灾情信息不畅将导致抢险救灾盲目部署,继而造成更大的损失和次生灾害。而应用无人机遥感监测技术,不仅可以对地理紧急事件做出快速响应,而且无人机影像数据分辨率远高于其他遥感技术的影像,相对于其他遥感技术可以提供更高的实时性和准确性,可以大大提高减灾、抗灾、防灾的效率和现代化水平。所以,无人机遥感在灾害应急监测与救援中发挥了重大作用。例如在"5.12汶川大地震"抗震救灾期间,由电子科技大学、中科院遥感与数字地球研究所等单位联合组成的超低空无人机高分辨率遥感灾害应急组,利用无人机或直升机等航空平台,搭载多种遥感传感器,第一时间获取重点灾区(北川、汶川、青川、安县、什邡、绵竹、平武、岷江流域等)不同分辨率(0.2~0.4m)的海量遥感影像数据,经过图像处理得到了大量灾害信息,及早地防止堰塞湖次生灾害的发生,为防治工程赢得宝贵时间。汶川地震之后,我国有一些单位应用无人机获取遥感图像,进行震害分析,做出了探索性工作,在2010年玉树地震抢险救灾工作中成功实现了高原灾区首次航空摄影,获取的高清影像为划分灾区范围提供了重要的依据。

自然灾害监测无人机遥感技术应用和研究意义重大,它不但能完成灾害监测任务,提供灾害救助辅助决策依据,提高灾害救助时效性,提升抗灾救灾科技水平,也能健全我国对地观测技术在减灾救灾中的应用。灾前预警期间,可以在灾害高风险地区航拍获取灾前地面影像资料,为灾中航拍数据对比提供参照;灾中应急调查和快速评估期间,可以航拍获取数百公里受灾区域影像资料,扩大灾害调查范围,提高灾害监测能力;灾后恢复重建和损失评估期间,可以通过航拍进行灾后恢复重建选址、规划、进度调查和监测。当前,我国民用无人机正处于快速发展时期,具备灾害应急监测能力的无人机日益增多,灾害管理相关部门十分重视无人机减灾救灾应用,无人机研发和应用单位也愿意整合国内无人机资源,更大程度地发挥无人机在灾害应急监测中的作用。所以无人机遥感技术在灾害应急监测与评估中具有广阔的应用前景。

1.4.2 环境监测与保护

环境监测是环境保护工作的"哨兵"和"耳目",是环境管理的重要组成部分,是环境保护工作最为重要的基础性和前沿性工作,尤其是伴随着近些年来一系列环境灾害与环境事故的频发,环境监测技术的研究越来越引起国内外政府学者的重视。无人机遥感系统由于具有机动、快速、经济等优势,应用于环境保护领域,可有效提高环境基础数据资料的精确性、可靠性和时效性,为环境保护工作提供重要的技术支持,为环保部门准确、合理、高效地做出决策打下良好基础。

无人机遥感技术应用从陆地的土地覆盖及植被变化,土壤侵蚀和地面水污染负荷产生量估算,生物栖息地评价及保护、工程选址和防护林保护规划及建设,到水域的海洋及海岸带生态环境变迁分析,海上溢油污染等的发现和监测,林业的现状调查与变化监测,城市的规划与环评分析,再到大气环境中的大气污染范围识别与定量评价,重大自然灾害的评估与侦察等,几乎覆盖了整个地球生态环境系统。

传统的环境监测通常采用点监测的方式来估算整个区域的环境质量情况,具有一定的局限性和片面性。无人机遥感系统具有视域广、及时连续的特点,可迅速查明环境现状。无人机遥感系统安全作业保障能力强,可进入高危地区开展工作,也有效地避免了监测采样人员的安全风险。

有效的环境监测对于环境污染事故,在事前预防、事中检测、事后恢复的各个过程中均起着重要的作用。无人机遥感系统在环境应急突发事件中,可克服交通不利、情况危险等不利因素,快速赶到污染事故所在空域,立体地查看事故现场、污染物排放情况和周围环境敏感点分布情况。系统搭载的影像平台可实时传递影像信息，监控事故进展，为环境保护决策提供准确信息，有效弥补传统以环境监测车和便携式设备为主体的环境应急监测体系的不足，是未来重要发展方向之一。

无人机遥感监测与地面监测有良好的互补性，可建设多层次的环境应急监测网络。通过统一的标准化监测数据库系统，实现从环境监测数据获取、处理到应急指挥、评估重建工作的一体化、制度化，从而提高我国环境应急响应的综合能力。如在海面溢油事故发生时，无人机可在恶劣条件下完成低空飞行作业，提供海面油污监测数据，动态反映溢油发生发展情况，为环境应急管理提供重要技术支持。近几年来，国内对于无人机应用于大气污染物的研究才刚刚开展，目前主要用于环境应急和简单的大气环境指标监测，其中可监测的指标主要包括臭氧、粒子浓度、温度、湿度、NO_2和压力等。

无人机遥感系统在建设项目环境保护管理方面的应用主要有建设项目环评、环保验收、水土保持监测等。在建设项目环境影响评价阶段，无人机遥感系统能够为环评单位在短时间内提供时效性强、精度高的图件作为底图使用，并且可有效减少在偏远、危险区域现场踏勘的工作量，提高环境影响评价工作的效率和技术水平，为环保部门提供精确、可靠的审批依据。在建设项目环保验收阶段采用无人机遥感系统提供的图件与环境影响评价阶段的图件对比分析，可以清楚、直观地了解环境防护距离和卫生防护距离范围内的居民拆迁情况，项目建设范围和平面布置的变化情况，项目相关的生态破坏及生态恢复情况，有利于科学评估项目建设对周围区域所带来的环境影响。

1.4.3 国土资源调查与管理

无人机遥感系统在国土资源调查方面的应用主要是土地及资源调查与分类、违章用地监测等，已开展了大量研究实践工作。国土事业部门和相关公司利用无人机装载小型高分辨率数码相机对一些县市开展土地资源调查，制作区域土地利用类型遥感图，提供农村集体土地所有权确权测量依据，大大改善了传统外业测量人为因素大、效率低、大范围工作成本高、工作时间长等弊端。

我国正处于工业化快速发展阶段，大规模的生产建设活动挖废、塌陷、压占了大量土地资源，使原本就十分紧张的耕地保护形势更为严峻。无人机遥感系统能对土地进行动态监测，可以快速、有效地对土地资源开发、利用、复垦情况进行及时、准确的动态监测。利用无人机遥感系统航摄监察区域来实时获取影像数据，通过与前时相数据（卫星影像数据）比对分析，可以发现疑似违法用地区域，划出疑似监察图斑并分类编号、统计面积等，从而实现对土地动态监测和新增违规用地行为的实施监督检查，具有宏观、快速、准确、直观等特点。同时，运用定量检测和定性分析相结合的手段，可以提高土地资源开发利用监测的科学性和精确性，从而为土地资源的科学管理和合理开发提供依据。无人机遥感动态监测在土地利用动态监测、城镇扩张动态监测和道路及两侧建筑物变化动态监测等方面有显著成效，是获取土地利用变化信息、监管耕地利用，保增长保红线的重要手段。它在今后的土地整理动态监测与管理等方面具有广阔的应用前景。

如今的矿山测量和传统的测量工作有了质的变化，现代矿山测量不仅包括各种图件的测绘，同时也包括目标区的各种信息的采集如目标区的各种影像数据的采集与处理、目标区的现状信息、环境等监测工作。无人机遥感系统可以为矿山信息化管理快速、方便地提供清晰遥感影像，较好地解决了矿山建设中更新慢、周期长、费用高等难题。由于矿山资源的稀缺性和不可再生的特点，使得矿产资源越来越珍贵，也给资源的合理利用带来了管理与开发的难题，乱采、乱挖矿山的现象时有发生，特别是有一些无证开采的矿山靠人力监管已经无能为力，而无人机遥感可以实现空中监视、到无人到达目标区取证的功能，这样就可以有效地实现监管，有力地打击违法开采资源的活动。

石油物探施工中所用的基础地理数据多为国外商业遥感影像或国家基本比例尺地形图。这些数据更新比较滞后，所表达的地理信息有时与工区现状不匹配；在地物地貌复杂的工区，信息表达能力与所需求的勘探信息不相称。这些因素制约了石油勘探的作业效率的提高。无人机遥感技术能获取工区的正射影像和数字高程模型，展现勘探工区的三维地理信息。虽然无人机遥感技术尚没有在石油物探生产中形成成熟的作业流程，但已有工程实践，证实了无人机摄影测量技术辅助石油勘探生产能降低石油勘探成本和周期，提高石油勘探作业效率。无人机航测技术在物探生产的应用的日益深入，将促使石油勘探队伍建设向信息化、数字化方向转变。

在森林国土资源调查中，针对小区域、精度要求高的调查需求正在上升，如高要求的规划设计调查（简称二类调查）、对于森林生态状况监测的林分空间结构调查（林木组成、空间关系等）。如果去实地进行这些调查，一般要花费大量的人力物力，而无人机遥感正好在此方面发挥其优势，可方便地根据需要设计飞行区域、飞行航线、飞行高度等。而且无人机质量和体积都可以很小，便于在环境复杂的林区起降。利用无人机影像的高分辨率优势，通过纹理分析有可能对树种组成、树种间或林木个体间的空间关系做出估计。

1.4.4 海洋及海事应用

我国海区辽阔，海岛众多，海岸线长，而海洋工作信息的分辨率要求高、时间要求快，仅靠卫星和载人航空器获取的数据已不能满足需求。而无人机系统可以凭借其优势为海监提供技术支持，完成遥感监测、调查取证、实时传输数据、海上救灾和海港交通等任务，为海上经济活动提供保障。

近年来，风暴潮、赤潮、海冰、浒苔等海洋自然灾害频发，不断影响我国沿海地区的生产和生活，造成了巨大的经济损失，然而，对这些灾害的预报、监测、处置缺乏全面、及时的掌握。随着国家海洋经济的提出，无人机低空遥感逐步应用于海洋监测，对海洋突发性事件、海洋灾害、海洋环境变化进行动态监测、实时追踪，为海洋预报人员快速预警提供实时的现场数据，为海洋管理部门提供科学的决策依据和解决方案。利用无人机拍摄的灾情信息比其他常规手段更加快速、客观和全面。监测内容包括赤潮监测与分析，海面溢油的监测与响应，其主要应用包括：（1）利用无人机航拍结果，进行对比分析，详细分析灾害的发展、变化情况，把握灾害现状和发展趋势；（2）在航片上提取灾害范围，评估灾害损失情况；（3）能够准确客观、全面地反映灾后的景象，为灾害调查、损失快速评估提供科学依据，为灾后速报灾情、快速救灾减灾提供决策；（4）研究灾害发生的一般规律，为相关部门及时采取有效救灾措施提供及时全面的信息。

无居民海岛管理需要现势好的遥感影像，但经常碰到3个难题：（1）登岛调查难于获得该岛全貌的遥感影像资料；（2）现有的高分辨率遥感卫星受欧美商业化影像分辨率不得优于0.5m的限制，难以满足我国$500m^2$以下微型海岛的管理需求；（3）微型海岛的出水面积受不同潮位的影响很大，而高分辨率遥感卫星受重访周期的影响很难获得不同潮位时的海岛影像，这一点在我国南方多云地区尤其明显。无人机可以定期巡查海岛，掌握海岛的植被、建筑、淡水资源分布等情况；巡查海岛的岛基、岸线的情况，记录海岛的岛基变化状况；获取地质灾害频发的典型海岛的地质地貌低空高分辨率影像，为典型海岛地质灾害监测及预警示范性研究提供资料。

我国有漫长的海岸线，领海面积辽阔。随着我国沿海大开发的不断加速，渤海、黄海、东海、南海等海域的监管和救助任务不断加重，东海和南海的主权争端日益凸显，海事部门需要在强化海事监管救助的同时，配备低空、高速、长航时的无人机以扩大监管和搜寻范围，缩短应急反应时间。我国现有的"海巡11""海巡21""海巡31"等大型海上巡逻船均配有直升机起降平台，可以安装固定翼无人机的弹射架，具备固定翼无人机的起飞条件，适用于海上监管救助。根据要求配备高清晰度照相机、摄像机等有效载荷后，无人机可以实现海上溢油应急监控、肇事船舶搜寻、遇险船舶和人员定位、海洋主权巡查等任务，是海事监管救助的空中"鹰眼"。

同时，在深化近岸海域监视、监测的基础上，逐步扩大监测内容和范围，全面加强对包括黄岩岛、钓鱼岛、苏岩礁以及西沙、中沙和南沙群岛附近海域在内的我国全部管辖海域的综合管控，进一步丰富和完善国家海域动态监视、监测管理系统，提高对重点海域和重点项目的动态监管水平，增强海域综合管控能力。

在内河海事监管救助中，随着我国国民经济的迅速发展，内河航运业突飞猛进，黄河、长江、珠江等国内主要内河的船舶流量和密度不断增大，水上交通监管和搜救任务日益繁重。无人机体小量轻、准备时间短、起降要求低、自主飞行能力强，具有极高的适应环境能力，承担海事应急任务也更为机动灵活。无人机巡视面积远大于海巡艇，可深入事故灾害中心区域，最大限度接近目标，情报信息可信度高，为事故调查取证提供直观有效的证据。将无人机技术融入海事监管的各项业务，能有效地提高内河海事监管工作水平，提升应急指挥调度的能力。

利用先进的无人直升机及遥感技术开展海事监管，不仅能完善海事监管系统、提升海事监管能力，并且能有效推进长江等内河海事信息化发展水平，为长江等水系形成全方位水－岸－空立体海事监管模式做出重要贡献。

1.4.5 测绘领域的应用

无人机数字航摄系统是快速获取地理信息的重要技术手段，是制作和更新国家地形图及地理信息数据的重要资料源，在应急数据获取和小区域低空测绘方面有着广阔的应用前景，起着不可替代的作用。无人机遥感监测系统还能用于大比例尺土地利用地图测制、地形图修测和补漏数据的获取。

无人机低空影像在地形图测绘中的应用可归纳为3个阶段：准备阶段、外业实施阶段和内业数据处理阶段。准备阶段，其主要工作有飞机选型、资料收集、现场踏勘和航线设计等；外业实施阶段，其主要工作是实施飞行、飞行质量检查、制订像控点布设方案，开展外业像控点测量工作和外业调绘。内业数据处理阶段，其主要工作是影像畸变差改正、空三加密、影像同名点匹配、DEM 编辑、DEM 和 DOM 制作、DLG 制作（外业调绘制作精编 DLG）等。获取航拍影像后需要做两项几何处理：影像畸变差改正和测区全景图快速拼接。

低空航测技术机动快速，操作简单，能获取高分辨率航空影像，影像制作周期短、效率高、成本低，在应急测绘、困难地区测绘、小城镇测绘、重大工程测绘、小范围高精度测绘等领域应用广泛。与传统全野外测量相比，无人机低空遥感技术可大大减少野外工作量，提高成图效率。同时，利用真彩色正射影像数据，在土地规划中设计人员可更清楚直观地查看耕地状况，利用 DEM 数据，可方便地进行坡度和土石方量的计算；在完成土地开发后，可利用无人机再次航飞，通过叠加对比，能准确地分析工程施工与设计的一致性及最终成效。例如在旅游景区规划设计过程中，业主单位不仅需要 DLG 和 DOM，更需要涉及土地管理部门的土地利用总体规划图与土地利用现状图，涉及林业管理部门的公益林、商品林、经济林等林斑分布信息及水利管理部门的水资源分布等基础地理信息。而低空无人机航摄系统的实地应用证明，它不仅可以满足上述综合基础信息的获取与收集的要求，而且便于相关部门对区域内进行核查、纠错、变更、决策和管理，极大地提高了测绘成果的现势性和通用性，为后期的三维景观模型与三维地表模型等三维可视化数据的制作，旅游景区项目的可开发利用、可行性研究、空间布局规划、产品开发、形象策划、营销管理提供全方位的测绘保障。

但无人机摄影测量技术在应用上还存在一定问题，由于无人机飞行环境的复杂性以及飞行的不稳定性，导致了无人机数据的 POS 信息不够精确、数据量大等缺点，往往造成无人机航摄高程精度满足不了相应的国家规范要求，所以如何处理无人机数据成为亟待解决的问题。同时由于像幅小，造成野外像片控制测量、空三加密、立体采集等工作量数倍增加，这也是需要进一步研究的问题。

1.4.6 无人机遥感系统的其他应用

随着无人机遥感技术的迅速发展，除了上述一些应用领域外，在农田信息监测系统，电力勘测设计、选址等工作，城乡建设规划工作，输油（气）管道测量等方面也正在广泛使用无人机遥感技术。

将无人机遥感系统应用于农田信息监测系统中，能够获取低空高分辨率图像，为面积量算方法中地面样点抽样提供新的数据源、新的抽样方法；为长势监测提供新的数据源，建立新的评估模型和诊断模型；为估产新机理模型的建立提供高精度数据，切实提高小范围作物估产的精度。基于无人机遥感系统的农情监测系统具有机动快速的响应能力，作业选择性强，能够快速灵活获取指定小面积区域的农情信息；适合于南方地形多样、农户规模小而形成的地块破碎、种植结构复杂的地区；为作物冻害遥感监测提供新的研究手段和方法，提供实时准确的遥感数据，迅速估计冻害的发生与范围；对作物病虫害监测提供实时、准确的环境数据，建立新的病虫害损失评估模型。

在电力勘测工程方面，随着我国经济的快速发展，电力工程建设力度也在不断加强。除了特高压和跨区电网等大型工程的快速建设外，一些局部改线或π接工程也越来越多，此类工程规模较小、路径较短，且工期要求紧。而常规的航摄技术，空域申请办理手续较烦琐，周期较长，实施起来风险也较大，成本较高，难以满足要求。

在城乡规划建设方面，可以通过无人机遥感服务定期进行城乡发展监测，通过低空的高清航拍图进行前后比对，实时了解城乡建设状况，及时处理违法乱建的行为，为城市和谐有效地发展提供监督。通过无人机提供基础、直观的城市遥感数据。在城市建设时，可以为城区水源建设、城区应急供水工程、城区防洪工程、旧城区改造、工业园区建设、污水处理厂、中水回用管线工程、文物保护等重点工程项目提供大量资料，有力地支持城市重点项目建设。无人机遥感可以广泛地应用在新城选址、安置点规划、道路选线设计、医疗教育卫生等基础建设的规划等工作中。进行新农村规划时，通过无人机低空遥感获取的图片能够较为准确、科学地描述新农村的现状，具有分辨率高、时效性强、成本低等优点，能够提高新农村建设和规划设计的质量，帮助规划人员节约时间，将更多时间用在提高业务质量上，新农村规划具有重要的辅助作用。另外通过无人机低空航拍可以获得高分辨率的实时地理空间资料，通过对资料分析可以得到规划区的建设现状、道路现状、自然景观现状、可利用区域的现状等信息，从而为科学合理的规划提供有力的支持。

在长距离输油（气）管道测量方面，无人机航摄系统不仅能够提高作业效率、缩短工期、获取高质量的航拍影像图，还能进行长距离管道的快速选线、调线、设计等工作，满足工程的需要。

参考文献

[1] 李德仁，李明. 无人机遥感系统研究进展与应用前景 [J]，武汉大学学报（信息科学版），2014，39（5）：505-513.

[2] 汤国安，张友顺等. 遥感数字图像处理 [M]. 北京：科学出版社，2004.

[3] 王聪华. 无人飞行器低空遥感影像数据处理方法 [D]. 青岛：山东科技大学，2006.

[4] 李德仁，周月琴，金为铣. 摄影测量与遥感概论 [M]. 北京：测绘出版社，2001.

[5] 张过. 缺少控制点的高分辨率卫星遥感影像几何纠正 [D]. 武汉：武汉大学, 2005.

[6] 袁修孝, 张过. 缺少控制点的卫星遥感对地目标定位 [J]. 武汉大学学报（信息科学版），2003，(05).

[7] 马瑞升, 孙涵, 林宗桂, 马轮基, 吴朝晖, 黄耀. 微型无人机遥感影像的纠偏与定位 [J]. 南京气象学院学报, 2005, (05).

[8] 马瑞升. 微型无人机航空遥感系统及其影像几何纠正研究 [D]. 南京：南京农业大学, 2004.

[9] 倪金生, 蒋一军, 张富民. 遥感图像处理理论与实践 [M]. 北京：电子工业出版社, 2007.

[10] 韦玉春, 汤国安等. 遥感数字图像处理教程 [M]. 北京：科学出版社, 2007.

[11] John R. Jensen. 遥感数字影像处理导论 [M]. 北京：机械工业出版社, 2007.

[12] 孙家柄, 舒宁, 关泽群. 遥感原理、方法和应用 [M]. 北京：测绘出版社, 1997.

[13] 赵英时等. 遥感应用分析原理与方法 [M]. 北京：科学出版社, 2003.

[14] 杨晓明, 游晓斌. IKONOS 图像纠正的实验研究 [J]. 北京林业大学学报, 2003, (S1).

[15] 刘军, 王冬红, 毛国苗. 基于 RPC 模型的 IKONOS 卫星影像高精度立体定位 [J]. 测绘通报, 2004, (09).

[16] 张永生, 刘军. 高分辨率遥感卫星立体影像 RPC 模型定位的算法及其优化 [J]. 测绘工程, 2004, (01).

[17] 刘军, 张永生, 范永弘. 基于通用成像模型——有理函数模型的摄影测量定位方法 [J]. 测绘通报, 2003, (04).

[18] 王峰, 曾湧, 何善铭, 马国强. 实现 CBERS 图像自动几何精校正的地面控制点数据库的设计方法 [J]. 航天返回与遥感, 2004, (02).

[19] 周家香, 左廷英, 朱建军. IKONOS 地理数据的几何校正方法 [J]. 矿山测量, 2004, (04).

[20] 梁泽环. 卡尔曼滤波器在卫星遥感影像大地校正中的应用 [J]. 遥感学报, 1990, (04).

[21] 袁修孝, 张过. 缺少控制点的卫星遥感对地目标定位 [J]. 武汉大学学报（信息科学版），2003，(05).

［22］ 江万寿，张剑清，张祖勋．三线阵 CCD 卫星影像的模拟研究 ［J］．武汉大学学报（信息科学版），2002，（04）．

［23］ Hartley R, Gupta R. Linear pushbroom cameras. Third European Conference on ComputerVision. Stockholm, Sweden：[s. n.]，1994：555－566.

［24］ C. D. Kuglin, D. C. Mines. The Phase Correlation Image Alignment Method.

［25］ Proceeding of IEEE International Conference on Cybernetics and Society. New York. 9，1975，163－165.

［26］ E. D. Castro, C. Morandi. Registration of translated and rotated images using finite Fourier transforms. IEEE Trans. On Pattern Analysis and Machine Intelligence，9（5），1987，700－703.

［27］ S. Zokai, G. Wolberg. Image Registration Using Log-Polar Mappings for Recovery of Large-Scale Similarity and Projective Transformations. IEEE Trans. on Image Processing，14（10），10，2005，1422－1434.

［28］ R. B. Srinivasa, B. N. Chatterji. An FFT-based technique for translation, rotation, and scale-invariant image registration. IEEE Trans. On Image Processing，8（5），9，1996，1266－1271.

［29］ Harris C. G, Stephen M. A Combined Corner and Edge Detector. Proceedings of the Fourth Alvey Vision Conference，1988.

［30］ Richard Szeliski. Video Mosaics for Virtual Environments. IEEE Computer graphics and applications，1996，16（2）：22－30.

［31］ T Linderberg. Feature detection with automatic scale selection. International Journal of Computer Vision，1998，30（2）：79－116.

［32］ David G. Lowe. Object recognition from local scale-invariant features. International Conference on Computer Vision, Corfu, Greece, 1999, 1150－1157.

［33］ Peleg S, Rousso B. Mosaicing on adaptivemanifolds. IEEE transactions on PAMI（10）：1144－1154.

［34］ K. Mikolajczyk, C. Schmid. Indexing based on scale invariant interest points. In ECCV，2001，525－531.

［35］ David G. Lowe. Distinctive Image Feature from Scale-Invariant Key points. International Journal of computer Vision，2004，60（2）：91－110.

［36］ Daniel Wagner, Gerhard Reitmayr. Real-Time Detection and Tracking for Augmented Reality on Mobile Phones. IEEE Transactions on Visualization and Computer Graphics, 2010, 355-368.

[37] Shum H Y, Szeliski R. Construction of panoramic image mosaics with global and local alignment. Systems and Experiment, 2000 (02).

[38] PETER J. BURT, EDWARD H. A Multi-resolution Spline With Application to Image Mosaics. ACM Trans. Graphics, 2 (4), 1983, 217-236.

[39] Moravec. H. Rover visual obstacle avoidance. International Joint Conference on Artificial Intelligence, Vancouver, Canada, 1981, 785-790.

[40] Smith SM, Brady M. SUSAN-A new approach to low level image processing. International Jaurnal of Computer Vision, 1997, 23 (1).

[41] Chris Harris, Mike Stephens. A Combined Corner and Edge Detector. Proceedings of the 4th Alvey Vision Conference, 1988, 147-151

[42] Jason Sanders, Edward Kandrot. CUDA by Example: An Introduction to General-Purpose GPU Programming. Tsinghua University Press, 2010.

[43] NVDIA Corporation. NVIDIA CUDA Compute Unified Device Architecture Programming Guide (Version 1.1), 2007.

第2章 无人机遥感图像成像原理

在无人机遥感系统成像过程中，由于不同的外部成像环境以及不同传感器自身存在的误差，会对所获取的遥感影像造成空间位置、尺寸大小、几何形状的差异。目前，民用无人机遥感中一般选择不同型号普通数码相机作为无人机遥感传感器，而数码相机一般采用面阵CCD（电子耦合器件）或CMOS（互补型金属氧化物半导体）作为感光器件。本章将介绍非量测型数码相机传感器获取无人机遥感影像的成像原理、误差来源、坐标系统和飞行姿态参数，为后续介绍无人机图像处理技术奠定理论基础。

2.1 无人机遥感常用的传感器

2.1.1 数码相机传感器

现代数字技术的迅猛发展以及制造工艺的不断提高，使得图像传感器主要部件CCD和CMOS精度越来越高，数码相机性能也不断提高，目前普通数码相机的分辨率已达到几千万像素，为获取高质量、高分辨率影像提供了必备条件，进一步促进了低空无人机遥感的发展和应用。

与传统胶卷相机相比，数码相机的"胶卷"就是其成像感光器件，是数码相机的"心脏"。目前数码相机的核心成像部件（传感器类型）有两种：一种是广泛使用的CCD（电荷耦合）元件[1]；另一种是CMOS（互补金属氧化物导体）器件[2]。

电荷耦合器件图像传感器（Charge Coupled Device，CCD）使用一种高感光度的半导体材料制成，能把光线转变成电荷，通过A/D转换器将模拟信号转换成数字信号，数字信号经过压缩以后由相机内部的闪存器或内置硬盘卡保存，因而可以方便快速地把数据传输给计算机，并利用丰富的计算机软件处理手段，可根据不同需求修改图像[1]。

互补性氧化金属半导体（Complementary Metal-Oxide Semiconductor，CMOS）和CCD一样，同为在数码相机中可记录光线变化的半导体[2]。CMOS

的制造技术和一般计算机芯片没什么差别，主要是利用硅和锗这两种元素所制成的半导体，使其在 CMOS 上共存着带 N（带负电）和 P（带正电）极的半导体，这两个互补效应所产生的电流即可被处理芯片记录和解读成影像。早期的设计使 CMOS 在处理快速变化的影像时，由于电流变化过于频繁而会产生过热的现象，导致利用 CMOS 生成的影像较容易出现杂点。但是，目前在佳能（CANON）、尼康（NICON）等公司的不断努力下，新的 CMOS 器件不断推陈出新，高动态范围 CMOS 器件已经出现，这一技术消除了对快门、光圈、自动增益控制及伽马校正的需要，使之成像质量与 CCD 相比并无劣势。另外由于 CMOS 先天可塑性强，可以做出高像素的大型 CMOS 感光器而成本却不增加多少。与 CCD 的停滞不前状态相比，CMOS 作为新生事物展示出了蓬勃的活力。CMOS 传感器具有便于大规模生产、速度快、成本低的优势，成为数码相机关键器件的重要发展方向。目前，主流的数码相机（如单反相机）的传感器（感光器）已经逐步由 COMS 取代 CCD。数码相机工作原理示意图如 2-1 所示。

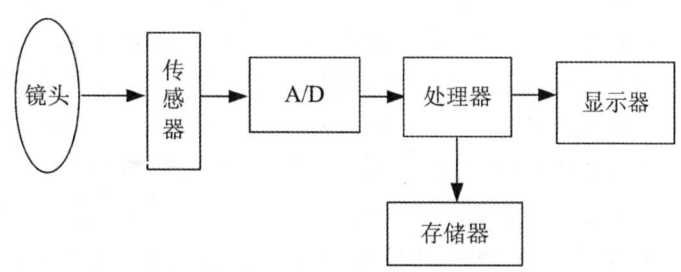

图 2-1 数码相机原理

由图 2-1 可知，数码相机通过传感器获取的电信号传送给模数转换器，将读取的电荷转换成二进制形式，从而将每一个像素的信息都以二进制形式经过处理器处理、储存并在显示器上显示出来。

2.1.2 多光谱、高光谱成像仪

多光谱、高光谱成像探测是新一代光电探测技术，是利用具有一定光谱分辨率的多光谱、高光谱图像进行目标探测，这种光谱图像数据具有"图谱合一"的特性，广泛应用于遥感、医学、食品检测、刑侦、军事等领域。光谱成像技术是光谱分析技术和图像分析技术发展的必然结果，是二者完美结合的产物。光谱成像技术不仅可以对待检测物体进行定性和定量分析，而且还能进对其进行定位分析[3]。

多光谱成像是将地物辐射电磁波分割成若干个较窄的光谱段，以摄影或扫

描的方式，在同一时间获得同一目标不同波段信息的遥感技术。成像光谱仪是一种新型成像遥感仪器，它在获得地物影像的同时获得地物的光谱，能够反映地球表面物质的光谱特性，从而达到利用光谱识别地球表面物质的目的，在对地观测和深空探测领域具有广阔的应用前景[4]。根据光谱分辨率不同，成像光谱仪可分为多光谱型、高光谱型、超光谱性。多光谱传感器获取的图像数据只有几个或几十个谱段，常用的多谱段遥感器有多谱段相机和多光谱扫描仪，其中多光谱相机已在遥感领域得到广泛应用。多光谱相机是在工作过程中同时用几个谱段对同一景物进行成像的相机，因此它既可获取目标的图像信息，又可获取目标的光谱信息[5]。

多光谱照相机是在普通航空照相机的基础上发展而来的。多光谱照相是指在可见光的基础上向红外光和紫外光两个方向扩展，并通过各种滤光片或分光器与多种感光胶片的组合，使其同时分别接收同一目标在不同窄光谱带上所辐射或反射的信息，即可得到目标的几张不同光谱带的照片。多光谱照相机可分为三类。第一类是多镜头型多光谱照相机。它具有 4~9 个镜头，每个镜头各有一个滤光片，分别让一种较窄光谱的光通过，多个镜头同时拍摄同一景物，用一张胶片同时记录几个不同光谱带的图像信息。第二类是多相机型多光谱照相机。它是由几台照相机组合在一起，各照相机分别带有不同的滤光片，分别接收景物的不同光谱带上的信息，同时拍摄同一景物，各获得一套特定光谱带的胶片。第三类是光束分离型多光谱照相机。它采用一个镜头拍摄景物，用多个三棱镜分光器将来自景物的光线分离为若干波段的光束，用多套胶片分别将各波段的光信息记录下来。这三种多光谱照相机中，光束分离型照相机的优点是结构简单，图像重叠精度高，但成像质量差；多镜头和多相机型照相机也难以准确地对准同一地方，重叠精度差，成像质量也差。多光谱扫描仪的优点是：①工作波段宽，从近紫外、可见光到热红外波段，波长范围达 0.35~20 μm；②各波段的数据容易配准。这两个特点非其他遥感器所能具有，因而多光谱扫描仪是气象卫星和陆地卫星的主要遥感器。此外，多光谱扫描仪也广泛用于航空遥感。机载多光谱扫描仪一般分辨力较高，波段设置灵活，并趋向于细分光谱。

高光谱成像仪（Hyperspectral Imager，HSI）：获取的图像数据具有一百至几百个谱段，光谱分辨率一般为 10 nm 左右。此类仪器在 20 世纪 80 年代开始应用于遥感领域，并取得巨大的成功。高光谱成像是相对多光谱成像而言的，通过高光谱成像方法获得的高光谱图像与通过多光谱成像获取的多光谱图像相比具有更丰富的图像和光谱信息。由于高光谱成像所获得的高光谱图像能对图像中的每个像素提供一条几乎连续的光谱曲线,它在地物上获得空间信息的同时又能获得比多光谱更为丰富光谱数据信息,这些数据信息可用来生成复杂模型,来进行判别、分类、识别图像中的地物。

超光谱成像仪(Ultraspectral Imager,USI):获取的图像数据通常超过1000个谱段,光谱分辨率一般在1 nm以下,这类仪器通常用于大气探测等精细光谱探测方面。多光谱成像仪的小型化、轻量化研究,使其与小型无人飞机能够精密结合,成为一种灵活机动的对地观测手段。目前无人机载多光谱技术已广泛应用于资源勘探、森林消防、森林普查、水源检测、电力巡线、航拍航摄、灾害评估、人员搜救等各个领域[6]。

2.1.3 红外传感器

红外传感器指工作波段在红外光谱段的遥感仪器,是获取和记录地物发射或反射的红外波段的电磁波信息,其主要工作光谱段在 $0.76 \sim 15~\mu m$ 之间,即从近红外波段至热红外波段。中、远红外遥感通常用于遥感物体的辐射,常用的红外遥感器是光学机械扫描仪,具有昼夜工作的能力[7]。

相对可见光遥感,红外遥感具有如下优势:

(1)红外遥感比可见光有更好的天候性能,不分白天黑夜均能使用,适合夜间侦察需求。

(2)红外遥感可利用目标和背景红外辐射特性的差异进行目标识别、揭示伪装。

(3)红外谱段可以穿透云烟,探测到可见光无法探测的景物。

(4)隐蔽性好,不易被发现和干扰。因此红外遥感技术广泛应用于农牧业、森林资源的调查、开发和管理及森林火灾的探测,在地热分布、地震、火山等领域的研究中都取得了良好的效果。

无人机载红外传感器如四通道行扫描仪(AIRDAS)常用于无人机、轻型直升机进行自然灾害监测,经实验室校正后可精确探测火焰温度。AIRDAS包括四个波段:$0.61 \sim 0.68~\mu m$、$1.57 \sim 1.70~\mu m$、$3.60 \sim 5.50~\mu m$、$5.50 \sim 13.0~\mu m$,每个波段数据均可提供火灾分析的有用信息。波段 $0.61 \sim 0.68~\mu m$ 适用于监测烟雾和辨别模糊的地表特征。波段 $1.57 \sim 1.70~\mu m$ 用于植被分析以及高温火点分析(300 ℃以上),并且对烟雾较敏感。波段 $3.60 \sim 5.50~\mu m$ 专为感知高温设计。波段 $5.50 \sim 13.0~\mu m$ 常用于采集地球周围环境的热辐射以及火场附近较低温度的土壤状况[8]。

2.2 传感器成像原理及误差来源

无人机从飞行摄影作业开始,直至获得影像或相应坐标的整个数据获取过程中，都会产生许多系统误差。系统误差主要有摄影系统的畸变差、摄影材料的变形、地球曲率和大气折光、测量测仪器的精度以及人员操作的误差等[9]。在无人机低空遥感系统中，数码相机作为低空遥感摄影设备，提取的是数字影像，不存在软片变形的影响；又由于数码相机像幅小、影像覆盖小，可以不考虑地球曲率引起的误差；采用低空摄影，又可以忽略大气折光。所以，无人机遥感影像误差主要由相机传感器变形引起的误差（内部误差）和无人机飞行姿态变化引起的误差（外部误差）组成。就内部误差而言，物镜畸变差是指相机物镜系统设计、制作、装配引起的像点偏离其理想位置，误差主要是由光学误差、机械误差和电学误差组成。

2.2.1 数码相机成像原理

无人机低空遥感系统受到无人机机舱体积和负载能力的限制，不可能采用体积和重量都较大的专业航空摄影机，通常采用高端的单反数码相机进行拍摄。

单反数码相机的成像满足中心投影构像原理。成像时的各条光线汇聚于物镜中心 S（即摄影中心），所获得的影像属于中心投影的瞬间一次成像，即一幅影像上的所有像点共用一个摄影中心和同一个像片平面，亦即共用一组外方位元素[3]，如图 2-2 所示。

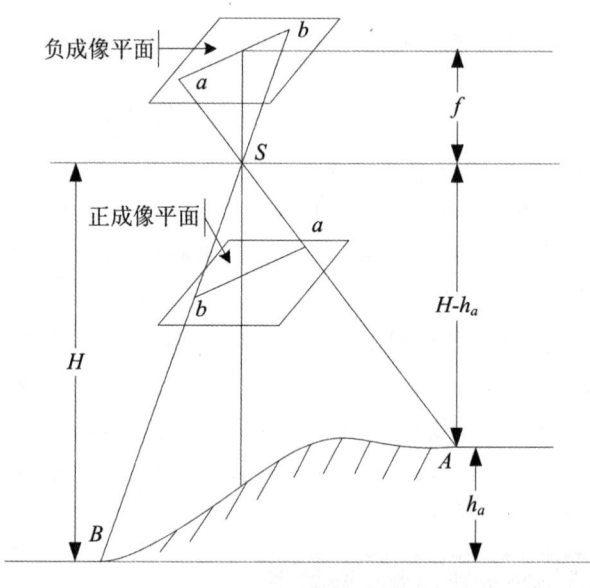

图 2-2 中心投影构像原理

一幅影像的外方位元素包括六个参数：三个直线参数和三个角参数。当三个角元素呈 $\varphi - \omega - \kappa$ 转角系统时，可求得三个角元素 φ、ω、κ 的方向余弦为[10]：

$$\begin{cases} a_1 = \cos\varphi\cos\kappa - \sin\varphi\sin\omega\sin\kappa \\ b_1 = \cos\omega\sin\kappa \\ c_1 = \sin\varphi\cos\kappa + \cos\varphi\sin\omega\sin\kappa \\ a_2 = -\cos\varphi\sin\kappa - \sin\varphi\sin\omega\cos\kappa \\ b_2 = \cos\omega\cos\kappa \\ c_2 = -\sin\varphi\cos\kappa + \cos\varphi\sin\omega\cos\kappa \\ a_3 = -\sin\varphi\cos\omega \\ b_3 = -\sin\omega \\ c_3 = \cos\varphi\cos\omega \end{cases}$$

摄影中心 S 与地面一物点 A 在地面坐标系中的坐标分别定义为 (X_S, Y_S, Z_S) 和 (X_A, Y_A, Z_A)，而物点 A 的像点 a 在像平面坐标系中的坐标为 (x, y)，镜头焦距为 f，由中心投影的成像几何关系可得：

$$\begin{cases} x = -f\dfrac{a_1(X_A - X_s) + b_1(Y_A - Y_s) + c_1(Z_A - Z_s)}{a_3(X_A - X_s) + b_3(Y_A - Y_s) + c_3(Z_A - Z_s)} \\ y = -f\dfrac{a_2(X_A - X_s) + b_2(Y_A - Y_s) + c_2(Z_A - Z_s)}{a_3(X_A - X_s) + b_3(Y_A - Y_s) + c_3(Z_A - Z_s)} \end{cases} \quad (2-1)$$

式（2-1）是中心投影构像的基本公式，即共线方程[10]。

由此可以看出，无人机遥感影像发生几何畸变源于：（1）传感器自身内方位元素不够准确，存在系统误差；（2）传感器的外方位（位置、姿态）变化，二者在不同程度上引起影像的变形失真。中心投影的共线方程为无人机遥感影像的几何畸变分析和校正提供了理论基础。

2.2.2 无人机遥感影像的误差来源

无人机遥感影像的误差主要来源于以下几个方面。

1. 传感器内部误差的影响

内部误差主要是由于传感器自身的性能、技术指标偏离标称数值所造成的，它随传感器的结构不同而不同，产生的影响误差较小[9-11]。对无人机航空遥感采用的非量测型普通数码相机，内部误差包括：镜头光学畸变误差、机械误差、电学误差等。

1）镜头光学畸变误差

镜头光学畸变误差是指由于镜头内部物镜系统设计制作、装配、透镜组合等因素造成的误差，针孔模型成像所获取图像与理想模型成像会存在偏差，从而造成像点位移，称之为非线性畸变[13-18]。如图2-3所示，设某物点入射光线与主光轴的夹角为 α，其像点到像主点的距离为 r。当 $r=f\cdot\tan\alpha$ 时，镜头无畸变，f 为镜头焦距 $\Delta r = f\cdot\tan\alpha - r$，则像点的偏移量为镜头的畸变差。由此可知，光学畸变与光线经过透镜的位置有关，也与其焦距有关。数码相机中，透镜轴向间距和多透镜对中情况是随着焦距的改变而变化的，改变相机的焦距相当于改变透镜间的轴向距离来重新组合镜片组，这时畸变情况也随之改变。因此对一部变焦相机镜头来说，它的非线性畸变特性是随着焦距不同而变化的，选定一种焦距，就有一个确定的畸变与之对应，也就锁定了相机的内方位元素。在焦距相同的条件下所拍摄的一组影像，镜头畸变差对每幅遥感影像的影响都是相同的。

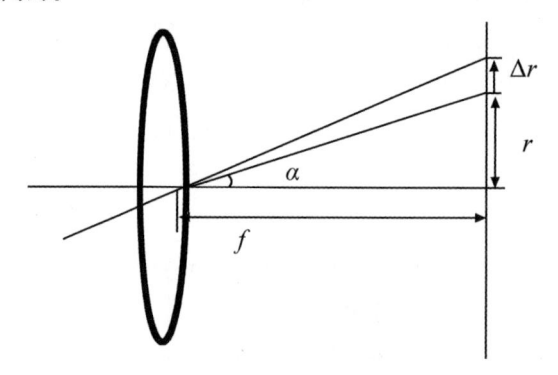

图2-3 镜头误差原理图

2）机械误差和电学误差

机械误差主要是是相机像元阵列误差，它是指相机传感器器件质量引起的误差，包括像素定位不准、行列不直及相互不垂直等导致感光像元的偏移[15]。此外，不同传感器的像元对相同的光强信号转换得到的灰度值有差异的像元敏感不均匀性误差。由于无人机遥感系统通常使用的是高档数码相机，而且随着现代加工工艺水平的提高，这种误差较其他误差要小得多，可以忽略。

电学误差主要是指传感器光电信号转换所产生的影像几何误差，表现在电荷在势阱中的传递以及 A/D 转换时所产生的影像几何误差。它主要包括行同步误差、场同步误差和像素采样误差。主要原因是由光电信号转换不完全、信号传递滞后以及传感器驱动电路电压及频率不稳等因素造成的。

2. 传感器外方位元素变化的影响

传感器的外方位元素是用来描述传感器成像瞬时的位置和姿态[10]，包括三个直线参数 X_S、Y_S、Z_S，和三个角参数 φ、ω、κ。

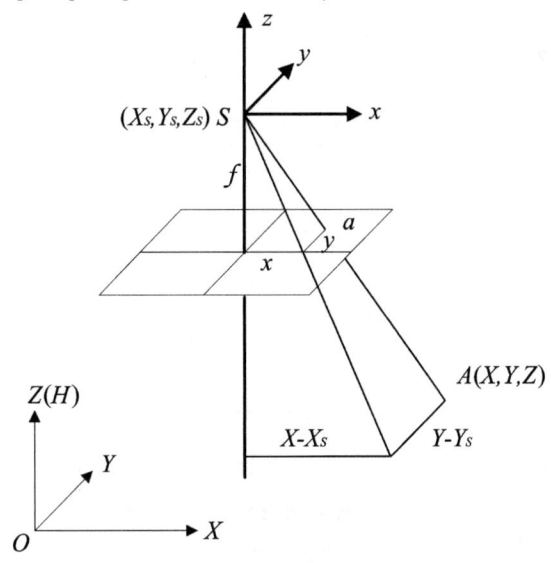

图 2-4 正直摄影示意图

根据摄影测量学，在严格的正直摄影情形下，如图 2-4 所示，物点 A 在地面坐标系内的坐标为 (X, Y, Z)，其像点 a 在像平面坐标系内的坐标为 (x, y)，由相似三角形的关系可以得出：

$$(X - X_S)/x = (Y - Y_S)/y = (Z - Z_S)/(-f) \tag{2-2}$$

当外方位元素偏离理想位置而出现变动时，就会使所获取的图像产生畸变，通常体现在影像上地物相对位置的坐标关系发生改变。这种类型的图像畸变可通过对传感器的构象方程得以解析。对中心投影构象的基本公式两边求微分，以六个参数 dX_S、dY_S、dZ_S、$d\varphi$、$d\omega$、$d\kappa$ 为自变量，并代入式 (2-2)，可得[17]：

$$\begin{cases} dx(X_S, Y_S, Z_S, \varphi, \omega, \kappa) = (f/H)dX_S - (x/H)dZ_S - y d\kappa - \\ \qquad (xy/f)d\omega - [f(1 + x^2/f^2)]d\varphi \\ dy(X_S, Y_S, Z_S, \varphi, \omega, \kappa) = (f/H)dY_S - (y/H)dZ_S + x d\kappa - \\ \qquad (xy/f)d\varphi - [f(1 + y^2/f^2)]d\omega \end{cases} \tag{2-3}$$

式中，$H = Z_A - Z_S$ 为航高。

由式（2-3）可知，dX_S、dY_S、dZ_S、$d\varphi$、$d\omega$、$d\kappa$ 分别会对影像产生不用程度的畸变效果，如图2-5所示。

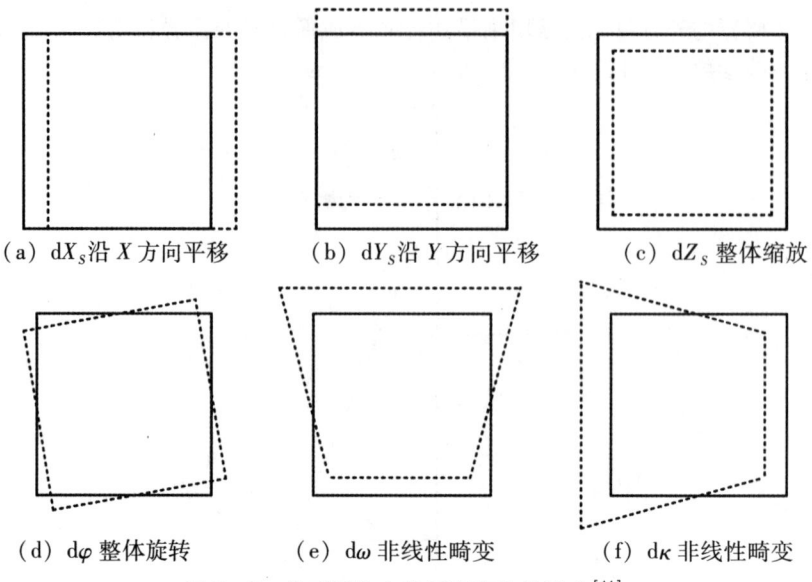

(a) dX_S 沿 X 方向平移　　(b) dY_S 沿 Y 方向平移　　(c) dZ_S 整体缩放

(d) $d\varphi$ 整体旋转　　(e) $d\omega$ 非线性畸变　　(f) $d\kappa$ 非线性畸变

图2-5　传感器外方位元素变化的影响[11]

无人机作为航空遥感成像系统的搭载平台，由于其飞行姿态变化大，不稳定，所以传感器的外方位元素也会出现相应的变化，这将直接影响拍摄影像的几何特征：影像的倾角大。由中心投影定理可知，在成像瞬间传感器的空间位置和姿态决定了遥感图像的几何畸变特性[18-22]。因此，可以对传感器的构像方程和无人机飞行姿态角做进一步研究，建立相应的几何校正模型，校正由传感器外方位元素变化引起的图像几何畸变。

3. 地形起伏的影响

地球表面的地形起伏、高低变化将使影像中的像点产生位移。在高度差为正值的情况下，地形起伏在中心投影影像上造成的像点位移是远离原点向外移动的。如图2-6所示，摄影中心为 S，地物点 A 相对周边地物的高度差为 h，其对应像点为 a，距像主点 o 的距离为 r，地物点 A' 为 A 在地面上的投影，其对应像点为 a'，则 $\overline{a'a}$ 为地形起伏引起的像点位移。则由中心投影的构像几何关系可得：

$$\Delta r = \overline{a'a} = r \cdot \frac{h}{H} \tag{2-4}$$

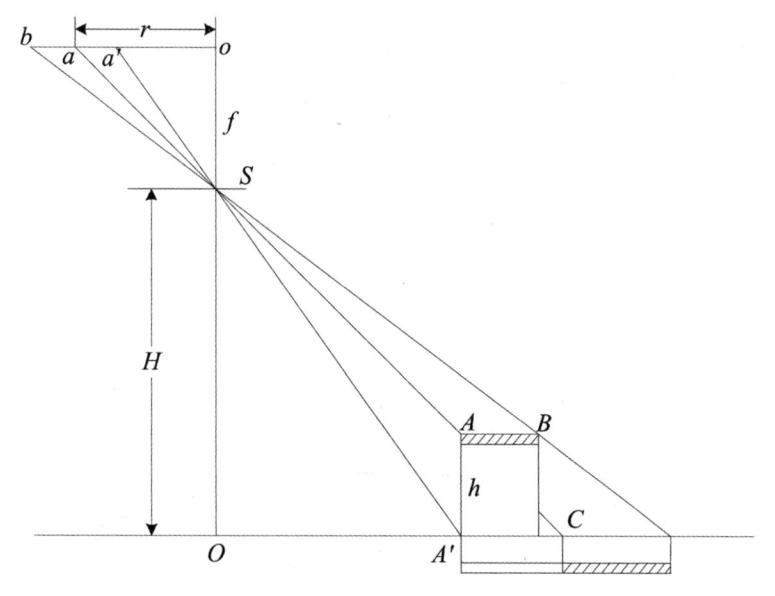

图 2-6　地形起伏的影响

由式（2-4）可得，地形起伏引起的像点位移，与地物点 A 的相对高度和像点距像主点 o 的距离 r 成正比，与无人机的飞行高度成反比。因此在无人机低空遥感影像中，地形起伏带来的影响主要与无人机的飞行高度和实际地形有关，山势陡峭地区的影像畸变比平原地区大，影像边缘的畸变比中心大。在影像校正时需有可利用的区域地形的高程信息；如未能获得影像地物的相对高度或数字高程模型，则由地形起伏引起的影像畸变不容易得到有效的校正。

4. 地球曲率的影响

地球曲率可理解为某种程度上的地形起伏，由其引起的像点位移类似于地形起伏引起的像点位移[8-9]。如图 2-7 所示，摄影中心为 S，A' 点可视为高度差为 Δh 的地物点 A 在地面上的投影，地物点 A 到传感器铅垂线 SO 的投影距离为 D，距像主点 o 的距离为 r，地球半径为 R_0，由平面几何的知识可得：$D^2 = (2R_0 - \Delta h) \cdot \Delta h$。

考虑到 Δh 相对于 $2R_0$ 是一个很小的值，可忽略不计，故有 $\Delta h \approx D^2/2R_0$，则 $\overline{a'a}$ 为地球曲率引起的像点位移。

$$\Delta r = \overline{a'a} = r \cdot \frac{\Delta h}{H} = \frac{rD^2}{2HR_0} \qquad (2-5)$$

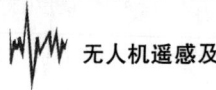

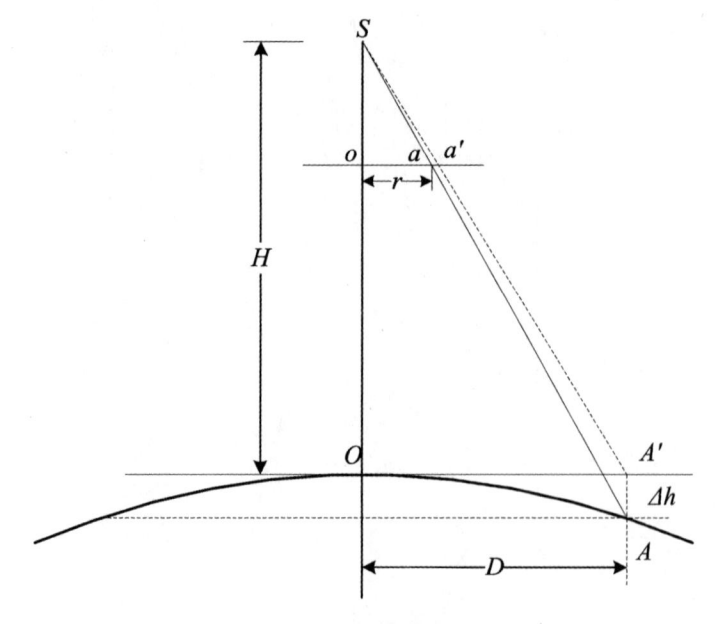

图 2-7 地球曲率的影响

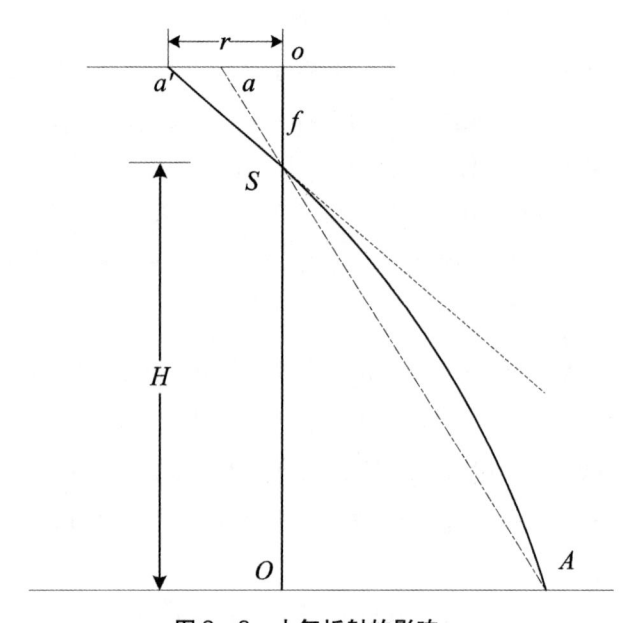

图 2-8 大气折射的影响

无人机遥感属于低空遥感，飞行高度一般在 500~3000 m 的范围内，像幅较小（有的高分辨率的遥感影像像幅仅几十米），影像覆盖面较小，所成影像基本不受地球曲率的影响。因此,通常情况下完全可忽略由地球曲率引起的无人机遥感图像畸变。

5. 大气折射的影响

大气层是一个非均匀的介质层,它的密度随高度的增加而逐渐减小,所以电磁波在大气中传播的折射率也随高度增加而改变,从而使电磁波传播的路径变成一条曲线,引起像点的位移[3]。如图 2-8 所示,摄影中心为 S,当无大气折射影响时,地物点 A 通过直线光线 AS 成像与 a 点;当有大气折射影响时,A 点通过曲线光线 AS 成像于 a' 点,因此,在遥感影像上引起像点位移 $\Delta r = \overline{a'a}$。

无人机遥感多应用于局部地区的影像获取,拍摄出的影像质量与拍摄时刻天气情况有很大的关系,由于介质层密度不均匀,大气折射引起的像点位移具有随机性,不容易得到校正,可以根据实际拍摄环境,在条件允许的情况下尽可能选择在天气晴朗的中午时分进行拍摄,以减小由于大气折射引起的图像畸变。

6. 地球自转的影响

地球自转主要是对动态传感器的影像产生畸变影响,尤其是卫星遥感影像。当卫星南北向运动时,图像每条扫描线的成像时间不同,地球表面由西向东自转,造成扫描线在地面上的投影依次向西平移,使图像发生扭曲[9-12]。但对于静态传感器而言,成像过程中相对于地球表面呈静止状态,其整幅影像在瞬间通过一次曝光完成,故地球自转不会使无人机遥感图像产生畸变。

通过以上分析可知,在引起无人机低空遥感影像发生几何畸变的诸多原因中,可经过解析加以校正的有:传感器内部误差、外方位元素变化和地形起伏对图像的影响。

2.2.3 镜头成像畸变类型

镜头的畸变类型[19-20]主要包括三个方面:径向畸变差(Radial Distortion)、切向畸变差(偏心畸变差(Decentring Distortion))和薄棱镜畸变差(Thin Prism Distortion)。

径向畸变差在以像主点为中心的辅助线上,是由曲率变化引起的构像点沿径向方向偏离其准确位置,它的表达式如下:

$$\begin{aligned} \delta_{xr} &= x\ (k_1 r^2 + k_2 r^4 + \cdots) \\ \delta_{yr} &= y\ (k_1 r^2 + k_2 r^4 + \cdots) \end{aligned} \quad (2-6)$$

式中,$r = (x^2 + y^2)^{1/2}$ 表示像点到相机光轴的距离。

偏心畸变差是由于装配误差，组成光学系统多个光学镜头光轴不可能完全共线，光学中心和像平面中心不一致引起的误差，表达式为：

$$\delta_{xd} = p_1(3x^2 + y^2) + 2p_2xy + O(x, y)^4$$
$$\delta_{yd} = p_2(3x^2 + y^2) + 2p_1xy + O(x, y)^4$$
(2-7)

薄棱镜畸变是由于透镜设计、制造和组装上的原因，造成的畸变误差，表达式如下：

$$\delta_{xt} = s_1(x^2 + y^2) + O(x, y)^4$$
$$\delta_{yt} = s_2(x^2 + y^2) + O(x, y)^4$$
(2-8)

其中，畸变类型有枕形畸变如图 2-9，桶形畸变如图 2-10 所示，图 2-11 所示是理想无畸变的情况。

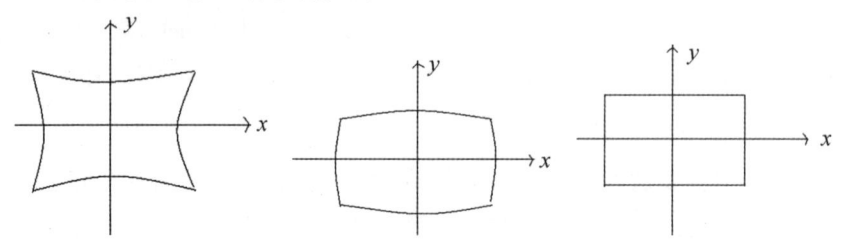

图 2-9　枕形畸变　　　图 2-10　桶形畸变　　　图 2-11　理想情况

镜头畸变总误差可表示为：

$$\delta_x(x, y) = k_1 x(x^2 + y^2) + [p_1(3x^2 + y^2) + 2p_2xy] + s_1(x^2 + y^2)$$
$$\delta_y(x, y) = k_2 y(x^2 + y^2) + [p_2(3x^2 + y^2) + 2p_1xy] + s_2(x^2 + y^2)$$
(2-9)

式中，δ_x、δ_y 表示 x、y 方向的畸变差。

式（2-9）的项依次分别代表径向畸变、偏心畸变以及薄棱镜畸变。

2.3　无人机成像的坐标系统和姿态参数

进行无人机图像几何校正或其他图像处理时，需要用到无人机遥感影像的传感器成像模型，以及一系列坐标系统及不同坐标系统之间的转换。

2.3.1　坐标系统

1. 像平面坐标系

像空间坐标系统用于描述像点的空间位置，而像点在像平面上的位置是由其像点的平面坐标（x，y）确定的。图 2 - 12 所示是图像处理中两种常见的像平面坐标系[21-24]。

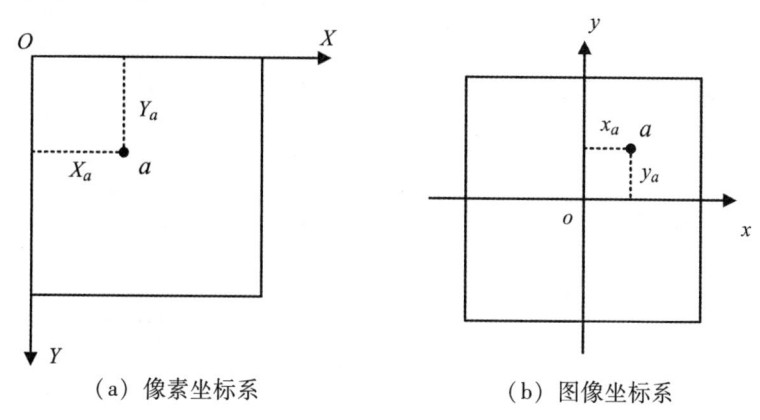

(a) 像素坐标系　　　　　　(b) 图像坐标系

图 2 - 12　像平面坐标系

（1）像素坐标系：以像平面左上角为原点 O，水平向右为 X 轴正方向，竖直向下为 Y 轴正方向，符合左手定则，一般选取像素（PIX）为单位，如图 2 - 12（a）所示。

（2）图像坐标系：以像平面中心为原点 o，水平向右为 x 轴正方向，竖直向上为 y 轴正方向，符合右手定则，可选取物理单位（mm）为单位，如图 2 - 12（b）所示。

建立几何校正模型需要用到以上两种坐标系[19-23]。为了便于后续计算，图像坐标系通常选择以像主点（即主光轴与焦平面的交点）为原点，沿飞行方向为 y 轴的正方向，垂直于飞行方向为 x 轴的正方向。

2. 传感器坐标系

传感器坐标系的原点 S 在传感器的镜头光心处（即摄影中心），Z_S 轴的正向为摄影方向的反方向，Y_S 轴正向为飞行方向，X_S 轴正向按右手定则确定，如图 2 - 13 所示。

3. 机体坐标系

机体坐标系的原点 P 取在无人机的质心上，Y_P 轴与机体纵轴重合，指向机头方向为正；Z_P 轴在机体纵向对称平面内，垂直于 Y_P 轴，向上为正；X_P 轴垂直于纵向对称平面 Z_P - P - Y_P，方向按右手定则确定。此坐标系与机体固连，为动态坐标系，如图 2 - 14 所示。

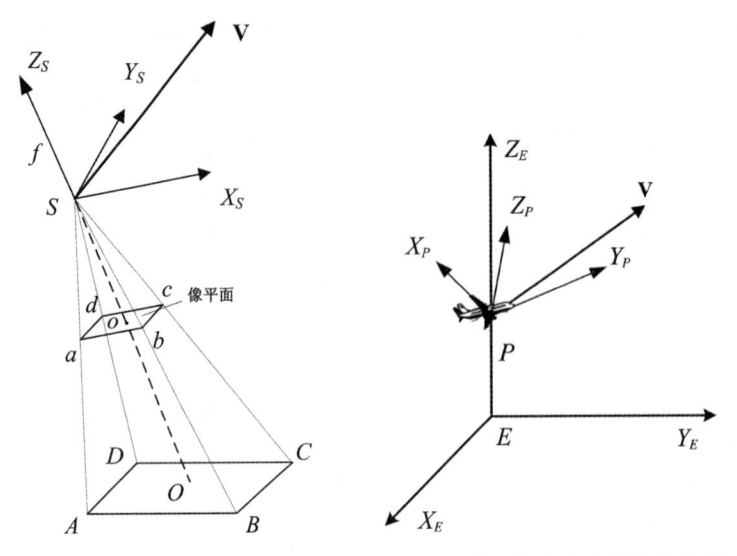

图 2-13 传感器坐标系　　图 2-14 机体坐标系与地面直角坐标系

4. 地面直角坐标系

地面坐标系 $E\text{-}X_EY_EZ_E$ 与地球固连，原点 E 通常可取飞机质心在地面（水平面）上的投影点，Y_E 轴在水平面内，指向目标（或目标在地面的投影）的方向为正；Z_E 轴与地面垂直，向上为正；X_E 轴按右手定则确定，如图 2-14 所示。对于无人机而言，地面坐标系就是惯性坐标系，主要是用来作为确定无人机质心位置和空间姿态的基准[30-34]。随着无人飞机在空间中的运动，机体坐标系 $P\text{-}X_PY_PZ_P$ 与地面坐标系 $E\text{-}X_EY_EZ_E$ 配合，可以确定无人机的飞行姿态。

2.3.2 坐标变换

为了建立基于飞行姿态变化的无人机遥感影像几何校正模型，需要实现以上各坐标系之间的变换[10]。

1. 图像坐标系与传感器坐标系之间的坐标变换

当图像坐标系选择"以像主点为原点，沿飞行方向为 Y 轴的正方向，垂直于飞行方向为 X 轴的正方向"时，像平面内任一点 p，在图像坐标系下的坐标为 (x, y)，在传感器坐标系 $S\text{-}X_SY_SZ_S$ 下坐标为 (X_S, Y_S, Z_S)。

二者存在以下关系：

$$\begin{bmatrix} X_S \\ Y_S \\ Z_S \end{bmatrix}_S = \begin{bmatrix} x \\ y \\ -f \end{bmatrix} = R_{SI} \begin{bmatrix} x \\ y \end{bmatrix}_I \qquad (2-10)$$

2. 传感器坐标系与机体坐标系之间的坐标变换

传感器坐标系 $S\text{-}X_S Y_S Z_S$ 与机体坐标系 $P\text{-}X_P Y_P Z_P$ 均为直角坐标系，可通过三个坐标轴的旋转及其原点的平移实现这两个坐标系间的转换[13-14]。当两种坐标轴系之间夹角满足 $\varphi - \omega - \kappa$ 转角关系，设有一点 a 在 $S\text{-}XYZ$ 中的坐标为 (X_S, Y_S, Z_S)，在 $P\text{-}X_P Y_P Z_P$ 中的坐标系为 (X_P, Y_P, Z_P)，则 a 点在这两种坐标系中的坐标有如下关系：

$$\begin{bmatrix} X_P \\ Y_P \\ Z_P \end{bmatrix}_P = R_{PS} \begin{bmatrix} X_S \\ Y_S \\ Z_S \end{bmatrix}_S \qquad (2-11)$$

式中，$R_{PS} = \begin{bmatrix} a_1 & a_2 & a_3 \\ b_1 & b_2 & b_3 \\ c_1 & c_2 & c_3 \end{bmatrix}$ 为旋转矩阵；a_i、b_i、c_i ($i = 1, 2, 3$) 为两坐标轴系之间的方向余弦值。

3. 机体坐标系与地面坐标系之间的坐标变换

机体坐标系与地面坐标系之间的变换可以反映出飞机的飞行姿态，根据飞行姿态角的定义，可以得出：

$$\begin{bmatrix} X_E \\ Y_E \\ Z_E \end{bmatrix}_E = R_{EP} \begin{bmatrix} X_P \\ Y_P \\ Z_P \end{bmatrix}_P \qquad (2-12)$$

式中，$R_{EP} = R(H) R(\gamma) R(\beta) R(\alpha)$。

2.3.3 飞行姿态角

为了分析三个角参数引起的几何畸变，确定无人机飞行过程中的空间姿态变化，可利用机体坐标系 $P\text{-}X_P Y_P Z_P$ 相对于地面坐标系 $E\text{-}X_E Y_E Z_E$ 的方位来描述三个飞行姿态角，它们分别为俯仰角 α、滚转角 β、偏航角 γ，如图 2-15 所示。

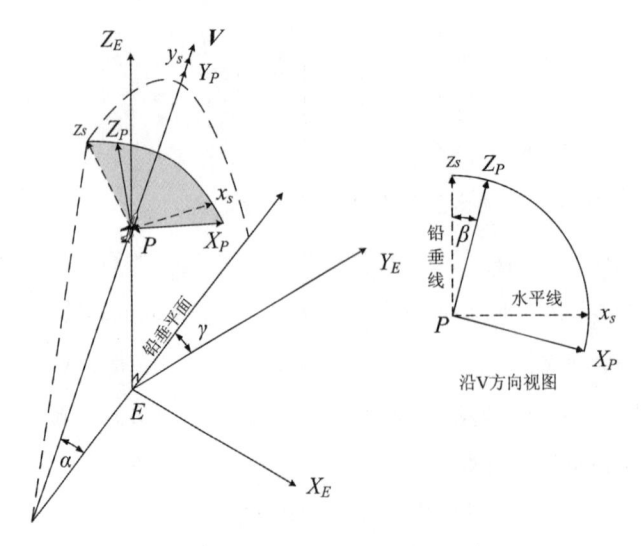

图 2-15 机体坐标系与地面直角坐标系

(1) 俯仰角 α：机体坐标系纵轴 $P\text{-}Y_P$ 与水平面之间的夹角[35-39]。若纵轴 $P\text{-}Y_P$ 在水平面之上，则俯仰角 α 为正（转动角速度方向与 $P\text{-}X_P$ 轴的正向一致），反之为负，即机体坐标轴绕其 X_P 轴旋转的角度。$\alpha \in [-90°, 90°]$

(2) 滚转角 β：机体坐标系的 $P\text{-}Z_P$ 轴与包含机体纵轴 $P\text{-}Y_P$ 的铅垂平面之间的夹角[40-42]。从机体的尾部顺 $P\text{-}Y_P$ 轴方向往前看，若 $P\text{-}Z_P$ 轴位于铅垂平面的右侧，则滚转角 β 为正（转动角速度方向与 $P\text{-}Y_P$ 轴的正向一致）；反之为负，即机体坐标轴绕其 Y_P 轴旋转的角度。$\beta \in (-180°, 180°]$

(3) 偏航角 γ：机体坐标系纵轴 $P\text{-}Y_P$ 在水平面上的投影与地面坐标系 $E\text{-}Y_E$ 轴之间的夹角[43-45]。由 $E\text{-}Y_E$ 轴逆时针方向转至机体纵轴的投影线时，偏航角 γ 为正（转动角速度方向与 $P\text{-}Z_P$ 轴的正向一致）；反之为负，也即机体坐标轴绕其 Z_P 轴旋转的角度。

参考文献

[1] 侯雨石，何玉青. 数码相机 CMOS 图像传感器的特性参数与选择 [J]. 光学技术，2003，29（2）：174-175.

[2] 尤政，李涛. CMOS 图像传感器在空间技术中的应用 [J]. 光学技术，2002，28（1）：31-35.

[3] 许洪. 多光谱、超光谱成像探测关键技术研究 [D]. 天津：天津大学，2009.

[4] 李欢,周峰. 星载超光谱成像技术发展与展望 [J]. 光学与光电技术, 2012 (5): 41-47.

[5] 孙鑫,白加光,王忠. 一种机载多光谱相机的光学系统设计 [J]. 光子学报, 2009 (12): 3160-3164.

[6] 李江南. 无人机载多光谱相机设计 [J]. 舰船电子工程, 2013 (4): 155-158.

[7] 刘兆军,周峰,李瑜. 航天光学遥感器对红外探测器的需求分析 [J]. 红外与激光工程, 2008 (1): 25-29.

[8] 毛洁娜,于龙,林莹莹. 无人机遥感应用及红外载荷研究 [J]. 红外, 2007 (2): 32-35.

[9] 汤国安,张友顺等. 遥感数字图像处理 [M]. 北京: 科学出版社, 2004.

[10] 李德仁,周月琴,金为铣. 摄影测量与遥感概论 [M]. 北京: 测绘出版社, 2001.

[11] 倪金生,蒋一军,张富民. 遥感图像处理理论与实践 [M]. 北京: 电子工业出版社, 2007.

[12] 王聪华. 无人飞行器低空遥感影像数据处理方法 [D]. 山东科技大学, 2006.

[13] 张过. 缺少控制点的高分辨率卫星遥感影像几何纠正 [D]. 武汉大学, 2005.

[14] 程效军,胡敏捷. 数字相机的检校. 铁路航测 [J]. 2001, 4: 12-14.

[15] 吴少平,张爱武,减克. 基于虚拟标定场的数码相机内参数标定方法. 系统仿真学报, 2006, 18 (2): 424-426.

[16] 袁修孝,张过. 缺少控制点的卫星遥感对地目标定位 [J]. 武汉大学学报(信息科学版), 2003, (05).

[17] 马瑞升,孙涵,林宗桂,马轮基,吴朝晖,黄耀. 微型无人机遥感影像的纠偏与定位 [J]. 南京气象学院学报, 2005, (05).

[18] 马瑞升. 微型无人机航空遥感系统及其影像几何纠正研究 [D] 南京农业大学, 2004.

[19] 谭晓波. 摄像机标定及相关技术研究 [D]. 长沙: 国防科技大学, 2004, 29-31.

[20] 张佳成,范勇,陈念年等. 基于混合模型的CCD镜头畸变精校正算法

[J]．计算机工程，2010，36（1）：191 - 193．

[21] 韦玉春，汤国安等．遥感数字图像处理教程 [M]．北京：科学出版社，2007．

[22] John R. Jensen．遥感数字影像处理导论 [M]．北京：机械工业出版社，2007．

[23] 孙家柄，舒宁，关泽群．遥感原理、方法和应用 [M]．北京：测绘出版社，1997

[24] 赵英时等．遥感应用分析原理与方法 [M]．北京：科学出版社，2003．

[25] 杨晓明，游晓斌．IKONOS 图像纠正的实验研究 [J]．北京林业大学学报，2003，（S1）．

[26] 刘军，王冬红，毛国苗．基于 RPC 模型的 IKONOS 卫星影像高精度立体定位 [J]．测绘通报，2004，（09）．

[27] 张永生，刘军．高分辨率遥感卫星立体影像 RPC 模型定位的算法及其优化 [J]．测绘工程，2004，（01）．

[28] 刘军，张永生，范永弘．基于通用成像模型：有理函数模型的摄影测量定位方法 [J]．测绘通报，2003，（04）．

[29] 王峰，曾湧，何善铭，马国强．实现 CBERS 图像自动几何精校正的地面控制点数据库的设计方法 [J]．航天返回与遥感，2004，（02）．

[30] 王建雄，张辅霞，孔令琼．应用遥控直升机进行大比例尺地形测绘实验研究 [J]．测绘科学，2007，(1)：83 - 34．

[31] 冯文灏．共线条件方程式教学中的几个问题 [J]．测绘信息与工程，2003，28（2）：34 - 35．

[32] 贺少帅．高分辨率卫星影像快速几何校正研究 [D]．长沙：中南大学，2009：9．

[33] Mahmut O. Karslioglu, Jurgen Friedrich. A New Differential Geometric Method to Rectify Digital Images of the Earth's Surface Using Isothermal Coordinates. IEEE Transactions onGeoscience and Remote Sensing, 2005, 43 (3): 666 - 672.

[34] 曾丽萍．遥感图像几何纠正算法研究 [D]．成都：电子科技大学，2001，9 - 60．

[35] Ahdel-AzizY I, KararaH M. Direct linear trasformation into object space coordinates in close-T-allge photogram etry [A]. In proceedinds Syypisium Close-Range Photogramm etry. Universiy of Illinois at Urbana-Calibration, urbana,

Illinois American, 1971, 1-18.

[36] Zhang Z, Faugeras O D. 3D Dynamic Scene Analysis. A Stereo Based Approach. Berlin, Heidelberg, Springer, 1992, 1-23.

[37] Aloimonos Y, Rosenfeld A. A Response to Ignorance, Myopia, and Naive in Computer Vision Systems by R. C. Jain and T. O. Binford. CVGIP. Image Understanding, 1991, 53 (1): 120-124.

[38] Binger N. The application of laser radar technology. Sensors, 1987, 4 (4): 42-44.

[39] R. Roelofs. Distortion, principal point, point of symmetry and calibrated principal point. Photogrammetria, 1951, 7 (2): 49-66.

[40] Brown D C. Decentering distortion of lenses. Photogrammetric Engineering, 1966, 32 (3): 444-462.

[41] Brown D C. Close-range camera calibration. Photogrammetric Engineering, 1971, 37 (8): 855-866.

[42] Brown D C. Calibration of close-range cameras. International Archive of Photogrammetry and Remote Sensing, ISP Congress, Ottawa, Canada, 1972, 19 (5): 26.

[43] Hallert B. Notes on calibration of cameras and photographs in photogrammetry. Photogrametria, 1968, (23): 163-178.

[44] Faig W. Calibration of close-range photogrammetry systems. Mathematical formulation. Photogrammetric Eng, Remote Sensing, 1975, 41 (12): 1479-1486.

[45] Tsai R Y. An Efficient and Accurate Camera Calibration Technique for 3D Machine Vision. Proceedings of IEEE Conference on Computer Vision and Pattern Recognition, Miami Beach, FL, USA, 1986, 364-374.

第3章 无人机遥感图像传感器内部畸变的几何校正

在第2章分析了传感器误差来源、畸变类型和成像原理，讨论了无人机遥感影像的内部变形误差和外方位元素误差。本章主要介绍由非量测数码相机内部参数误差造成几何变形的校正方法，构建不同畸变情况下的校正模型，解算畸变参数，得出相机内方位元素和畸变，并用实验证明校正的高精度性、可靠性与可行性。

3.1 无人机遥感影像内部变形误差纠正

3.1.1 无人机遥感影像的内部误差纠正方法

对于无人机遥感影像的校正是需要满足一定精度和稳定性要求的。大多数情况下，针对传感器部分的内部畸变纠正，还是主要采用传统相机校正方法。传统的相机校正方法常用的有线性模型算法和非线性模型算法，一般来说，完全的线性算法模型计算简单，但没有考虑畸变因素，不在本章研究范围之内，不必赘述。非线性标定中早期具有代表型的算法有 Tsai 两步法[1]、基于直线的算法[2]。

Tsai 两步法是早期较为经典的算法，它考虑了一阶径向畸变，原理是先用线性方法在理想模型下求取相机内、外参数的解作为初值，再代入非线性方程求解内部畸变参数的过程，在当时解决了相机畸变影像造成的偏差。其缺点是求解时，相机的内外参数的求解混在一起，各参数之间有牵制，要求解出每一张现场图像的内外参数和非线性畸变参数，整个参数模型比较复杂，变量多，运算量大，计算结果的精度不高，鲁棒性差。

基于直线的方法是利用了透视投影的一个重要特征，即在含有非线性畸变的图像中，三维物景中的直线经透视变换成二维图像后仍保持其直线的性质，只要直线不是图像中的径向直线都会发生弯曲。利用迭代运算校正图像，并不断检验畸变直线的弯曲程度，直至畸变直线被校正到满意的状态，便可以获得图像径向非线性畸变的畸变系数。这种方法比较简单，能抛开相机的其他参数而独立求解。但受限制的条件也较多，一方面在三维场景中要有一根较长的直线；另一方面希望该直线尽量在图像的边缘，最好是能照顾到在纵横两方面，这样才能有效地求解出图像的非线性畸变系数。通常这样的条件在现实中是难以满足的。

根据不同的任务要求和应用背景，传统相机标定有了大量改进和新的探索。近期具有代表性的具体方法是基于共线方程的线性直线DLT算法[3-5]、空间后方交会算法[6-7]等。

其中，线性直线变换算法和空间后方交会算法都属于摄影测量学范畴的解算方法，它们都是由共线方程出发，如下式：

$$x - x_0 + \Delta x = -f \frac{a_1(X-X_s) + b_1(Y-Y_s) + c_1(Z-Z_s)}{a_3(X-X_s) + b_3(Y-Y_s) + c_3(Z-Z_s)}$$
$$y - y_0 + \Delta y = -f \frac{a_2(X-X_s) + b_2(Y-Y_s) + c_2(Z-Z_s)}{a_3(X-X_s) + b_3(Y-Y_s) + c_3(Z-Z_s)} \tag{3-1}$$

式中，x_0、y_0为像主点坐标；f为焦距；Δx、Δy为误差改正数，可以根据具体情况考虑选择不同的畸变因素和组合的模型（参见2.2.3节）代入。a_i、b_i、c_i表示外方位元素，X、Y、Z是物点空间坐标，X_s、Y_s、Z_s是摄站在物方空间坐标系下的坐标。

以二维DLT算法为例，将式（3-1）线性化后得：

$$x + v_x + \Delta x - \frac{L_1 X + L_2 Y + L_3}{L_7 X + L_8 Y + 1} = 0$$
$$y + v_y + \Delta y - \frac{L_4 X + L_5 Y + L_6}{L_7 X + L_8 Y + 1} = 0 \tag{3-2}$$

将式（3-2）改写成误差方程式，进行迭代运算，x_0、y_0以中心点坐标值作为初值参与运算，先解算系数L和畸变系数。然后代入重新解算得x_0、y_0和焦距f。

空间后交算法是以一张相片覆盖的一定数量控制点的物方空间坐标及其像点坐标，以像点坐标作为观测点，按共线条件方程解算该像片的内外方位元素以及其他附加参数的过程。它的误差方程式可以表示如下：

$$V = AX_{外} + BX_{内} + CX_{ad} - L \tag{3-3}$$

式中，$X_{外}$、$X_{内}$表示外、内方位元素矩阵；X_{ad}作为附加参数矩阵包括畸变模型的畸变系数；L表示像点坐标观测值与迭代计算相像点坐标近似值之间的偏差。

一般而言，采用多张相片精度更高，假设拍摄的多张相片上有 n 个公共点，那么由最小二乘原理 $V^TV = \min$，运用逐次迭代算法，解算出每一张相片的内、外参数和附加参数矩阵（即畸变系数）。

上述两种以共线方程出发的算法，精度都很高。但是需要精度很高的实验设备仪器等，如电子经纬仪、全站仪等，如果是三维标定，还需要一个专门的实验场地来安置。

3.1.2 利用畸变模型的校正算法

本章根据已有实验条件和无人机遥感影像的应用要求，主要从传统标定方法进行相关研究，希望探寻一种解算速度快、适用性强和校正精度高的模型来消除无人机遥感影像的内部畸变误差以满足实际应用的需要。本章将着重研究以下几种模型和相应算法。

1. 仅考虑径向畸变模型

1）等间距算法

等间距法的原理[8]是在光学成像过程中，通过光心的直线成像后仍为直线，光轴中心附近畸变量最小，垂直于光轴的物平面上两条长度相等的直线段，在理想无畸变光学系统条件下对标定物（靶标图像）成像所在像平面上相邻各标志点距离相等，以此对畸变模型进行求解。

一般选择图像中心点为起始点，然后选取过这一点的横行和竖行的标志点作为研究对象，使图像畸变大致关于图像几何中心点对称，在理想无畸变情况下，各点距离是相等的，对畸变系数的求取可以在这两条相互垂直并过光心的直线上进行。利用原理相关特性，可以分别在水平和垂直方向求出畸变系数 k_1 和 k_2，取它们的平均值 k 作为初始的畸变系数。一般常用的取点方式如图3-1和图3-2所示。

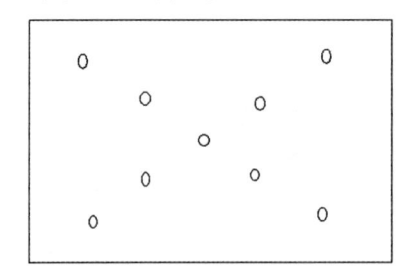

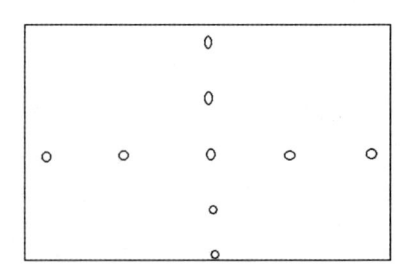

图3-1　X型等距点　　　　图3-2　十字形等距点

若取点方式采取类似半十字形取点方式，在水平方向取8个点，其中第8

个点为光心点(c_x, c_y),以(x_0, y_0)代替(c_x, c_y),在水平直线上有:

$$x_2 - x_1 = x_3 - x_2 = x_4 - x_3 \cdots = x_8 - x_7$$
$$x_3 - x_1 = x_4 - x_2 = \cdots x_8 - x_6$$
$$x_4 - x_1 = x_5 - x_2 = \cdots x_8 - x_5$$
$$\cdots \tag{3-4}$$

垂直线上有:

$$y_2 - y_1 = y_3 - y_2 = \cdots y_6 - y_5$$
$$y_3 - y_1 = y_4 - y_2 = \cdots y_6 - y_4$$
$$y_4 - y_1 = y_5 - y_2 = y_6 - y_3$$
$$\cdots \tag{3-5}$$

考虑仅采用一阶径向畸变模型:

$$\bar{x} = x(1 + k_1 r^2)$$
$$\bar{y} = y(1 + k_1 r^2) \tag{3-6}$$

如考虑像主点的偏差,则用下式表示:

$$x = x_d + (x_d - c_x)(k_1 r_d^2)$$
$$y = y_d + (y_d - c_y)(k_2 r_d^2) \tag{3-7}$$

式中,c_x、c_y为像主点坐标;x_d为各标志点实际坐标值。

下面以计算第一个畸变系数为例说明,之后的按此依次进行即可。

将式(3-7)代入式(3-4)和式(3-5),得:

$$k_{11} = \frac{x_{d8} - x_{d7} - x_{d2} - x_{d1}}{(x_{d7} - x_0)^3 + (x_{d2} - x_0)^3 - (x_{d8} - x_0)^3 - (x_{d1} - x_0)^3} \tag{3-8}$$

同理 $k_{21} = \dfrac{y_{d6} - y_{d5} - y_{d2} + y_{d1}}{(y_{d5} - y_0)^3 + (y_{d2} - y_0)^3 - (y_{d6} - y_0)^3 - (y_{d1} - y_0)^3}$

其中,像主点坐标(c_x, c_y)用中心像素坐标代替。可计算出21个k_{1j}、k_{2j},然后求平均值就可以求得x、y方向上的畸变系数k_1和k_2。最后代入一阶畸变模型便可求出校正值。

2) 迭代算法

此方法是通过相机拍摄一张标准靶标图形,获取相应标准点坐标值,并设计一个检验精度的函数运用迭代算法直到达到最小的误差来计算畸变系数k值[9]。

一阶径向畸变模型如式(3-6)所示。二阶径向畸变模型可表示如下:

$$\bar{x} = x(1 + k_{11}r^2 + k_{12}r^4)$$
$$\bar{y} = y(1 + k_{21}r^2 + k_{22}r^4) \qquad (3-9)$$

式中，$\bar{x}$、$\bar{y}$ 为校正后坐标值；$r^2 = x^2 + y^2$，x、y 为实际图像下各标志点坐标值；k_i 为畸变系数。设计一个检验校正后平均偏差的目标检验函数如下：

$$F_X = \frac{1}{Q}\sum_{i=1}^{M}\sum_{j=1}^{N}\sqrt{(U_{dij} - U_{ij})^2}$$
$$F_Y = \frac{1}{Q}\sum_{i=1}^{M}\sum_{j=1}^{N}\sqrt{(V_{dij} - V_{ij})^2} \qquad (3-10)$$

在图像坐标系下，U_{dij}、V_{dij} 为 x、y 方向上各标志点校正后坐标；U_{ij}、V_{ij} 为理论模型下计算的坐标；Q 为靶标板上标志点的总数量；M、N 分别是 x、y 方向标志点的数量。

由相机成像畸变原理知，在严格的垂直摄影情况下图像中心部位是没有几何畸变的，但是越靠近图像边缘，畸变越明显[10]。

其中各标志点理想坐标值计算方式如下：在 x、y 方向对影像中心部分的标志点间隔进行像元计数得到 M_a、M_b，然后利用测量得到实际长度 L_x、L_y，而后由公式

$$M_x = \frac{M_a}{L_x}; \quad M_y = \frac{M_b}{L_y} \qquad (3-11)$$

计算可得 x、y 方向上单位长度 L 所对应的像元数 M_x、M_y。最后将测量得到的各标志点到中心的距离值乘以 M_x 或 M_y 便可得到各标志点的理论成像位置。

将式（3-10）代入式（3-9）进行迭代计算，取 k 的初值为 0，根据变形情况，桶形畸变取步长为 10^{-10}，枕形畸变取 -10^{-10}。按照校正精度的需要设置某个数值，当目标检验函数值小于这个数值或者函数值后一步大于前一步时，迭代终止。记录此时畸变系数 k 值，最后将所求得的畸变系数带入畸变模型进行校正。

2. 多种畸变因素混合的综合模型

同时考虑径向畸变、偏向畸变和薄棱镜畸变，畸变模型的表达式如下：

$$\bar{x} = x + k_1 x(x^2 + y^2) + [p_1(3x^2 + y^2) + 2p_2 xy] + s_1(x^2 + y^2)$$
$$\bar{y} = y + k_2 y(x^2 + y^2) + [p_2(3x^2 + y^2) + 2p_1 xy] + s_2(x^2 + y) \qquad (3-12)$$

由于畸变系数过多，若采用迭代算法不仅十分费时费力，而且结果还可能不稳定。于是将式（3-12）改写成如下矩阵形式：

$$AP = \bar{X} - X \qquad (3-13)$$

$$A = \begin{bmatrix} X_d(X_d^2+Y_d^2) & 0 & 3X_d^2+Y_d^2 & 2X_dY_d & X_d^2+Y_d^2 & 0 \\ 0 & Y_d(X_d^2+Y_d^2) & 2X_dY_d & X_d^2+3Y_d^2 & 0 & X_d^2+Y_d^2 \end{bmatrix}$$

$$P = \begin{bmatrix} k_1 & k_2 & p_1 & p_2 & s_1 & s_2 \end{bmatrix}^T$$

$$\overline{X} = \begin{bmatrix} X_U & Y_U \end{bmatrix}^T$$

$$X = \begin{bmatrix} X_d & Y_d \end{bmatrix}^T$$

式中，P 为系数矩阵，包含 6 个畸变系数；$\overline{X}$ 为理想坐标矩阵，X 为实际坐标矩阵。

分析该方程组，可知需要 3 对标志点便可求解，为取得最精确的结果，可以采取图像上所有的标志点进行运算，利用最小二乘法求解[11]。式（3-12）中，校正值初值先用对应标志点的理想坐标值代替，然后拟合求解出畸变系数，再代入畸变模型达到最终求解出校正坐标值的目的。

3.1.3 多项式校正原理与模型

前面已经提到，数码相机成像误差来源是多方面的，虽然光学畸变是造成影像变形最主要的原因，但是相机每一次成像都会带来或多或少的其他因素诸如机械、电学信号转换等造成的随机误差。因此，固定模型有时候难以严格描述其变形规律。

该算法的思想是不考虑造成图像几何畸变具体各方面错综复杂的因素，直接通过一个多项式将校正坐标值和实际图像的畸变坐标值联系起来，即包含了各种复杂的畸变因素。通过求解多项式系数从而确定二者之间的关系，最终达到一个综合校正的效果，并作为恢复整幅图像其他像元的依据。它的原理直观，计算简单，具有较好的计算精度，适用性也相当广阔。

多项式校正模型如下：

$$\begin{aligned} u &= \sum_{i=0}^{n}\sum_{j=0}^{n-i} a_{ij} x^i y^j \\ v &= \sum_{i=0}^{n}\sum_{j=0}^{n-i} b_{ij} x^i y^j \end{aligned} \quad (3-14)$$

式中，a_{ij}、b_{ij} 为待定系数；n 为多项式次数，取决于图像的变形程度；x、y 为实际坐标值；u、v 为校正后坐标值，运算时，作为理想坐标值参与计算。二者是一一对应关系。

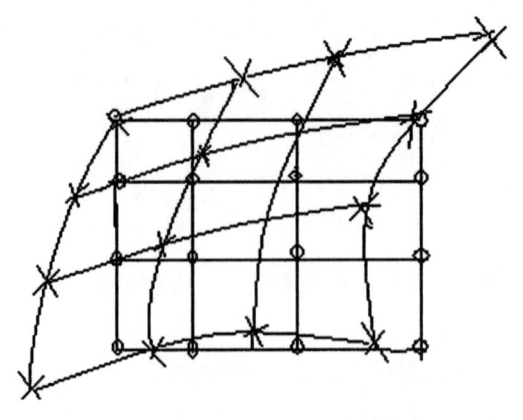

图3-3 遥感图像几何纠正示意图

图3-3中假设原始图像为一曲面，×形符号代表原始图像标志点，○形符号代表校正后图像标志点。从理论上讲，任何曲面都能以适当的高次多项式来拟合[12-19]。

1. 一阶多项式分区域的算法

将式（3-14）展开，n取1得：

$$u = a_{00} + a_{01}y + a_{10}x$$
$$v = b_{00} + b_{01}y + b_{10}x$$
(3-15)

式（3-15）是一个线性表达式，前面已经提到，线性模型一般不能准确描述一整幅图像的畸变情况，直接用此模型进行校正难以得到理想的效果。故采用一种分块区域算法[13-15]，使得所划分的每个区域的畸变情况可以尽量用简单的模型表示。此方法的原理是把图像分成若干个矩形区域，在每个区域内用矩形的顶点做约束点，拟合出适合这个区域的一次模型，相对于高次模型，单次运算量将大大降低。矩形区域的划分应该既能保证计算结果逼近精度要求，又尽可能地减少区域数目，从而少占用存储空间。步骤如下。

（1）由于一阶径向畸变是最主要的畸变因素，故将一阶径向畸变模型改写成：

$$\bar{x} = x(1 + k_1 x^2 + k_2 y^2)$$
$$\bar{y} = y(1 + k_1 x^2 + k_2 y^2)$$
(3-16)

由最小二乘法求出 $k_1 = 5.4 \times 10^{-9}$，$k_2 = 6.2 \times 10^{-9}$。

(2) 假设需要把第一象限划分为水平 m 格、垂直 n 格,设 w、h 分别为图像宽度和高度像素值的一半。区域划分规则如下:

$x_i = w\sqrt{\dfrac{i}{m}}$,$y_j = h\sqrt{\dfrac{j}{n}}$,其中 x_i,y_j 分别表示朝 x,y 方向的分割点位置。

所划分区域内最大最小增益分别为:

$$\begin{aligned} A_{max} &= 1 + k_1 x_{i+1}^2 + k_2 y_{j+1}^2 \\ A_{min} &= 1 + k_1 x_i^2 + k_2 y_j^2 \end{aligned} \quad (3-17)$$

可推导出 $A_{max} - A_{min} = k_1 \dfrac{w^2}{m} + k_2 \dfrac{h^2}{n}$ 为一常数,这也说明按此规则划分区域使得每个区域的畸变程度都相等。

(3) 为保证精度所取最小分格数目,考察函数 $C(\alpha, \beta) = M\alpha\beta$ ($\alpha > 0$,$\beta > 0$) 约束条件 $E = \dfrac{k_1 w^2}{\alpha} + \dfrac{k_2 h^2}{\beta}$ 下极值,由高等数学求极值法可求得:

$$\alpha = \dfrac{2k_1 w^2}{E},\quad \beta = \dfrac{2k_2 h^2}{E} \quad (3-18)$$

(4) 取 m、n 分别为大于等于 α、β 的值,便可得:$m = 4$,$n = 2$。区域划分情况如图 3-4 所示,分割点为所标数值乘以 w、h 的值,其他三象限划分可由对称性照此划分。

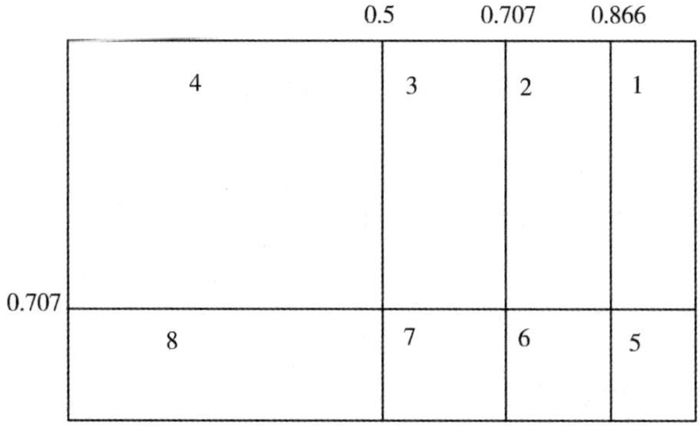

	0.5	0.707	0.866
4	3	2	1
8	7	6	5

0.707

图 3-4 图像第一象限的分区规则

(5) 在所划分的 8 个区域内,每个区域找到所在范围的标志点坐标,利用最小二乘法,便可辨识出 8 对一阶多项式校正系数,最后分别对每个区域进行校正。

2. 二阶、三阶多项式算法

遵循拟合误差平方最小原则[14-17]，即有：

$$\min\varepsilon_x = \sum_{k=1}^{L}(u_k - \sum_{i=0}^{n}\sum_{j=0}^{n-i}a_{ij}x_k^i y_k^j)^2 \\ \min\varepsilon_y = \sum_{k=1}^{L}(v_k - \sum_{i=0}^{n}\sum_{j=0}^{n-i}b_{ij}x_k^i y_k^j)^2 \qquad (3-19)$$

式中，L 为控制点的点数；a、b 是待求系数。对式（3-19）右端求导可得极值条件为：

$$\sum_{k=1}^{L}(\sum_{i=0}^{n}\sum_{j=0}^{n-i}a_{ij}x_k^i y_k^j)x_k^s y_k^t = \sum_{k=1}^{L}u_k x_k^s y_k^t \\ \sum_{k=1}^{L}(\sum_{i=0}^{n}\sum_{j=0}^{n-i}b_{ij}x_k^i y_k^j)x_k^s y_k^t = \sum_{k=1}^{L}v_k x_k^s y_k^t \qquad (3-20)$$

式中，$s=0,1\cdots,n$；$t=0,1,\cdots,n-s$。

取多项式次数 $n=2$ 时，多项式可展开为：

$$u_i = a_{00} + a_{01}y_i + a_{02}y_i^2 + a_{10}x_i + a_{11}x_i y_i + a_{20}x_i^2 \\ v_i = b_{00} + b_{01}y_i + b_{02}y_i^2 + b_{10}x_i + b_{11}x_i y_i + b_{20}x_i^2 \qquad (3-21)$$

当 $n=3$ 时：

$$u_i = a_{00} + a_{01}y_i + a_{02}y_i^2 + a_{10}x_i + a_{11}x_i y_i + a_{20}x_i^2 + a_{30}x^3 + \\ a_{21}x^2 y + a_{12}xy^2 + a_{03}y^3 \\ v_i = b_{00} + b_{01}y_i + b_{02}y_i^2 + b_{10}x_i + b_{11}x_i y_i + b_{20}x_i^2 + b_{30}x^3 + \\ b_{21}x^2 y + b_{12}xy^2 + b_{03}y^3 \qquad (3-22)$$

由多项式的最小二乘拟合的方法可得一个矩阵表达式：

$$T \cdot a = U \\ T \cdot b = V \qquad (3-23)$$

式中，T 是关于实际坐标值 x、y 的矩阵；U、V 是关于理想坐标值 u、v 的矩阵；a、b 为系数矩阵。下面以三阶多项式为例写出具体的矩阵元素。

$$T = \begin{bmatrix} \sum_{k=1}^{L} 1 & \sum_{k=1}^{L} y_k & \sum_{k=1}^{L} y_k^2 & \sum_{k=1}^{L} x_k & \sum_{k=1}^{L} x_k y_k & \sum_{k=1}^{L} x_k^2 & \sum_{k=1}^{L} x_k^3 & \sum_{k=1}^{L} x_k^2 y_k & \sum_{k=1}^{L} x_k y_k^2 & \sum_{k=1}^{L} y_k^3 \\ \sum_{k=1}^{L} y_k & \sum_{k=1}^{L} y_k^2 & \sum_{k=1}^{L} y_k^3 & \sum_{k=1}^{L} x_k y_k & \sum_{k=1}^{L} x_k y_k^2 & \sum_{k=1}^{L} x_k^2 y_k & \sum_{k=1}^{L} x_k^3 y_k & \sum_{k=1}^{L} x_k^2 y_k^2 & \sum_{k=1}^{L} x_k y_k^3 & \sum_{k=1}^{L} y_k^4 \\ \sum_{k=1}^{L} y_k^2 & \sum_{k=1}^{L} y_k^3 & \sum_{k=1}^{L} y_k^4 & \sum_{k=1}^{L} x_k y_k^2 & \sum_{k=1}^{L} x_k y_k^3 & \sum_{k=1}^{L} x_k^2 y_k^2 & \sum_{k=1}^{L} x_k^3 y_k^2 & \sum_{k=1}^{L} x_k^2 y_k^3 & \sum_{k=1}^{L} x_k y_k^4 & \sum_{k=1}^{L} y_k^5 \\ \sum_{k=1}^{L} x_k & \sum_{k=1}^{L} x_k y_k & \sum_{k=1}^{L} x_k y_k^2 & \sum_{k=1}^{L} x_k^2 & \sum_{k=1}^{L} x_k^2 y_k & \sum_{k=1}^{L} x_k^3 & \sum_{k=1}^{L} x_k^4 & \sum_{k=1}^{L} x_k^3 y_k & \sum_{k=1}^{L} x_k^2 y_k^2 & \sum_{k=1}^{L} x_k y_k^3 \\ \sum_{k=1}^{L} x_k y_k & \sum_{k=1}^{L} x_k y_k^2 & \sum_{k=1}^{L} x_k y_k^3 & \sum_{k=1}^{L} x_k^2 y_k & \sum_{k=1}^{L} x_k^2 y_k^2 & \sum_{k=1}^{L} x_k^3 y_k & \sum_{k=1}^{L} x_k^4 y_k & \sum_{k=1}^{L} x_k^3 y_k^2 & \sum_{k=1}^{L} x_k^2 y_k^3 & \sum_{k=1}^{L} x_k y_k^4 \\ \sum_{k=1}^{L} x_k^2 & \sum_{k=1}^{L} x_k^2 y_k & \sum_{k=1}^{L} x_k^2 y_k^2 & \sum_{k=1}^{L} x_k^3 & \sum_{k=1}^{L} x_k^3 y_k & \sum_{k=1}^{L} x_k^4 & \sum_{k=1}^{L} x_k^5 & \sum_{k=1}^{L} x_k^4 y_k & \sum_{k=1}^{L} x_k^3 y_k^2 & \sum_{k=1}^{L} x_k^2 y_k^3 \\ \sum_{k=1}^{L} x_k^3 & \sum_{k=1}^{L} x_k^3 y_k & \sum_{k=1}^{L} x_k^3 y_k^2 & \sum_{k=1}^{L} x_k^4 & \sum_{k=1}^{L} x_k^4 y_k & \sum_{k=1}^{L} x_k^5 & \sum_{k=1}^{L} x_k^6 & \sum_{k=1}^{L} x_k^5 y_k & \sum_{k=1}^{L} x_k^4 y_k^2 & \sum_{k=1}^{L} x_k^3 y_k^3 \\ \sum_{k=1}^{L} x_k^2 y_k & \sum_{k=1}^{L} x_k^2 y_k^2 & \sum_{k=1}^{L} x_k^2 y_k^3 & \sum_{k=1}^{L} x_k^3 y_k & \sum_{k=1}^{L} x_k^3 y_k^2 & \sum_{k=1}^{L} x_k^4 y_k & \sum_{k=1}^{L} x_k^5 y_k & \sum_{k=1}^{L} x_k^4 y_k^2 & \sum_{k=1}^{L} x_k^3 y_k^3 & \sum_{k=1}^{L} x_k^2 y_k^4 \\ \sum_{k=1}^{L} x_k y_k^2 & \sum_{k=1}^{L} x_k y_k^3 & \sum_{k=1}^{L} x_k y_k^4 & \sum_{k=1}^{L} x_k^2 y_k^2 & \sum_{k=1}^{L} x_k^2 y_k^3 & \sum_{k=1}^{L} x_k^3 y_k^2 & \sum_{k=1}^{L} x_k^4 y_k^2 & \sum_{k=1}^{L} x_k^3 y_k^3 & \sum_{k=1}^{L} x_k^2 y_k^4 & \sum_{k=1}^{L} x_k y_k^5 \\ \sum_{k=1}^{L} y_k^3 & \sum_{k=1}^{L} y_k^4 & \sum_{k=1}^{L} y_k^5 & \sum_{k=1}^{L} x_k y_k^3 & \sum_{k=1}^{L} x_k y_k^4 & \sum_{k=1}^{L} x_k^2 y_k^3 & \sum_{k=1}^{L} x_k^3 y_k^3 & \sum_{k=1}^{L} x_k^2 y_k^4 & \sum_{k=1}^{L} x_k y_k^5 & \sum_{k=1}^{L} y_k^6 \end{bmatrix}$$

$$a = \begin{bmatrix} a_{00} & a_{01} & a_{02} & a_{10} & a_{11} & a_{20} & a_{30} & a_{21} & a_{12} & a_{03} \end{bmatrix}^T$$

$$b = \begin{bmatrix} b_{00} & b_{01} & b_{02} & b_{10} & b_{11} & b_{20} & b_{30} & b_{21} & b_{12} & b_{03} \end{bmatrix}^T$$

$$U = \begin{bmatrix} \sum_{k=1}^{L} u_k & \sum_{k=1}^{L} u_k y_k & \sum_{k=1}^{L} u_k y_k^2 & \sum_{k=1}^{L} u_k x_k & \sum_{k=1}^{L} u_k x_k y_k & \sum_{k=1}^{L} u_k x_k^2 & \sum_{k=1}^{L} u_k x_k^3 & \sum_{k=1}^{L} u_k x_k^2 y_k & \sum_{k=1}^{L} u_k x_k y_k^2 & \sum_{k=1}^{L} u_k y_k^3 \end{bmatrix}^T$$

$$V = \begin{bmatrix} \sum_{k=1}^{L} v_k & \sum_{k=1}^{L} v_k y_k & \sum_{k=1}^{L} v_k y_k^2 & \sum_{k=1}^{L} v_k x_k & \sum_{k=1}^{L} v_k x_k y_k & \sum_{k=1}^{L} v_k x_k^2 & \sum_{k=1}^{L} v_k x_k^3 & \sum_{k=1}^{L} v_k x_k^2 y_k & \sum_{k=1}^{L} v_k x_k y_k^2 & \sum_{k=1}^{L} v_k y_k^3 \end{bmatrix}^T$$

3.2 实验与计算结果分析

本次实验是在二维实验场中进行的,对一张规则排布的靶标板进行严格摄像,并进行相关标志点的坐标值的提取等,作为检验算法模型的校正结果的数据依据。

3.2.1 实验准备

1. 实验过程

(1) 首先选定的相机为佳能550D,焦距 f 锁定为24mm(与无人机拍摄影像时设置焦距一致)。

(2) 选择合适的物距,即相机到标定物(这里采用圆形标志点靶标板)

的距离。拍摄时使板子图像尽量填满整个相幅。

（3）将相机光轴尽量对准点阵中心（即靶板中心，并且要求光轴垂直于点阵平面）。

（4）准备有一个便于调节的相机支撑装置，保持稳固。

（5）将靶板摆正，使其与墙面四边保持平行（消除外部参数的影响，三个外方位偏转角为0°）。

（6）调整妥当后，对靶板进行拍照。若有必要，多次变焦，拍摄多张图像，选取质量较好的来分析处理。

拍摄图像如图3-5所示。

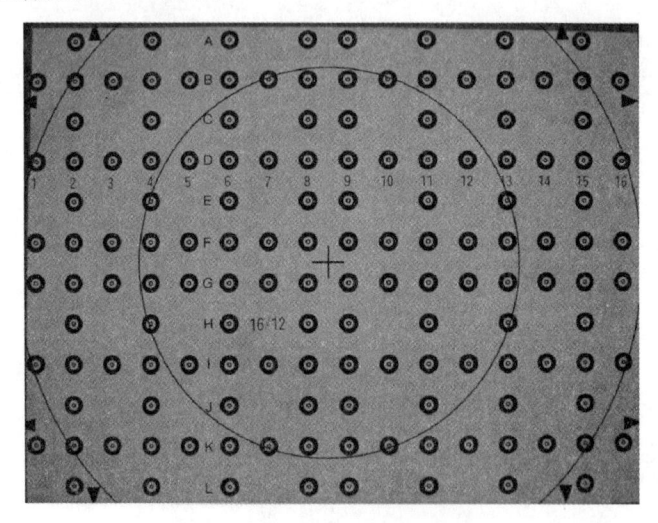

图3-5 靶标板拍摄原始图像

共有144个标志点按等间距或等倍间距均匀分布在整幅靶板上。将所拍摄照片导入计算机，以图中心十字架中心和方向建立 x，y 坐标值，根据相片中心"十字"附近为无畸变的原理以及标志点纵横间距相同，便可推导求出所有标志点的理想坐标值，并且所有坐标值都统一在图像坐标系下记录。

需要注意的是，本次拍摄是在暗室环境下利用佳能550D相机自带闪光点进行拍摄，避免光线不均匀造成图像质量不佳的情况出现。并在拍摄过程中在尽量确保靶标板充满整幅图的同时使用小光圈进行拍摄。因为光圈越小，景深越大，这样可以保证实验场任何位置上的标志点成像都清晰。另外，在拍摄时使用三脚架或其他稳固的支撑装置也是不可缺少的，可以避免因为人为抖动对影像成像质量的影响[20-29]。

第3章 无人机遥感图像传感器内部畸变的几何校正

2. 图像标志点坐标值的确定

图像标志点的实际坐标与理想坐标的确定将直接参与后续算法的计算，因此如何获取尽量高精度的坐标值是至关重要的。关于标志点的坐标提取方式有很多种，如 Harris 角点检查法[14-15]或 Australis[16-18]软件提取等。由于本次靶标图像标志点数量不是很多，故采用 Arcmap 手动提取标志点坐标的方式。

Arcmap 是一个以地图为核心的用于编辑、显示、查询和分析地图数据的模块，用以分析解决关于地理空间的问题。Arcmap 包含一个复杂的专业制图和编辑系统，既是一个面向对象的编辑器，又是一个完整的数据表生成器。Arcmap 不仅可以看成是能够完成制图和编辑任务的 ARCEDIT 和 ARCPLOT 的合并，而且是类似 CAD 结构的智能化地图生成工具，是一个使用简单、功能强大的集成应用环境。它提供了数据视图（Data View）和版面视图（Layout View）两种浏览数据的方法：在数据视图中，用户无须关心诸如指北针等地图要素就可以与地图进行交互；版面视图是一个包含制图要素的虚拟页，它显示数据窗口中的所有数据。几乎所有能在数据视图中对数据进行的操作都可以在版面视图中完成。

用 Arcmap 打开图 3-5 后，可以滚动鼠标中键放大或缩小图像。

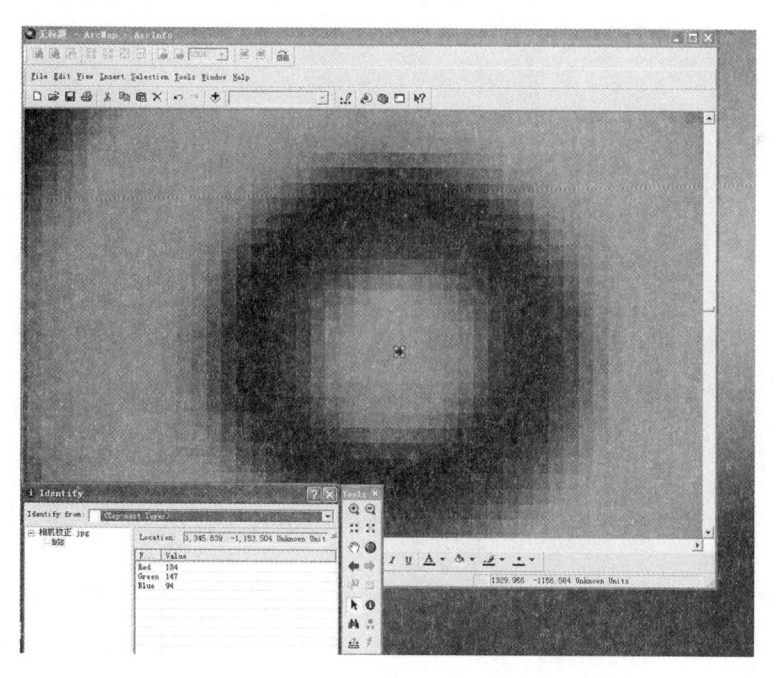

图 3-6 利用 Arcmap 手动提取标志点坐标示意图

将图像放大到足以看清每个像素点后，利用工具栏"Idengtify"手动读取圆形标志点圆心处坐标，如图3-6所示，"Location"处可以显示出鼠标所点位置坐标值的大小，按次方法依次读取完144个标志点圆心坐标。

3.2.2 计算校正结果

1. 原始畸变分析

在前面已经提到，在严格的正直摄影情况下图像中心部位是没有几何畸变的。因此为了计算方便，对于靶标板图像上各标志点的理想坐标值做如下处理。认为图3-5中心十字架附近4个圆形标志点范围内近似为无畸变的，然后根据其等距分布特性，便可以推算出所有144个标志点的理想坐标值。

就拍摄原始靶标板图像（如图3-5所示）而言，由于采用更高分辨率单反数码相机的畸变情况相对普通消费级数码相机的畸变情况要好很多，仅凭肉眼观察已难以分辨其变形情况，本次将图像上面获取的144个标志点实际坐标值与理想坐标值作差，以便定量观察其畸变情况，更好地说明校正效果和精度。

首先，为了方便对比，给出原始图像未校正前的误差分布图，如图3-7所示。

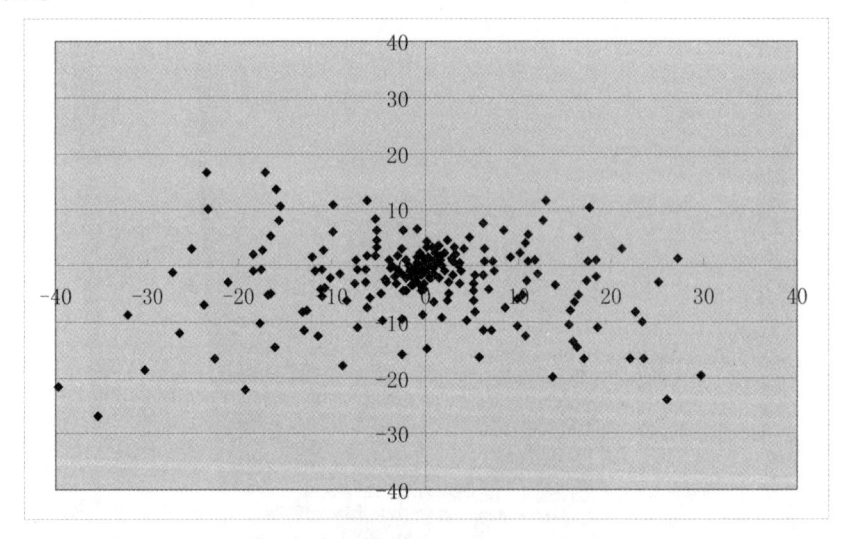

图3-7 原始图像畸变差总体分布

具体到x、y方向的偏差分布情况如图3-8、图3-9所示。其中纵坐标表示偏差的像素数（pixel），横坐标表示靶标图像上标志点的编号（编号顺序是以图3-5的左上角第一个标志点开始，从左至右，然后按行从上至下编号）。

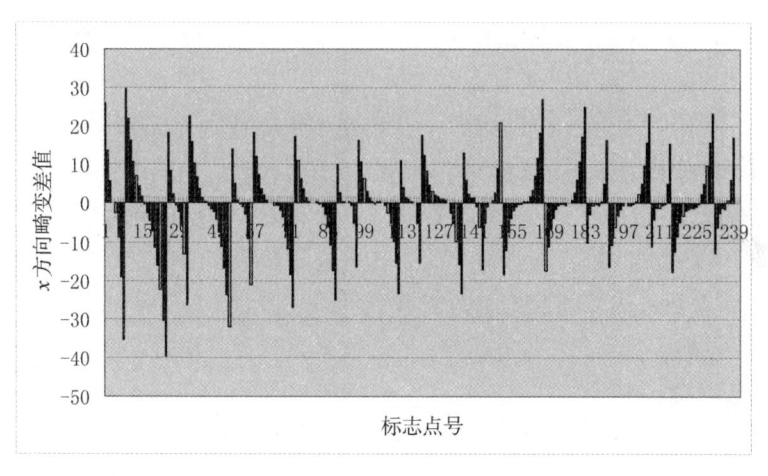

图3-8　x方向畸变差

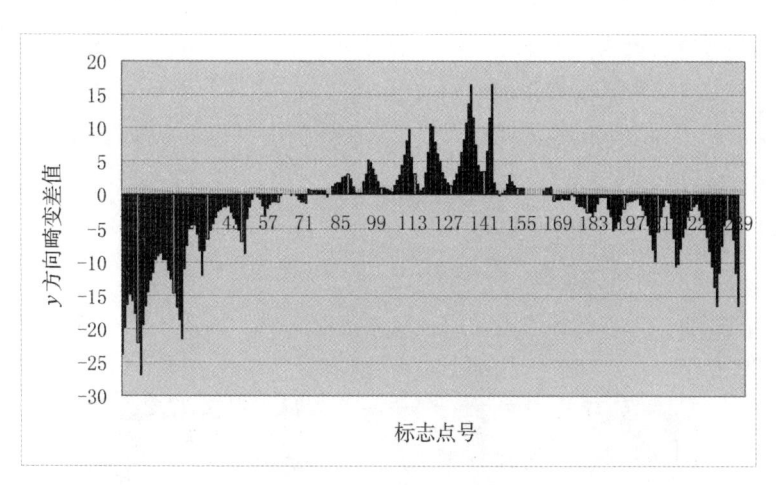

图3-9　y方向畸变差

图3-7所示为总体畸变差大小的大致分布情况,可清楚地看到畸变差最大x方向已经接近40个像素,y方向最大约为27个像素,畸变情况十分明显。

图3-8所示为x方向畸变差分布。以图3-5中每一行标志点数目为一个单位,每行8个抑或16个间错分布,恰好可以清晰地看到共12行标志点的x方向畸变差有规律的分布情况,即每行标志点从左至右,畸变差由大变小,再变大。

图3-9所示为y方向畸变差分布,分布规律和x方向比较类似,只是畸变情况相对于x方向要小一些。另外从图3-9中可以看出1-32号以及129-

059

144号标志点在整幅图像上是分别位于上半边缘和下半边缘附近的，它们的总体误差要比图像中心附近的标志点大很多。

从图3-8和图3-9可以看出，无论是x方向还是y方向的偏差，越靠近图像边缘畸变越厉害。如图所示，第一行的8个标志点最左边和最右边的标志点x方向畸变差分别为-26个像素和35.4个像素，y方向畸变差分别为23.8个和26.9个像素。第2行16个标志点中最左边和最右边标志点的x方向畸变差为-29.6个和39.7个像素，y方向畸变差分别为19.5个和21.5个像素。继续观察第3行、第4行，以此类推，可以发现都符合这样的规律，而越接近图像中央，畸变差越小。

结合图3-8和图3-9，可以明显印证这样的结论：图像中心附近畸变很小，越往边缘扩散，畸变程度越明显。此外，在实际遥感影像分析中，经常会考察特征地物之间的距离情况，如果相机畸变对成像造成的影像偏移方向不同，偏差可能会更大。比如说，第一排第一个标志点与第二排最后一个标志点，就x方向的距离偏差会达到63个像素左右。在高分辨率遥感影像应用中，这种误差是不容忽视的，因此对无人机遥感影像中由相机镜头造成的内部误差的校正是十分必要的。

2. 利用固定畸变模型校正算法

1）畸变模型系数计算

等间距算法采取的标志点是用直线连接起来的，如图3-10所示，横向8个，纵向6个（十字架左上角那个点为公共点）。

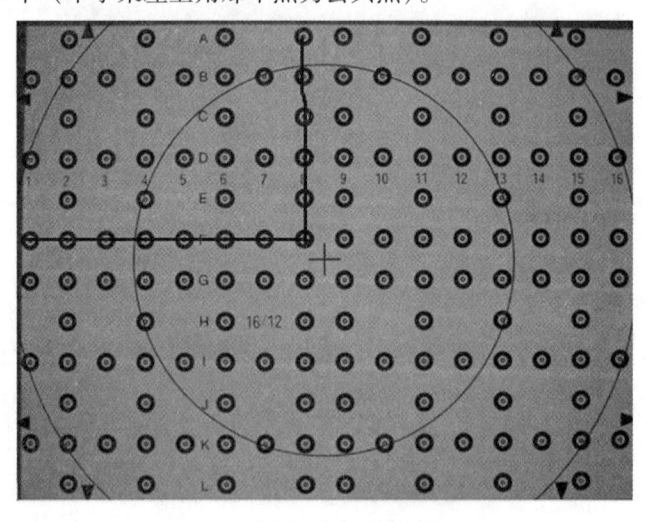

图3-10 等间距法选取标志点示意

各模型按不同算法计算出畸变系数结果如表3-1所示。

表3-1 畸变系数计算结果

	k_1	k_2	p_1	p_2	s_1	s_2
一阶径向畸变（迭代算法）	5.4×10^{-9}	6.2×10^{-9}				
一阶径向畸变（等间距算法）	4.729×10^{-9}	6.832×10^{-9}				
二阶径向畸变	$k_{11}=5.2\times10^{-9}$ $k_{12}=1.0\times10^{-18}$	$k_{11}=6.0\times10^{-9}$ $k_{12}=1.0\times10^{-18}$				
综合畸变	5.2696×10^{-9}	5.4727×10^{-9}	7.7156×10^{-7}	2.3382×10^{-6}	-6.8024×10^{-7}	-2.6392×10^{-6}

运算时间对比如表3-2所示。

表3-2 各算法模型运算时间对比　　　　　（单位：小时（h））

模型	一阶径向畸变模型		二阶径向畸变模型	综合模型
时间	0.03（等间距算法）	0.1（迭代算法）	2	0.05

从表3-1中计算出系数可以看出，各模型经过不同算法计算后，一阶径向畸变系数部分都十分接近，这和Tsai的观点"径向畸变是最主要的畸变因素，偏心畸变和薄棱镜畸变影像相对小很多"是相符的。另外，考虑二阶径向畸变模型，计算出来的二阶畸变系数数量级已经很小，它对最终校正结果的影响将在后面的研究过程中介绍。从表3-2可以看出，等间距算法运算速度最快，考虑二阶径向畸变模型利用迭代算法时，计算机运算时间过长，在求解畸变系数时，x、y方向各自运行时间在1小时左右，这样付出的时间代价是否值得也是值得探讨的。

2）校正结果

将畸变系数代入各模型，对图3-5中144个标志点进行校正，然后与对应的理想坐标值作差，得到的散点分布图如下，单位为像素（pixel）。

（1）采用仅考虑一阶径向畸变模型的校正结果，如图3-11至图3-13所示。

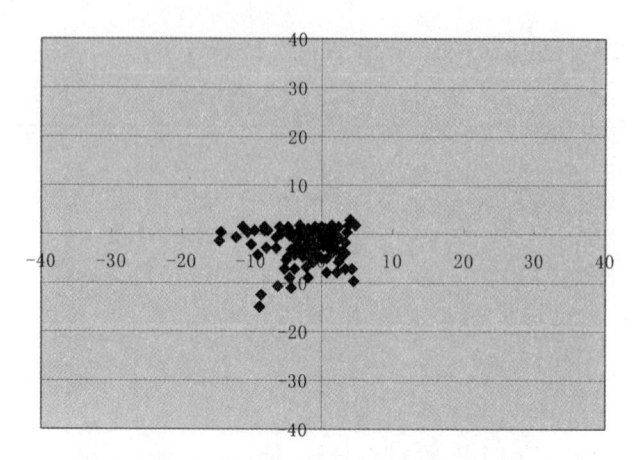

图 3-11　一阶径向畸变等间距法校正偏差

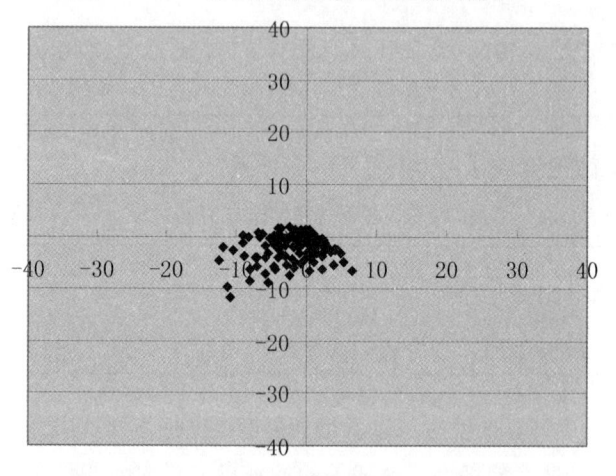

图 3-12　一阶径向畸变迭代法校正偏差

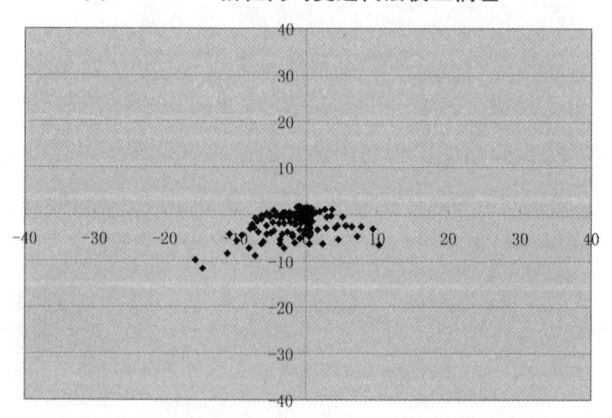

图 3-13　二阶径向畸变迭代法校正偏差

从图 3-11~图 3-3 可以看到，采用了径向畸变模型校正后，对比图 3-7，可以明显发现图像校正后的改善效果，经过校正后，x、y 方向最大偏差缩小到 15 个像素以内。

其中，仅考虑一阶径向畸变模型的等距离算法因为仅使用了 14 个标志点参与运算，精度相对于后两者来说有些不足，但是计算原理最简单，速度最快，适用于精度要求不是很高的场合。采用迭代算法后，由于全部标志点坐标都参与了运算，所以精度相应有所提高，运算时间也稍有增加。

图 3-13 所示是采用考虑二阶径向畸变模型校正的结果，从图上可以大致看出相对于图 3-12，精度似乎并无改善，甚至还出现个别偏差相比于一阶模型更大的情况出现，而且运算时间也大大提高。图 3-14 至图 3-16 所示为校正后 x 方向的偏差情况。

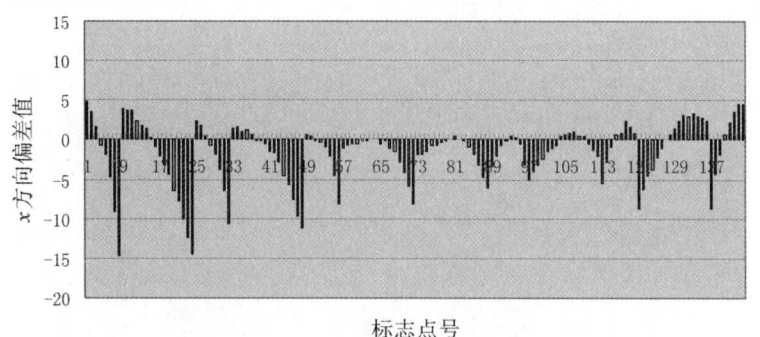

图 3-14 等间距法求解一阶径向畸变模型校正 x 方向偏差

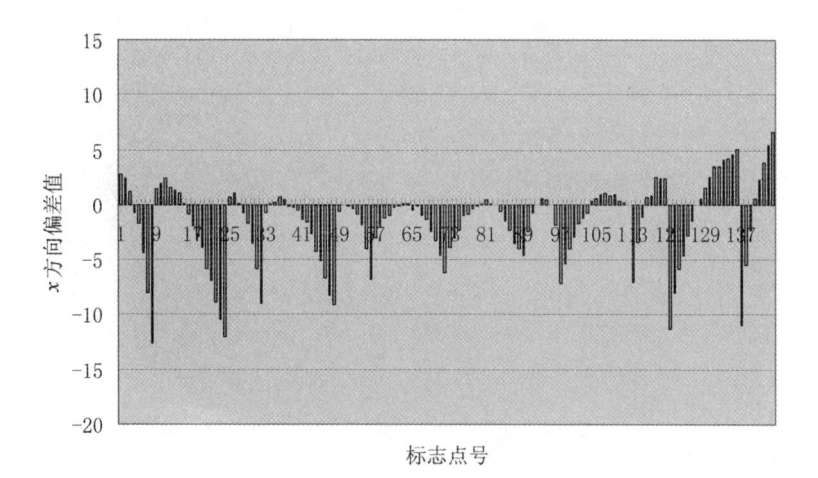

图 3-15 迭代算法求解一阶径向畸变模型校正 x 方向偏差

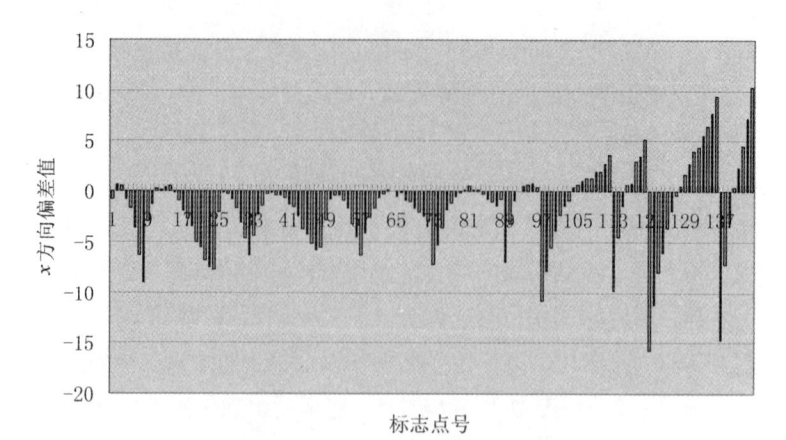

图 3-16　迭代算法求解二阶径向畸变模型校正 x 方向偏差

校正后 y 方向的偏差结果如图 3-17 至图 3-19 所示。

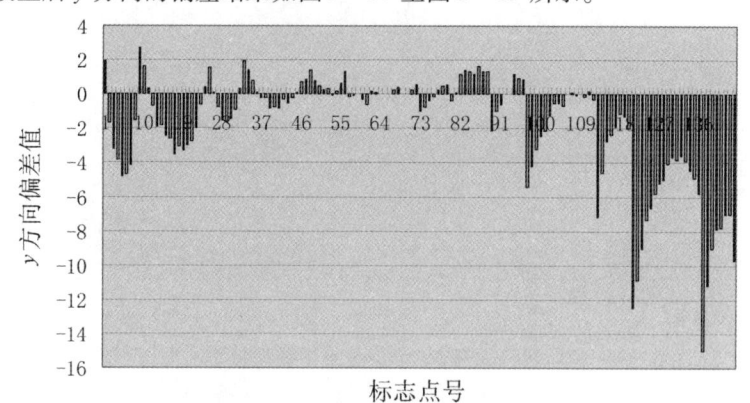

图 3-17　等间距法求解一阶径向畸变模型校正 y 方向偏差

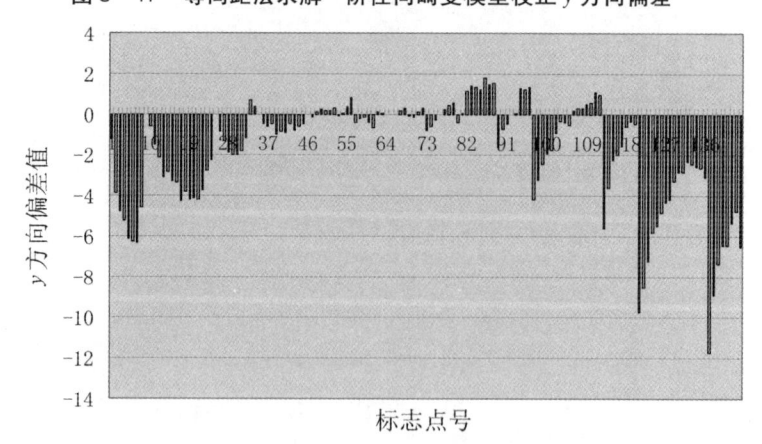

图 3-18　迭代算法求解一阶径向畸变模型校正 y 方向偏差

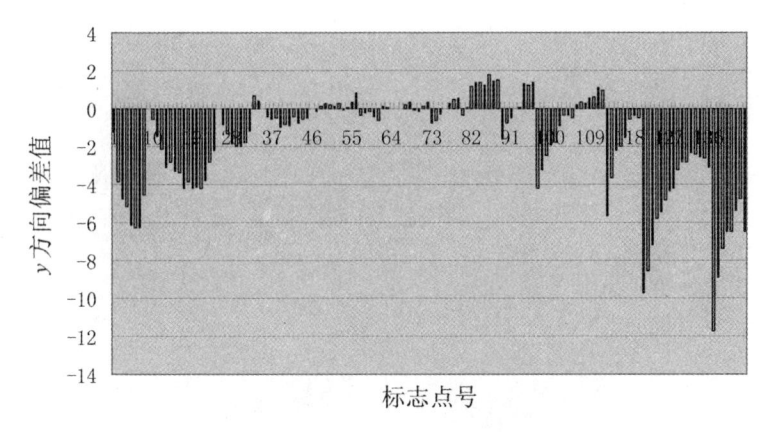

图 3-19　迭代算法求解二阶径向畸变模型校正 y 方向偏差

图 3-14 至图 3-19 所示是各模型通过不同算法校正后的 x、y 方向各标志点具体分布情况，其中横坐标为标志点编号，纵坐标为偏差值。将图 3-14～图 3-19 与图 3-8 和图 3-9 做比较，发现校正后虽然偏差数值减小很多，但其偏差规律十分相似，这说明径向畸变的确是一个不得不考虑的畸变因素。然而各自校正后，靠近图像边缘部分的标志点校正结果都不是很理想。

对比图 3-15、图 3-16 和图 3-18、图 3-19，二阶模型的校正结果相比于一阶模型各有优劣，图像左半部分结果较好，右半部分较差，没有在根本上提升校正精度。综合比较，一阶径向畸变模型的迭代算法相比同样模型的等间距算法可以获得更高的精度，相对于考虑二阶径向畸变付出过长的计算时间而又不能明显提高精度的情况，仅考虑一阶径向畸变的迭代算法可以取得一个校正精度和运行时间的平衡，因此，选择一阶径向畸变模型的迭代算法校正相对合适一些。

（2）考虑多种畸变因素的综合模型校正结果，如图 3-20 至图 3-22 所示。

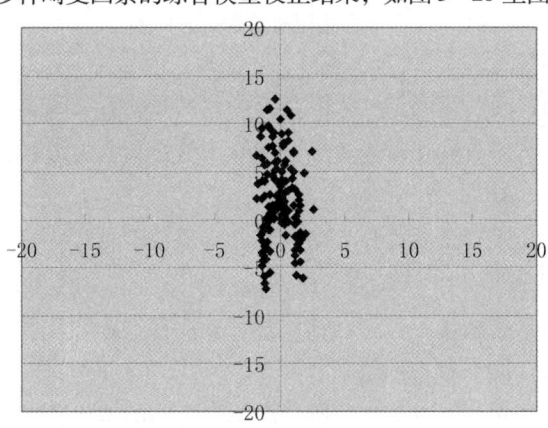

图 3-20　综合模型校正偏差分布

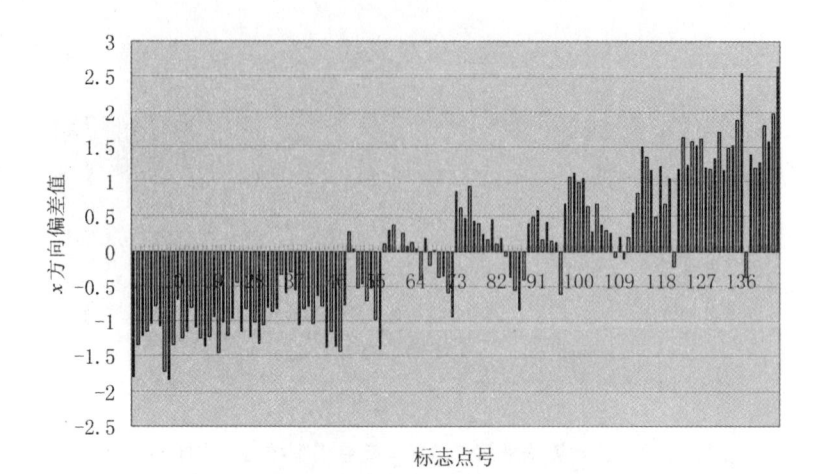

图 3-21　综合模型校正后 x 方向偏差值

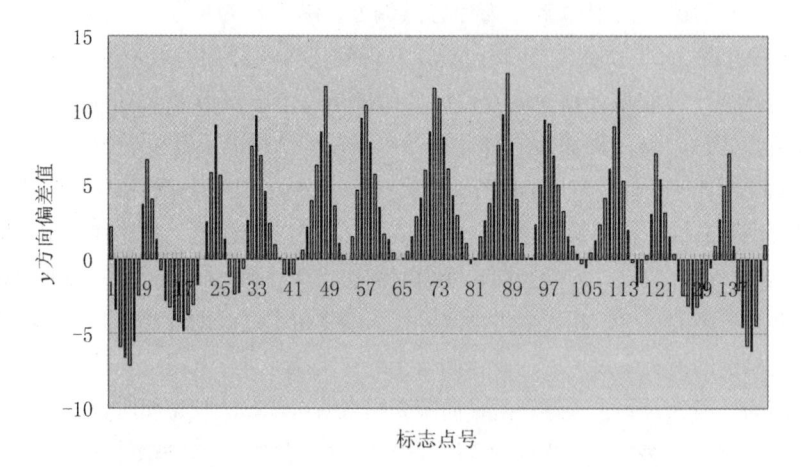

图 3-22　综合模型校正后 y 方向偏差值

图 3-20 所示是考虑多种畸变因素的综合模型标志点偏差分布情况，具有很明显的特征：经过此模型的校正后，偏差主要集中在 y 方向，x 方向的偏差减小，校正精度得到进一步提升。

图 3-21 所示是校正后各标志点 x 方向偏差值，可以更详细地看到，x 方向偏差基本都控制在 2 个像素范围内，最大不过 2.6 个像素，且偏差分布均匀。图 3-22 所示是校正后各标志点 y 方向偏差值，其结果不甚理想，甚至不如仅考虑一阶径向畸变模型的结果。

由前面的分析可知，仅采用一阶径向畸变模型的迭代算法与考虑多种畸变因素综合模型的最小二乘法的校正结果相比较可以发现，两种模型都在很大程度上校正了图中的变形情况，但后者的校正精度优于前者很多，主要体现在 x 方向。

学者们关于畸变模型的选择对校正精度的影响也做了很多研究，Tsai 曾指出，仅使用一阶径向畸变系数 k_1 和 k_2（x、y 方向各一个），忽略镜头的偏心畸变和薄棱镜畸变等其他非线性因素即可，若过多引入非线性畸变因素，往往不能提高精度，反而会引起解的不稳定。但有其他学者研究认为引用过多的参数会提高校正精度。

本章的研究结果表明：引用更多畸变因素，能提高某些地方的精度（x 方向），但也存在一些不稳定性（y 方向）。出现这种结果的原因，一方面，采用此类模型进行图像内部误差畸变校正时，要尽量避免外方位元素的干扰，即使图像出现稍微的倾斜，都会导致校正结果不理想，因此对实验的要求较高，在实验过程中往往难以满足。尤其在仅考虑径向畸变模型计算时，外方位元素微小干扰都会造成采集图像上标志点实际坐标值的偏差发生很大的变化。因此在求取固定畸变模型系数时，实验过程中必须有高精度的仪器和严格的操作。另一方面，使用最小二乘法解算时对标志点的数量有一定的要求，如果数量过少，也会影响解算精度。综合模型里 y 方向校正精度不理想可能是标志点数量不够造成的。当然，成像过程中各种因素造成的随机误差影响也是不可避免的。

3. 多项式校正结果与分析

1）多项式系数的计算

首先，根据前面介绍的原理和算法，计算出的多项式系数结果如下。

(1) 分为 8 个区域的一阶多项式系数计算结果如表 3-3 所示。

表 3-3 分区域的一阶多项式计算系数

区域	a_0	a_1	a_2	b_0	b_1	b_2
1	4.118	1.132×10^{-3}	1.016	2.066	1.017	-7.125×10^{-4}
2	3.198	1.225×10^{-3}	1.014	2.851	1.0152	-6.12×10^{-4}
3	1.714	1.234×10^{-6}	1.01	2.597	1.0112	-5.42×10^{-4}
4	0.414	1.240×10^{-6}	1.006	2.658	1.0068	-5.3×10^{-4}
5	4.131	3.083×10^{-3}	1.014	-0.177	1.0172	-4.74×10^{-3}
6	3.311	6.517×10^{-4}	1.011	0.214	1.0114	-5.31×10^{-4}
7	1.777	1.106×10^{-4}	1.007	-0.256	1.007	-4.60×10^{-4}
8	-7.08×10^{-4}	2.64×10^{-6}	1	-1.17×10^{-6}	1	-2.28×10^{-6}

(2) 二阶多项式系数各有6个，计算结果如下：

$$a = \begin{bmatrix} 0.092094 \\ 0.0012607 \\ -8.7753 \times 10^{-8} \\ 1.0113 \\ 4.6483 \times 10^{-6} \\ 1.6082 \times 10^{-6} \end{bmatrix} \quad b = \begin{bmatrix} -0.56803 \\ 1.01 \\ 4.5225 \times 10^{-6} \\ -0.00055826 \\ 1.4042 \times 10^{-6} \\ -1.9328 \times 10^{-8} \end{bmatrix}$$

(3) 三阶多项式系数各有10个，计算结果如下：

$$a = \begin{bmatrix} 0.05461 \\ 0.001376 \\ -6.3466 \times 10^{-8} \\ 1.0007 \\ 4.7788 \times 10^{-6} \\ 1.6691 \times 10^{-6} \\ 5.1056 \times 10^{-9} \\ 1.5453 \times 10^{-11} \\ 4.591 \times 10^{-9} \\ -1.3659 \times 10^{-10} \end{bmatrix} \quad b = \begin{bmatrix} -0.63301 \\ 1.001 \\ 4.6404 \times 10^{-6} \\ -0.00049989 \\ 1.4572 \times 10^{-6} \\ 3.0496 \times 10^{-8} \\ -5.4302 \times 10^{-11} \\ 4.8968 \times 10^{-9} \\ 6.9433 \times 10^{-11} \\ 5.1968 \times 10^{-9} \end{bmatrix}$$

2) 分区域的一阶多项式校正

分区域的一阶多项式校正结果如图3-23至图3-25所示。

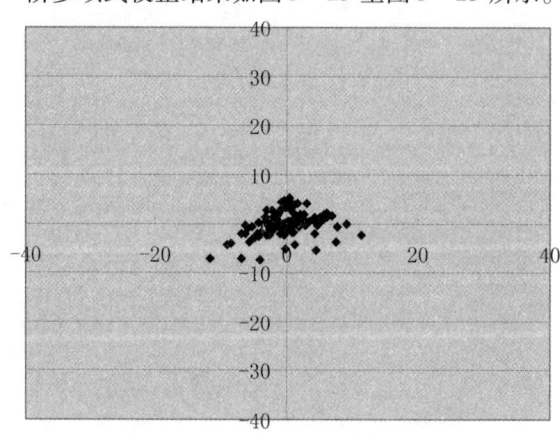

图3-23 分区域的一阶多项式校正偏差

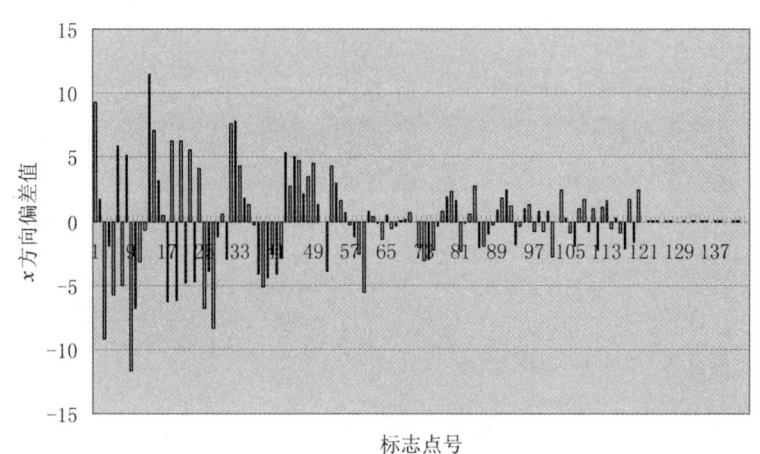

图 3-24　一阶多项式校正 x 方向偏差

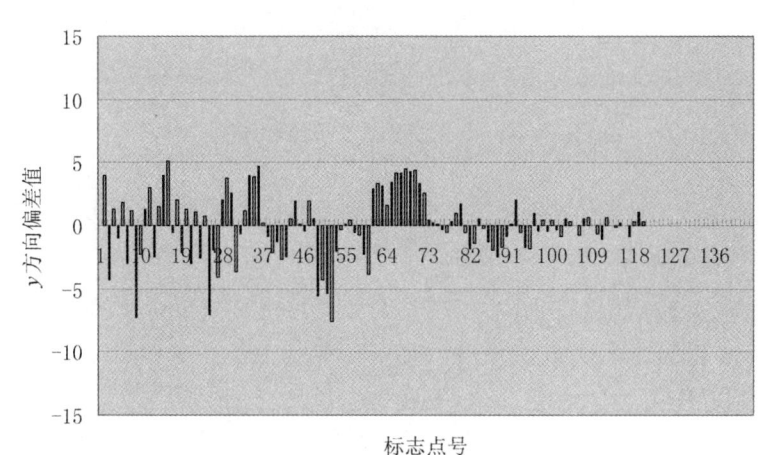

图 3-25　一阶多项式校正 y 方向偏差值

图 3-23 所示是分区域的一阶多项式校正后偏差分布，从结果来看，仅采用线性模型虽然在很大程度上校正了图像内部畸变，这要归功于分区域缩小范围求解的方法，但从整体上来看，与前面考虑畸变因素的模型相比，校正精度并没有显著提高。

图 3-24 和图 3-25 经校正后，所有标志点 x、y 方向的各自偏差值，标志点的顺序是按区域划分顺序排列的，从结果上看 1-3 号区域在 x 方向偏差较大，y 方向偏差较大的主要集中在 1-4 号区域，这一方面和一幅图像上靠近图像边缘畸变更大相吻合，另一方面可能是由于 1-3 号区域内标志点数量过少，影响计算精度。

3）三阶多项式校正

三阶多项式的校正结果如图 3-26 至图 3-29 所示。

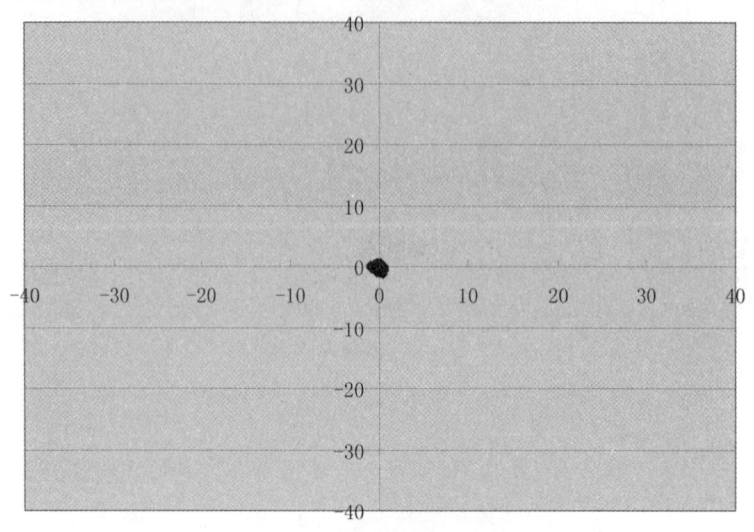

图 3-26　三阶多项式校正偏差分布

改变图 3-26 坐标轴刻度的大小，起到局部放大的效果以便可以查看较为详细的校正结果，如图 3-27 所示。

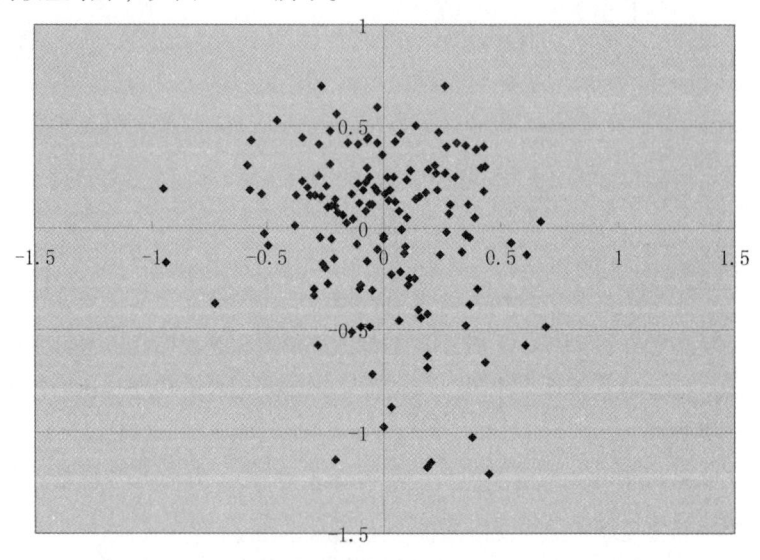

图 3-27　改变坐标轴刻度下三阶多项式校正偏差图

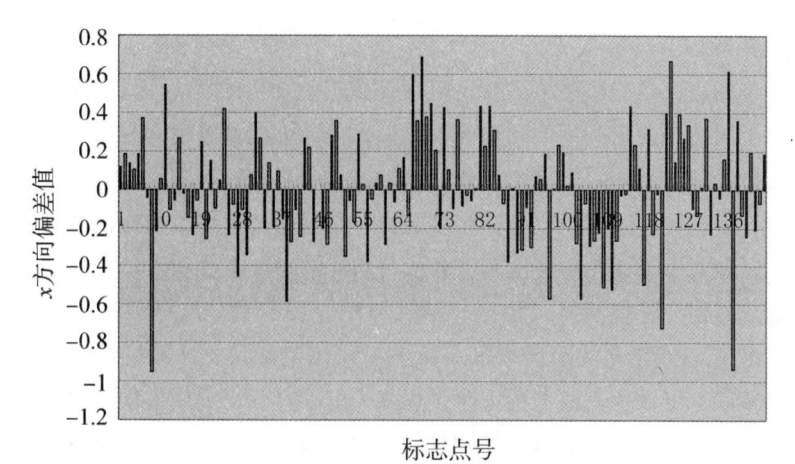

图 3-28 三阶校正后 x 方向偏差值

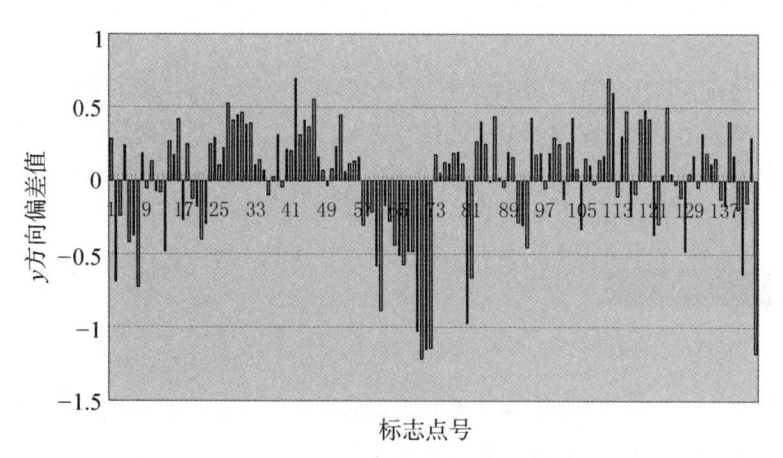

图 3-29 三阶多项式校正 y 方向偏差值

图 3-26 所示是经三阶多项式校正后总体偏差分布，明显发现校正精度优于前面所有模型，并且几乎所有标志点经校正后与理想位置仅仅相差 1 个像素以内，可以认为达到了理想、满意的效果。

图 3-27 所示是改变坐标轴刻度下校正偏差分布图，通过局部放大可以看到更为具体的偏差值，从图中可以看出大部分标志点校正后的偏差缩小到仅仅 0.5 个像素左右。

图 3-28 和图 3-29 所示分别是所有标志点在校正后 x、y 方向上偏差的具体数值大小。可以更清楚地看到，x 方向校正偏最大不过 0.9 个像素左右；y 方向校正偏差方面，仅有 5 个标志超过 1 个像素，最大不过 1.21 个像素，总

体结果良好。

总体而言，经三阶多项式校正以后，校正精度相比之前大大提高。

综上所述，根据利用不同模型校正后偏差数值的分布情况来看，将靶标图像（如图3-5所示）经过不同畸变模型校正后，畸变情况得到了很大的改善。对比发现，三阶多项式校正精度最高，结果最为理想，校正精度在1个像素左右，相对于其他模型算法具有较大优势。

利用其他几种模型进行校正，结果相对较好的是分区域的一阶多项式模型。文献[53]曾指出采用分区域的一阶多项式校正在减少计算机运算时间的同时，其精度也可以达到或逼近三阶多项式，但在本章研究中发现其精度仍然不及利用三阶多项式校正。分析原因可能是靶标板上标志点分布不均造成每个分块区域的标志点数量不同，某些区域标志点数目偏少，导致计算结果精度不高。综合畸变模型的校正结果虽然在x方向校正精度较高，但是y方向的结果却显得十分不稳定。

相比而言，多项式纠正模型校正结果更稳定一些。这印证了多项式模型可以较好地描述图像内部误差变形的错综复杂的因素。采用不同畸变因素的模型组合受外部因素干扰较大，相对敏感一些，如果实验过程中不严格按规则拍摄照片，校正可能会失败。

3.3 检验评价

3.3.1 应用指标评价

本节从点误差、均方根误差和标志点间距误差三个方面对不同校正模型的校正结果做对比评价。其中，本次评价在仅考虑径向畸变模型中，只选择校正效果相对较好、运算速度快的采用迭代算法求解的一阶模型。

1. 点误差

通常点距误差是一种常用的校正精度检验方式，它表示图像上各点坐标校正后与理想位置之间的误差值。点距误差的公式如下：

$$d = \sqrt{(\Delta x)^2 + (\Delta y)^2} \qquad (3-24)$$

式中，d为距离差；Δx、Δy分别是标志点校正后x、y方向的坐标值与其对应理想坐标值的偏差。图3-30至图3-34所示是各模型校正后的每个标志点点距误差图，用折线图表示。

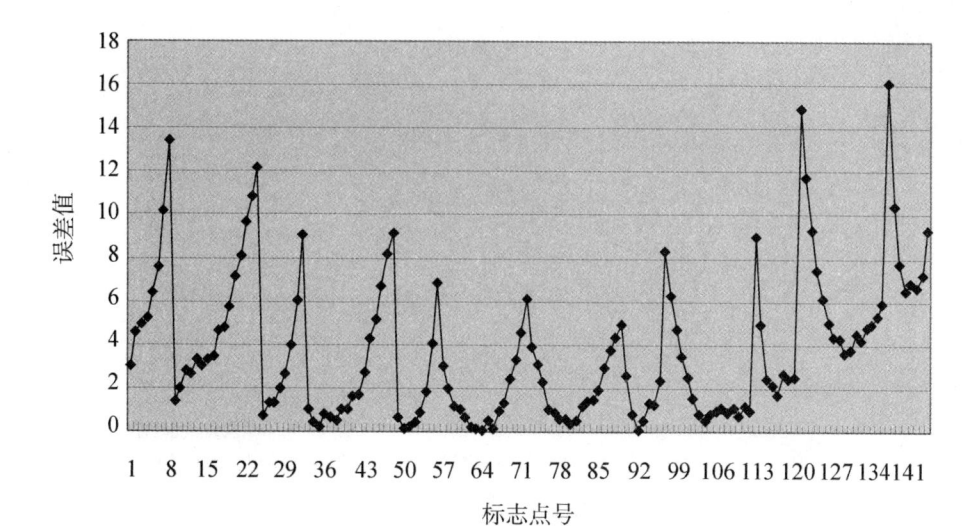

图 3-30 一阶径向畸变模型校正点距误差

由图 3-30 可以看到，采用一阶径向畸变校正后，图像边缘误差仍然较大，尤其四个边角附近误差最大，最大达到了 16 个像素，结合图 3-5 仔细逐行观察标志点，可以发现，图像左半部分校正精度优于右半部分。但总的来说，校正精度不理想，也不稳定。

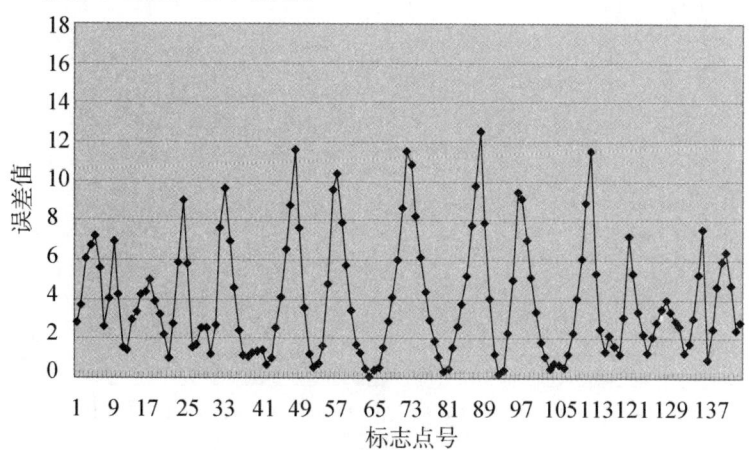

图 3-31 综合畸变模型校正点距误差

图 3-31 所示是综合畸变模型校正后的点距误差，相比于一阶径向畸变模型，图像边角附近校正效果改善不少，但是图像坐标系下 x 轴最左边和最右边校正误差反而比前者更大。总体上综合模型的校正效果并没有比仅考虑一阶径

向畸变的模型好，甚至呈现出更高的不稳定性。

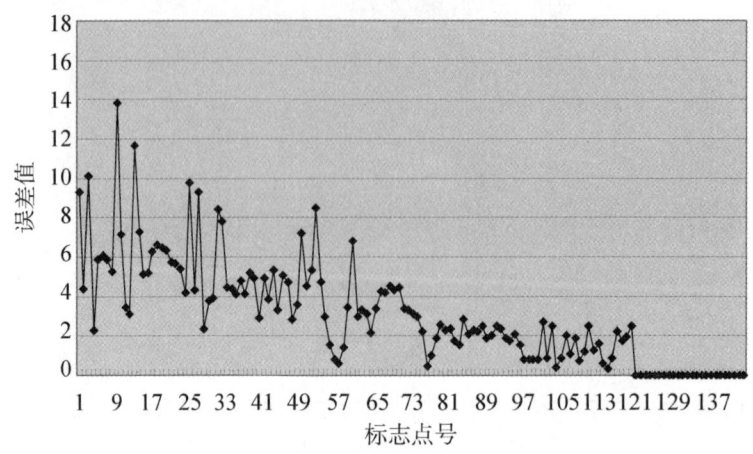

图 3-32　一阶多项式校正点距误差

从图 3-32 所示利用一阶多项式分区域校正的结果来看，其中横坐标的是标志点号，顺序是按分区域的 1~8 号依次排布的。结合分区情况可以明显看到，校正后偏差从图像边缘到中心有逐渐"衰减"的趋势，总体上来看，以图像中心为原点的占近 1/2 图像面积的区域校正结果较好，点距误差都可以控制在 5 个像素以内。

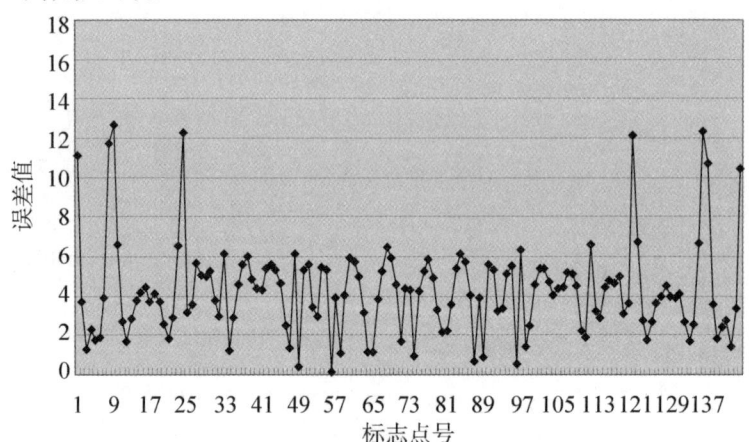

图 3-33　二阶多项式校正点距误差

图 3-33 所示是二阶多项式校正后的点距误差，可以清楚地看到，仍然是边缘个别标志点校正结果偏差明显高于接近图像中央部分，除此之外大都比较稳定地控制在 6 个像素之内，但精度仍需进一步提高。

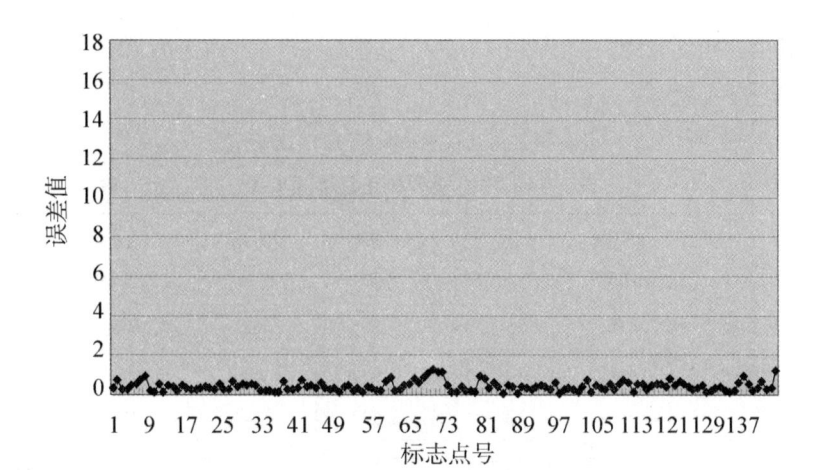

图 3-34 三阶多项式校正点距误差

图 3-34 所示是经过三阶多项式校正后的点距误差，可以看到偏差全部控制在 2 个像素之内。

对比以上各模型校正后的点距误差分布情况可以看出，采用综合畸变模型校正后，误差依然过大，其中，仅考虑一阶径向畸变模型的校正最大误差超过了 16 个像素，并且波动起伏明显，显得很不稳定。而多项式校正的结果则显得更稳定一些，效果更好，起伏波动相对不大。其中又以三阶多项式误差最小，校正结果最为理想。另外，结合图 3-32 所示的误差分布趋势可以看出，分区域的一阶多项式校正对于靠近图像中心附近的畸变程度小的区域校正效果不错，但对于图像边缘畸变程度较大的区域的校正则显得有些力不从心。

2. 均方根误差

均方根误差（RMS）也是常用于检验校正精度的标准，通过计算每个标志点的 RMS，既可检查有较大误差的地面控制点（标志点），又可得到累计的总体均方根误差。下面从 x、y 方向 RMS 和各自方向上最大偏差，以及径向均方根误差等多个标准来对不同模型校正结果做出评价。各项 RMS 表达式如下：

$$\sigma_x = \sqrt{\frac{1}{n}\sum_{i=1}^{n}(\Delta x)^2} \qquad (3-25)$$

$$\sigma_y = \sqrt{\frac{1}{n}\sum_{i=1}^{n}(\Delta y)^2} \qquad (3-26)$$

$$\sigma = \sqrt{\frac{1}{n}\sum_{i=1}^{n}\left[(\Delta x)^2 + (\Delta y)^2\right]} \qquad (3-27)$$

其中，式（3-25）和式（3-26）分别是 x、y 方向上的 RMS，式（3-27）是总体 RMS。

表 3-4 所示是不同模型校正后的最大均方根误差值。

表 3-4　不同模型校正后各项 RMS　　　　（单位：像素）

模型	总体 RMS	最大 RMS	x 方向 RMS	y 方向 RMS	x 方向最大偏差	y 方向最大偏差
一阶径向畸变	4.967	16.054	3.895	3.083	12.608	11.737
综合畸变	4.922	12.508	0.999	4.820	2.635	12.502
一阶多项式	4.011	13.791	3.297	2.284	11.711	7.563
二阶多项式	4.904	12.671	3.838	3.052	9.987	8.557
三阶多项式	0.489	1.290	0.297	0.389	0.950	1.212

由表 3-4 可看出，经过不同模型校正后的径向均方根误差都在 5 个像素之内，各个模型在很大程度上校正了相机成像过程中所造成的畸变。但是除三阶多项式以外的其他模型无论精度还是鲁棒性都比较差，对图像边缘的校正都不是特别理想，在 x、y 方向都有超过或接近 10 个像素的偏差，导致径向 RMS 都超过了 10 个像素。

另外，采用线性模型的一阶多项式校正的方法甚至优于其他一些非线性畸变模型，这说明采用分区域校正方法校正相机成像过程中所造成的畸变是有一定效果的。

遥感影像的校正通常会有一个可以接受的最大均方根误差。从表 3-4 可以看出，只有三阶多项式校正后可以满足要求，x 方向偏差全部控制在 1 个像素以内，y 方向最大也仅 1.2 个像素左右，径向 RMS 不足 0.5 个像素，可认为达到遥感影像校正的要求。

3. 标志点间距离偏差对比

由于在遥感影像实际应用中，经常需要考察两地物之间的距离情况，所以，校正后图像上两点间距离与实际距离之间的偏差也需要重点检验。以靶标图像（如图 3-5 所示）上校正后两标志点距离变化情况（与理想距离的偏差）作对比分析，不同模型校正图像后两标志点间距离偏差的情况如表 3-5 所示。

表 3-5 下校正后标志点之间距离偏差情况　　　　　（单位：像素）

模型	最大距离偏差	最小距离偏差	平均距离偏差
一阶径向畸变	23.629	0.0005	5.195
综合畸变模型	19.65	0.0005	5.264
一阶多项式	23.632	0.0005	4.781
二阶多项式	24.99	0.0118	6.074
三阶多项式	2.036	0.0115	0.601

由表 3-5 可以明显看出运用不同模型进行校正后，三阶多项式校正模型远远优于其他模型，两地物之间距离偏差最大仅 2 个像素左右，平均仅 0.6 个像素，如果在 0.2~0.4m 的高分辨率遥感影像校正中，最多误差不超过 1m，可认为校正质量达到校正要求。其他模型校正后在这一项指标评价中偏差较大，最大距离偏差达到了 24 个像素左右，即使在 0.2~0.4m 的高分辨率遥感影像校正中，实际误差距离也接近 5m。

参考文献

[1] Tsai R Y. An efficient and accurate camera calibration technique for 3D machine vision, Proceedings of IEEE Conference On Computer Vision and Pattern Recognition, 1986, 364-374.

[2] 谭晓波. 摄像机标定及相关技术研究 [D]. 长沙：国防科技大学，2004，11-17.

[3] 苗红杰，赵文吉，刘先林. 数码相机检校和摄像测量的部分问题探讨 [J]. 首都师范大学学报（自然科学版），2005，26（1）：117-120.

[4] 黄桂平，李小勇，钦桂勤. 数码相机内参数的实验场法标定 [J]. 测绘学院学报，2005，22（3）：163-165.

[5] 于宁锋. 数字摄影测量系统中非量测 CCD 相机标定算法 [J]. 辽宁工程技术大学学报，2007，26（2）：190-193.

[6] 王冬，冯文灏，卢秀山. Nikon D1X 相机检校 [J]. 测绘科学，2007，32（2）：33-35.

[7] 王冬，冯文灏，卢秀山. 多片空间后交法实现 Hasselblad 相机检校 [J]. 辽宁工程技术大学学报，2007，26（3）：341-344.

[8] 荣长军，赵会超，韩卫华等. 面阵 CCD 镜头畸变校正 [J]. 光电技术应

用, 2007, 22 (4): 18-20.

[9] 姜大志, 孙俊兰, 郁倩等. 标准图形法求解相机镜头非线性畸变的研究 [J]. 东南大学学报 (自然科学版), 2001, 31 (4): 111-116.

[10] 张佳成, 范勇, 陈念年等. 基于混合模型的 CCD 镜头畸变精校正算法 [J]. 计算机工程, 2010, 36 (1): 191-193.

[11] 朱铮涛, 黎绍发. 镜头畸变及其校正技术 [J]. 光学技术, 2005, 31 (1): 136-141.

[12] 赵英时. 遥感应用分析原理与方法 [M]. 北京: 科学出版社, 2003.

[13] 周海林, 王立琦. 光学图象几何畸变的快速校正算法 [J]. 中国图像图形学报, 2003, 10 (8): 1131-1135.

[14] 王爱玲, 叶明生, 邓秋香. MATLAB2007 图像处理技术与应用 [M]. 北京: 电子工业出版社, 2008, 46-48.

[15] 孟海岗. 基于平面约束的 BCD 相机标定方法改进 [D]. 吉林: 吉林大学, 2009, 26-29.

[16] 谢文寒. 基于多像灭点进行相机标定的方法研究 [D]. 武汉: 武汉大学, 2004, 92-94.

[17] 姜大志. 计算机视觉中三维重构的研究与应用 [D]. 南京: 南京航空航天大学, 2001, 39-41.

[18] 潘承洞. Spline 函数的理论及其应用 (一) [J]. 数学的实践与认识, 1975 (3): 66-77.

[19] 袁孝, 佟书泉, 李欣. 室内三维控制场测量方法研究 [J]. 四川测绘, 2007, 30 (6): 256-258.

[20] 华后强. 单 CCD 四波段光谱成像仪的定标与图像校正 [D]. 成都: 电子科技大学, 2009, 66-74.

[21] 吴福朝, 于洪川, 袁波等. 摄像机内参数自标定: 理论与算法 [J]. 自动化学报, 1999, 11 (6): 769-775.

[22] 杨长江, 孙凤梅, 胡占义. 基于二次曲线的纯旋转摄像机自标定 [J]. 自动化学报, 2001, 27 (3): 310-317.

[23] 朱庆, 张庆珩. 论 CCD 成像系统检校的 DLT 方法 [J]. 铁路航测, 1994, 3: 1-5.

[24] 李德仁, 王新华. CCD 阵列相机的几何标定 [J]. 武汉测绘科技大学学报, 1997, 22 (4): 308-313.

[25] 林宗坚, 崔红霞, 孙杰等. 数码相机的畸变差检测研究 [J]. 武汉大学学报 (信息科学版), 2005, 30 (2): 122-125.

[26] Mahmut O. Karslioglu, Jurgen Friedrich. A New Differential Geometric Method to Rectify Digital Images of the Earth's Surface Using Isothermal Coordinates. IEEE Transactions onGeoscience and Remote Sensing, 2005, 43 (3): 666-672.

[27] Ahdel-AzizY I, KararaH M. Direct linear trasformation into object space coordinates in close-T-allge photogram etry [A]. In proceedinds Syypisium Close-Range Photogramm etry. Universiy of Illinois at Urbana-Calibration, urbana, Illinois American, 1971, 1-18.

[28] Brown D C. Close-range camera calibration. Photogrammetric Engineering, 1971, 37 (8): 855-866.

[29] Brown D C. Calibration of close-range cameras. International Archive of Photogrammetry and Remote Sensing, ISP Congress, Ottawa, Canada, 1972, 19 (5): 26.

[30] Hallert B. Notes on calibration of cameras and photographs in photogrammetry. Photogrametria, 1968, (23): 163-178.

[31] Faig W. Calibration of close-range photogrammetry systems. Mathematical formulation. Photogrammetric Eng, Remote Sensing, 1975, 41 (12): 1479-1486.

第4章 缺少控制点的无人机遥感影像几何校正

传统的遥感影像几何校正多采用共线方程法或多项式拟合法,需要在地面上建立一定数量且均匀分布的控制点,然而在地震灾害环境和特殊地理条件下,无法获取地面控制点,导致基于地面控制点的几何校正方法不再适用。本章构建和实现了一种缺少控制点的无人机遥感影像几何校正模型和算法,并通过不同实测数据验证算法的有效性。

4.1 基于飞行姿态参数的无人机遥感影像几何校正模型

无人机遥感影像是由搭载在无人机遥感平台上的传感器——非量测型单反数码相机拍摄而成的,可以通过飞控信息系统获取每一张影像成像时刻的无人机飞行姿态参数,包括俯仰角、滚转角和偏航角等信息。利用以上信息及传感器的成像模型,可以建立基于无人机飞行姿态变化的几何校正模型。

传感器的成像模型是指像点 $a(x, y)$ 和其对应物点 $A(X_E, Y_E, Z_E)$ 之间存在的数学关系。这种关系可以通过一系列的坐标变换来表示[1]。本节研究的传感器成像模型就是建立在图像坐标系和地面直角坐标系之间的一系列坐标变换,综合前面的讨论可以得出:

$$\begin{bmatrix} X_E \\ Y_E \\ Z_E \end{bmatrix}_E = \lambda R_{EP} R_{PS} R_{SI} \begin{bmatrix} x \\ y \end{bmatrix}_I \qquad (4-1)$$

式中,λ 为比例系数;(x, y) 为像点 a 在图像坐标系中的坐标;(X_E, Y_E, Z_E) 为地面物点 A 在地面直角坐标系中的坐标。

式(4-1)是利用传感器的内方位元素、传感器与机体的相对位置关系及飞机的飞行姿态所建立的传感器影像坐标与其地面物点在地面直角坐标系下的坐标关系式,即无人机遥感影像的传感器成像模型。其中,传感器的内方位元素可由影像的辅助参数文件读出,传感器与机体的相对位置关系可通过实际测量获得。

下面，将通过分析飞行姿态变化对传感器的成像模型中的矩阵 R_{EP} 的影响，进而建立基于飞行姿态变化的遥感影像几何校正模型。

4.1.1 校正模型的假设条件

基于飞行姿态变化的几何校正模型的建立，基于以下假设条件：

（1）传感器本身在成像过程中未引起影像的任何畸变，即"完美成像"。

（2）坐标轴系经过平移，传感器的镜头光心与无人机的质心重合，且传感器坐标系与机体坐标系各坐标轴相互一致，完全重合，即 $R_{PS}=I$（I 为单位矩阵）。

（3）无人机低空遥感系统所获取的影像区域内，地势平坦，海拔高度一致，不存在由于地形起伏引起的几何畸变，即地平面上的地物点坐标 $Z_E=0$。

（4）影像获取过程中，大气层各处均匀，密度一致，不存在由于大气折射引起的几何畸变。

根据式（4-1）及假设，传感器成像模型可简化为：

$$\begin{bmatrix} X_E \\ Y_E \\ Z_E \end{bmatrix}_E = \lambda R_{EP} \begin{bmatrix} x \\ y \\ -f \end{bmatrix}_S = \lambda R(H) R(\gamma) R(\beta) R(\alpha) \begin{bmatrix} x \\ y \\ -f \end{bmatrix}_S \quad (4-2)$$

为分析飞行姿态参数对传感器成像模型的影响，将依次考虑每个参数，对遥感影像的成像几何进行分析。

4.1.2 俯仰角 PITCH

仅考虑飞行姿态角中俯仰角 $\alpha \neq 0$（滚转角 $\beta=0$，偏航角 $\gamma=0$，航高 H 不变）时的情形，即 $R(H)$、$R(\gamma)$、$R(\beta)$ 均为单位矩阵，则由成像模型，原始图像上像点 p' 与对应物点 P 之间的关系为：

$$\begin{bmatrix} X_E \\ Y_E \\ Z_E \end{bmatrix}_E = \lambda R(\alpha) \begin{bmatrix} x' \\ y' \\ -f \end{bmatrix}_S \quad (4-3)$$

式中，$\lambda=H/f$；f 为传感器的焦距；(x',y') 为像点 p' 在图像坐标系中的坐标；(X_E, Y_E, Z_E) 为地面物点 P 在地面直角坐标系中的坐标，$Z_E=0$。

图 4-1 所示是沿飞机纵轴的成像几何剖面示意图。其中 S 为在理想情况下，竖直摄影的摄影中心，对地面上的地物 AB 所成影像为 ab，o 为像主点。S' 为俯仰角 $\alpha>0$ 时的投影中心，此时地面上的地物 AB 所成影像线为 $a'b'$，

o' 为像主点。对存在位移的影像线 $a'b'$ 上任取一点 p' (x', y')（对像主点 o' 的张角为 θ），其对应物点为 P (X_E, Y_E, Z_E)。经过几何校正，可得 P 点在竖直摄影时，经投影中心 S 所成像点为 p (x, y)，其中 $o'p' = y'$，$OP = Y_E$，$op = y$。

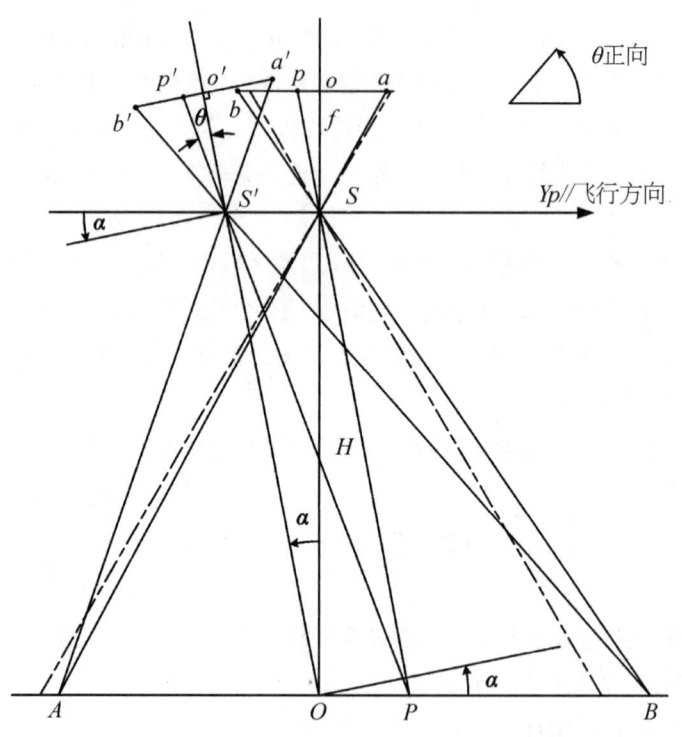

图 4-1　成像几何剖面示意图

如图 4-1 所示，当 $\alpha > 0$，$\theta > 0$ 时，$OS = H$，$o'S' = oS = f$。

在 $\triangle S'OS$ 中有：$\cos\alpha = \dfrac{OS}{OS'} = \dfrac{H}{OS'} \Rightarrow OS' = \dfrac{H}{\cos\alpha}$。

在 $\triangle S'o'p'$ 中有：$\tan\theta = \dfrac{o'p'}{o'S'} \Rightarrow \theta = \arctan\left(\dfrac{o'p'}{f}\right)$。

在 $\triangle S'OP$ 中，根据正弦定理：

$$\frac{OP}{\sin(\angle OS'P)} = \frac{OS'}{\sin(\angle OPS')} \Rightarrow \frac{OP}{\sin\theta} = \frac{\dfrac{H}{\cos\alpha}}{\sin\left[\pi - \left(\dfrac{\pi}{2} + \alpha\right) - \theta\right]} \quad (4-4)$$

$$\Rightarrow OP = \frac{H \cdot \sin\theta}{\cos\alpha \cdot \cos(\theta + \alpha)}$$

即
$$Y_E = F[G(y')] \quad (4-5)$$

式中，$F(\theta) = \dfrac{H \cdot \sin\theta}{\cos\alpha \cdot \cos(\theta+\alpha)}$；$G(y) = \arctan\left(\dfrac{y}{f}\right)$。

在竖直摄影情况下，像平面与地平面相互平行：

$$\frac{op}{OP} = \frac{oS}{OS} \Rightarrow op = \frac{f}{H} \cdot OP \quad (4-6)$$

即

$$y = \frac{f}{H} \cdot Y_E \quad (4-7)$$

同理可证，当 $\alpha > 0$，$\theta < 0$ 及 $\alpha < 0$ 时，式（4-4）、式（4-6）依然成立。

如图 4-1 所示，在图像坐标系中，位于影像线 $a'b'$ 上的像点（即主点 o' 所在的平行于飞行方向上的像点）均有横坐标 $x = 0$，只有 y 方向上的位移，可通过上述模型进行校正。对于其他位置的像点，除有 y 方向的位移外，还会产生 x 方向的位移。

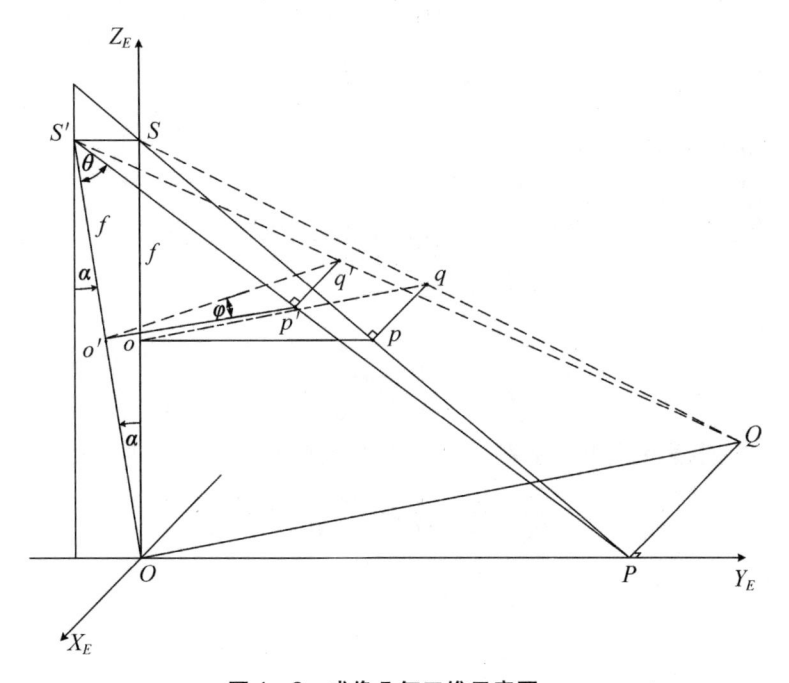

图 4-2 成像几何三维示意图

图 4-2 所示是因俯仰角引起像点位移的成像几何三维示意图。其中 S 为在理想情况下, 竖直摄影的摄影中心, Q 为地平面上一点, 且 $PQ \perp OP$, 对地面上的地物 PQ 所成影像为 pq, o 为像主点。S' 为俯仰角 $\alpha>0$ 时的投影中心, 此时地面上的地物 PQ 所成影像为 $p'q'$ (对像主点 o' 的张角为 φ)。设 q' 在图像坐标系下的坐标为 (x', y'), 其对应物点为 $Q(X_E, Y_E, Z_E)$。经过几何校正, 可得 Q 点在竖直摄影时, 经投影中心 S 所成像点为 $q(x, y)$, 其中 $p'q'=x'$, $PQ=X_E$, $pq=x$。

如图 4-2 所示, 当 $\alpha>0$, $\theta>0$, $\varphi<0$ 时, $OS=H$, $o'S'=oS=f$, 由立体几何知识可得 $p'q' \perp o'p'$, 即物点 P、Q 所成影像 p'、q' 的相对位置保持不变。

在 $\Delta S'OS$ 中有: $\cos\alpha = \dfrac{OS}{OS'} = \dfrac{H}{OS'} \Rightarrow OS' = \dfrac{H}{\cos\alpha}$

在 $\Delta S'o'p'$ 中有: $\cos\theta = \dfrac{S'o'}{S'p'} \Rightarrow S'p' = \dfrac{f}{\cos\theta}$

在 $\Delta S'OP$ 中, 根据正弦定理:

$$\dfrac{S'P}{\sin(\angle S'OP)} = \dfrac{S'O}{\sin(\angle S'PO)} \Rightarrow \dfrac{S'P}{\sin\left[\dfrac{\pi}{2}+\alpha\right]} = \dfrac{\dfrac{H}{\cos\alpha}}{\sin\left[\pi-\left(\dfrac{\pi}{2}+\alpha\right)-\theta\right]}$$

$$\Rightarrow S'P = \dfrac{H}{\cos(\theta+\alpha)} \qquad (4-8)$$

由 $p'q' // PQ$ 可得:

$$\dfrac{PQ}{p'q'} = \dfrac{S'P}{S'p'} \Rightarrow \dfrac{PQ}{p'q'} = \dfrac{\dfrac{H}{\cos(\theta+\alpha)}}{\dfrac{f}{\cos\theta}} \Rightarrow PQ = \dfrac{H \cdot \cos\theta}{f \cdot \cos(\theta+\alpha)} \cdot p'q' \qquad (4-9)$$

即

$$X_E = \dfrac{H \cdot \cos\theta}{f \cdot \cos(\theta+\alpha)} \cdot x' \qquad (4-10)$$

在竖直摄影情况下, 像平面与地平面相互平行:

$$\dfrac{pq}{PQ} = \dfrac{Sp}{SP} = \dfrac{So}{SO} \Rightarrow pq = \dfrac{f}{H} \cdot PQ \qquad (4-11)$$

即

$$x = \dfrac{f}{H} \cdot X_E \qquad (4-12)$$

同理可得, 当 $\alpha>0$, $\theta<0$ 及 $\alpha<0$ 时, 式 (4-10)、式 (4-12) 依然成立。

综上所述, 当仅考虑飞行姿态角中俯仰角 $\alpha \neq 0$, 原始图像上像点 p' 在图像坐标系和对应物点 P 在地面直角坐标系之间的变换关系可隐式表现为：

$$\begin{bmatrix} X_E \\ Y_E \\ Z_E \end{bmatrix}_E = \begin{bmatrix} \dfrac{H \cdot \cos\theta}{f \cdot \cos(\theta+\alpha)} \cdot x' \\ F[G(y')] \\ 0 \end{bmatrix} \quad (4-13)$$

式中，$F(\theta) = \dfrac{H \cdot \sin\theta}{\cos\alpha \cdot \cos(\theta+\alpha)}$；$G(y) = \arctan\left(\dfrac{y'}{f}\right)$。

4.1.3 滚转角 ROLL

仅考虑飞行姿态角中滚转角 $\beta \neq 0$（俯仰角 $\alpha = 0$，偏航角 $\gamma = 0$，航高 H 不变）时的情形，即 $R(H)$、$R(\gamma)$、$R(\alpha)$ 均为单位矩阵，则由成像模型，原始图像上像点 p' 与对应物点 P 之间的关系为：

$$\begin{bmatrix} X_E \\ Y_E \\ Z_E \end{bmatrix}_E = \lambda R(\beta) \begin{bmatrix} x' \\ y' \\ -f \end{bmatrix}_S \quad (4-14)$$

式中，$\lambda = H/f$，f 为传感器的焦距；(x', y') 为像点 p' 在图像坐标系中的坐标；(X_E, Y_E, Z_E) 为地面物点 P 在地面直角坐标系中的坐标，$Z_E = 0$。

根据坐标轴的对称性，当仅考虑飞行姿态角中滚转角 $\beta \neq 0$，原始图像上像点 p' 在图像坐标系与对应物点 P 在地面直角坐标系之间的变换关系可隐式表现为：

$$\begin{bmatrix} X_E \\ Y_E \\ Z_E \end{bmatrix}_E = \begin{bmatrix} F[G(x')] \\ \dfrac{H \cdot \cos\theta}{f \cdot \cos(\theta-\beta)} \cdot y' \\ 0 \end{bmatrix} \quad (4-15)$$

式中，$F(\theta) = \dfrac{H \cdot \sin\theta}{\cos\alpha \cdot \cos(\theta-\beta)}$；$G(y) = \arctan\left(\dfrac{x}{f}\right)$。

当飞行姿态角俯仰角 $\alpha \neq 0$，滚转角 $\beta \neq 0$，偏航角 $\gamma = 0$ 时，如图 4-3 所示，平面 π 为无人机处于理想的飞行状态下，竖直摄影时，俯仰角 $\alpha = 0$，滚转角 $\beta = 0$ 的像平面；平面 π_1 为俯仰角 $\alpha \neq 0$，滚转角 $\beta = 0$ 时的像平面；平面 π_2 为俯仰角 $\alpha \neq 0$，滚转角 $\beta \neq 0$ 时的像平面。

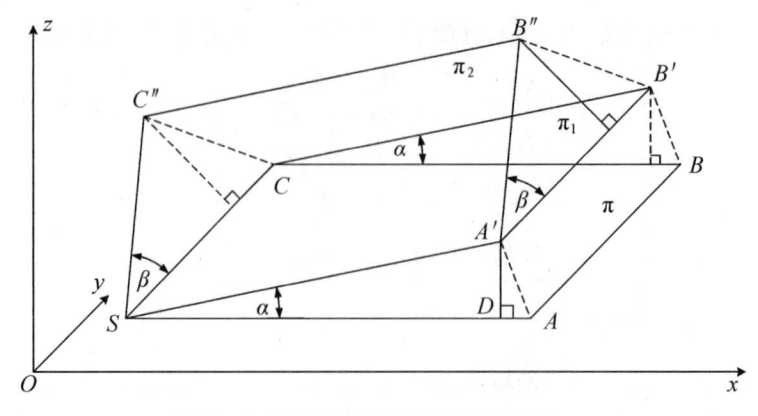

图 4-3 像平面位置几何关系示意图

由于飞行姿态角的相对独立性，由立体几何知识，可证明由于滚转角 $\beta \neq 0$ 影像产生的畸变与俯仰角 $\alpha \neq 0$ 产生的畸变类型相同，且相对独立互不影响，可由同一校正模型进行校正，且二次校正的先后顺序不会对最终校正结果产生影响，即原始图像上像点 p' 与对应物点 P 之间的关系为：

$$\begin{bmatrix} X_E \\ Y_E \\ Z_E \end{bmatrix}_E = \lambda R(\alpha) R(\beta) \begin{bmatrix} x' \\ y' \\ -f \end{bmatrix}_S = \lambda R(\beta) R(\alpha) \begin{bmatrix} x' \\ y' \\ -f \end{bmatrix}_S \qquad (4-16)$$

4.1.4 偏航角 YAW

由于偏航角与预定航向存在角度上偏移，对获取影像引起的像点位移使得图像发生了旋转，如第 2 章的图 2-5（d）所示，但实际上仍属于正直摄影的范围。

仅考虑飞行姿态角中偏航角 $\gamma \neq 0$（俯仰角 $\alpha = 0$，滚转角 $\beta = 0$，航高 H 不变）时的情形，即 $R(H)$、$R(\beta)$、$R(\alpha)$ 均为单位矩阵，则由成像模型，原始图像上像点 q' 在对应物点 Q 之间的关系为：

$$\begin{bmatrix} X_E \\ Y_E \\ Z_E \end{bmatrix}_E = \lambda R(\gamma) \begin{bmatrix} x' \\ y' \\ -f \end{bmatrix}_S \qquad (4-17)$$

式中，$\lambda = H/f$，f 为传感器的焦距；(x', y') 为像点 q' 在图像坐标系中的坐标；(X_E, Y_E, Z_E) 为地面物点 Q 在地面直角坐标系中的坐标，$Z_E = 0$。

图 4-4 所示是因偏航角引起像点位移的成像几何三维示意图。其中 S 为在理想情况下竖直摄影的摄影中心，o 为像主点，Q 为地平面上一点，且 $PQ \perp$

OP。S'为偏航角 $\gamma>0$ 时的投影中心,与 S 重合,此时地面上的地物 PQ 所成影像为 $p'q'$(对像主点 o' 的张角为 ψ)。设 q' 在图像坐标系下的坐标为 (x', y'),其对应物点为 $Q(X_E, Y_E, Z_E)$。其中 $o'p' = x'$,$p'q' = y'$,$OA = X_E$,$QA = Y_E$。

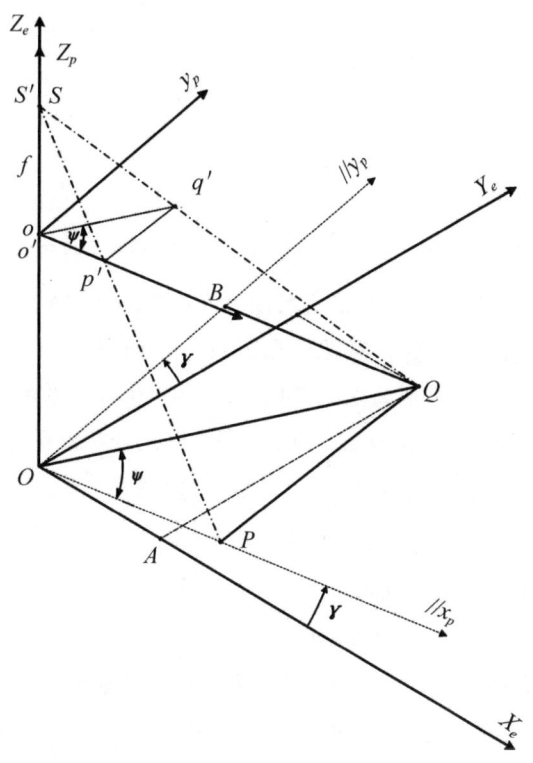

图 4-4 成像几何三维示意图 (b)

如图 4-4 所示,当 $\gamma>0$,$\psi>0$ 时,$OS = H$,$o'S' = oS = f$。
设 $o'q' = r$,在 $\triangle o'p'q'$ 中有:

$$\begin{cases} x' = o'p' = r \cdot \cos\psi \\ y' = p'q' = r \cdot \sin\psi \end{cases} \quad (4-18)$$

由于像平面平行于地平面,有:

$$\frac{OQ}{o'q'} = \frac{SO}{S'o'} \Rightarrow OQ = \frac{H}{f} \cdot r \quad (4-19)$$

在 $\triangle OQA$ 中有:

$$\begin{cases} X_E = OA = OQ \cdot \cos(\psi + \gamma) \\ Y_E = QA = OQ \cdot \sin(\psi + \gamma) \end{cases} \quad (4-20)$$

综上所述，当仅考虑飞行姿态角中偏航角 $\gamma \neq 0$，原始图像上像点 q' 在图像坐标系和对应物点 Q 在地面直角坐标系之间的变换关系可隐式表现为：

$$\begin{bmatrix} X_E \\ Y_E \\ Z_E \end{bmatrix}_E = \lambda \begin{bmatrix} r \cdot \cos(\psi + \gamma) \\ r \cdot \sin(\psi + \gamma) \\ 0 \end{bmatrix} \quad (4-21)$$

式中，$\lambda = H/f$；$r = \sqrt{x^2 + y^2}$；$\psi = \arctan\left(\dfrac{y'}{x'}\right)$。

4.1.5 高度 HEIGHT

由于飞行高度变化引起的像点位移使得图像出现了缩放效果，如第二章的图 2-5（c）所示。实际获取的影像与航高固定情况下的影像相比，表现为以像主点为中心等比例的缩放，但仍属于正直摄影的范围。

当仅考虑飞行姿态角中高度的变化，即 $\Delta H \neq 0$ 时，原始图像上像点 q' 在图像坐标系和对应物点 Q 在地面直角坐标系之间的变换关系可表现为：

$$\begin{bmatrix} X_E \\ Y_E \\ Z_E \end{bmatrix}_E = \lambda R(H') \begin{bmatrix} x' \\ y' \\ -f \end{bmatrix}_S \quad (4-22)$$

式中，$\lambda = H/f$；$R(H') = \begin{bmatrix} H'/H & 0 & 0 \\ 0 & H'/H & 0 \\ 0 & 0 & 0 \end{bmatrix}$；$H'$ 为摄影中心 S' 在地面直角坐标系中的高度；(x', y') 为像点 p' 在图像坐标系中的坐标；(X_E, Y_E, Z_E) 为地面物点 P 在地面直角坐标系中的坐标。

综上所述，可得无人机遥感影像上任一像点 p' 与对应物点 P 之间的关系为：

$$\begin{bmatrix} X_E \\ Y_E \\ Z_E \end{bmatrix}_E = \lambda R_{EP} \begin{bmatrix} x' \\ y' \\ -f \end{bmatrix}_S = \lambda R(H) R(\gamma) R(\beta) R(\alpha) \begin{bmatrix} x' \\ y' \\ -f \end{bmatrix}_S \quad (4-23)$$

式中，$\lambda = H/f$；f 为传感器的焦距；(x', y') 为像点 p' 在图像坐标系中的坐标；(X_E, Y_E, Z_E) 为地面物点 P 在地面直角坐标系中的坐标，$Z_E = 0$。

同时，在正直摄影条件下，地物点 $P(X_E, Y_E, Z_E)$ 经传感器的光心 S，所成像点 $p(x, y)$ 满足：

$$\begin{bmatrix} X_E \\ Y_E \\ Z_E \end{bmatrix}_E = \lambda \begin{bmatrix} x \\ y \\ -f \end{bmatrix}_S \qquad (4-24)$$

式中，$\lambda = H/f$。

由式（4-23）、式（4-24）可得：

$$\begin{bmatrix} x \\ y \\ -f \end{bmatrix}_S = R(H)\,R(\gamma)\,R(\beta)\,R(\alpha) \begin{bmatrix} x' \\ y' \\ -f \end{bmatrix}_S \qquad (4-25)$$

式中，f 为传感器的焦距；$R(\alpha)$、$R(\beta)$、$R(\gamma)$、$R(H)$ 为基于各飞行姿态参数的旋转矩阵；(x', y') 为原始影像中任一像点 p' 在图像坐标系中的坐标；(x, y) 为像点 p' 经校正到正直摄影条件下的像点 p 在图像坐标系中的坐标。

式（4-25）即为利用无人机遥感影像的成像模型和飞行姿态参数所建立的几何校正模型。式中的无人机飞行姿态参数可从飞控系统提供的辅助参数读出并求得各旋转矩阵。

4.2 无人机遥感影像几何校正算法设计与实现

根据4.1节中建立基于飞行姿态变化的无人机遥感影像几何校正模型，设计相应的算法，实现了无人机低空遥感影像几何校正试验软件（A Software of Geometric Rectification for UAV Low Altitude Remote Sensing System Imagery）。

4.2.1 几何校正算法设计

根据4.1节建立的无人机遥感影像几何校正模型，在无控制点情况下可以利用基于飞行姿态的几何校正算法，当飞行姿态参数足够精确时，由外方位元素引起的影像几何畸变能够被完全消除。然而，由无人机飞控系统提供的飞行姿态参数本身存在误差，导致几何校正处理的精度下降。

在未能获得足够数量控制点的情况下，可利用有可能获取的少量地面控制点，调整无人机遥感影像几何校正模型中的飞行姿态参数，以提高基于飞行姿态的遥感影像几何校正的精度。

由于无人机遥感影像采用普通非量测型数码相机拍摄，未经处理的影像上各像素点仅有像素坐标值，单个控制点无法提供可参照的有效信息，所以至少需要2个以上的控制点信息，才能对几何校正模型中的飞行姿态参数进行调整。

缺少控制点情况下，考虑以下两种情况。

1. 有 2 个控制点

如图 4-5 所示，图像坐标系 xOy 中，y 轴平行于无人机飞行方向。根据地面控制点 A、B 在地面直角坐标系下的坐标值，可计算出 A、B 之间的实际距离 L_{AB}。若校正后影像的分辨率确定，则可以计算出校正后影像中 a、b 之间的像素距离。

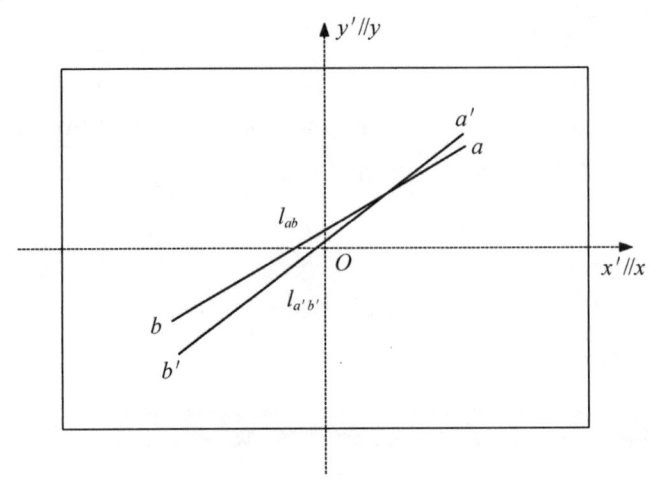

图 4-5　有 2 个控制点时影像重叠示意图

假设俯仰角 α、滚转角 β 精度足够高，分析式（4-25）可知，经过对影像的俯仰角 α 和滚转角 β 的误差校正，理论上可以消除由于外方位元素引起的影像非线性畸变，尚有因偏航角 γ 和航高 H 的精度误差引起的线性畸变（整体旋转、缩放），如图 4-5 所示。

若在单幅无人机遥感影像范围内获取到 2 个控制点信息 A、B，由于能获取的可用信息较少，仅考虑对偏航角 γ 和航高 H 进行校准，采取如下步骤进行处理。

（1）利用式（4-25）对无人机遥感影像进行无控制点的几何校正。

（2）如图 4-5 所示，根据地面控制点 A、B 在地面直角坐标系下的坐标值，计算理想情况下偏航角 $\gamma=0$ 时，图像坐标系下对应像点形成影像线 ab 的斜率 k_{ab}。

（3）根据校正后影像的分辨率要求，计算影像线 ab 的长度 l_{ab}。

(4) 在经初次校正的影像上，找到地面控制点 A、B 对应的像点 a'、b'，计算影像线 $a'b'$ 的斜率 $k_{a'b'}$，以及长度 $l_{a'b'}$。

(5) 根据斜率 k_{ab}、$k_{a'b'}$，调整偏航角 $\gamma' = \gamma + \Delta\gamma$，其中 $\Delta\gamma = \arctan k_{ab} - \arctan k_{a'b'}$。

(6) 根据长度 l_{ab}、$l_{a'b'}$，调整航高 $H' = H + \Delta H$，其中 $\Delta H = L_{AB} f (\frac{1}{l_{ab}} - \frac{1}{l_{a'b'}})$。

(7) 利用调整后的飞行姿态参数偏航角 γ' 和航高 H'，对原始影像再次进行几何校正。由此，可进一步减小由于外方元素引起的影像线性畸变，提高校正的精度。

2. 有 3 个不共线的控制点

如图 4-6 所示，图像坐标系 xOy 中，y 轴平行于无人机飞行方向。根据地面控制点 A、B、C 在地面直角坐标系下的坐标值，可以计算出 A、B、C 三点之间的实际距离。若校正后影像的分辨率确定，则可以计算出校正后影像中 a、b、c 三点间的像素距离。

分析式（4-25）几何校正模型，由于飞行参数本身存在误差，经过无控制点几何校正的影像，尚有因飞行参数误差引起的线性和非线性畸变，如第 2 章的图 2-5 所示。

若在单幅无人机遥感影像范围内获取到不共线的 3 个控制点信息 A、B、C，可以采取如下迭代步骤对俯仰角 α、滚转角 β 和偏航角 γ 进行调整，使得校正后的影像尽量逼近理想的正射影像。

(1) 根据地面控制点 A、B、C 在地面直角坐标系下的坐标值，计算理想情况下俯仰角 $\alpha = 0$、滚转角 $\beta = 0$、偏航角 $\gamma = 0$ 时，图像坐标系下对应像点形成的 $\triangle abc$ 各边长 l_{ab}、l_{bc}、l_{ca}。

(2) 利用式（4-25）对无人机遥感影像进行无控制点的几何校正。

(3) 在经初步几何校正的影像上，找到地面控制点 A、B、C 对应的像点 a'、b'、c'，计算 $\triangle a'b'c'$ 各边长 $l_{a'b'}$、$l_{b'c'}$、$l_{c'a'}$。

(4) 计算两个影像三角形 $\triangle abc$、$\triangle a'b'c'$ 对应边长的比值并按大小进行排序。如图 4-6 所示，有公式：

$$t_{\max} = \frac{l_{a'b'}}{l_{ab}} \geq \frac{l_{b'c'}}{l_{bc}} \geq \frac{l_{c'a'}}{l_{ca}} = t_{\min} \quad (4-26)$$

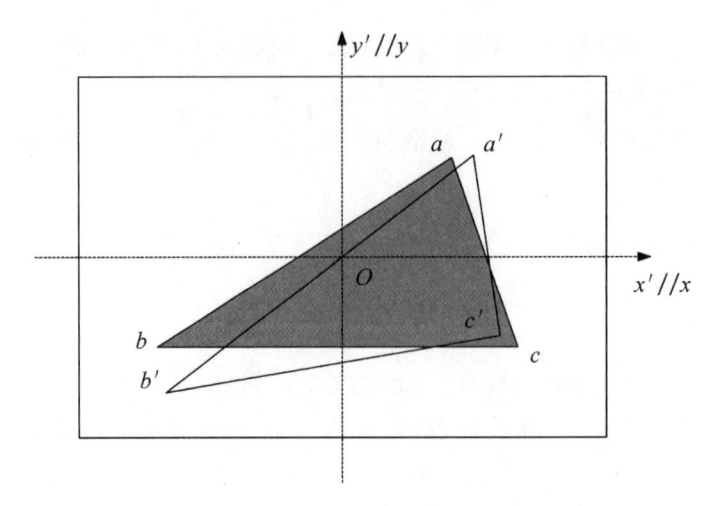

图4-6 有3个控制点时影像重叠示意图

当$\frac{t_{max}-t_{min}}{t_{min}} \leq \tau$（$\tau$为某一阈值），迭代收敛，计算结束；否则，进行步骤（5）。

（5）调整俯仰角$\alpha' = \alpha + \rho \cdot \Delta\alpha$、滚转角$\beta' = \beta + \rho \cdot \Delta\beta$和偏航角$\gamma' = \gamma + \rho \cdot \Delta\gamma$，利用调整后的飞行参数进行影像几何校正，返回步骤（2）。

其中，ρ为迭代步长；$\Delta\alpha$、$\Delta\beta$、$\Delta\gamma$的取值为±1，其取值根据影像三角形$\triangle abc$、$\triangle a'b'c'$各边的关系确定。

当迭代计算结束时，获得已调整的俯仰角α和滚转角β，同时也完成了具有较高精度的影像几何校正。

4.2.2 算法系统实现

1. 系统简介

无人机低空遥感影像几何校正试验软件是一款根据几何畸变校正算法设计并实现的工具软件。软件主程序是在MATLAB环境下开发的。图4-7所示为其系统主界面。

第 4 章 缺少控制点的无人机遥感影像几何校正

图 4-7 系统主界面

本试验软件采用面向过程的结构设计，每一种功能在不同的函数单元中实现，在 MATLAB 环境下以固定顺序依次运行。传感器内方位元素参数、相应的飞行姿态参数与原始遥感影像数据各函数单元共享。本试验软件的主要功能均在系统主窗口下执行。处理过程中，已完成的各步骤会在信息栏中给出相应的提示信息。

2. 系统基本功能

无人机低空遥感影像几何校正试验软件是在 Windows XP Professional x64 Edition 系统上开发完成的，主要实现缺少控制点的无人机遥感影像几何畸变校正。图 4-8 所示为本软件主要功能模块示意图。

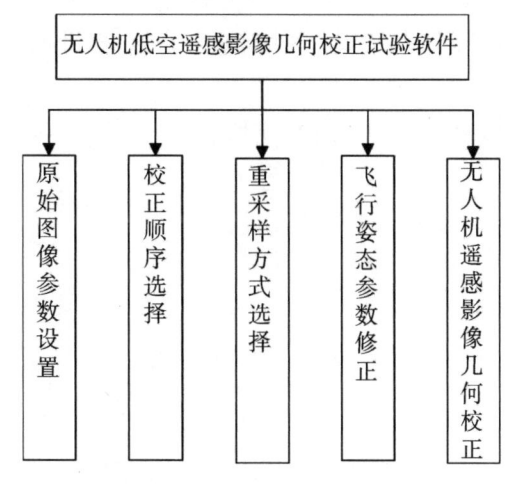

图 4-8 系统主要功能模块

从图 4-8 可以看出，本试验软件主要具有以下基本功能：

（1）系统可处理包括 JPEG 等格式的图像文件，根据用户输入的待处理遥感影像和飞行参数信息文件的存储路径，读取相应格式的待处理图像进行处理。

（2）提供多种遥感影像处理顺序，重采样内插方式，根据原始遥感影像的质量和处理要求，如时间限制和处理效果等要求选择适宜的处理方式。

（3）提供姿态参数修正，用户可根据初次的几何校正效果，对每幅影像拍摄时刻的飞行姿态参数进行手动修正，以获取更好的结果。

对于同一航线上的连续多幅无人机影像，可先对其中的连续 2~3 幅图像进行初步校正，对校正后的图像进行质量评价，估算飞行姿态参数可能存在的误差，利用调整后的飞行姿态参数进行几何校正，以获得更好的校正影像。

3. 系统运行

试验系统运行所需的配置要求如表 4-1 所示。

表 4-1　系统运行配置要求

运行环境	基本配置	建议配置
操作系统	Windows XP Professional X64 Edition	
CPU	Pentium 4	Intel（R）Xeon E5335
内存容量	2G	16G
硬盘容量	80G	250G
显示环境	1024×768 真彩色	1364×768 真彩色

试验软件运行需安装有 MATLAB R2008b 环境，单机条件下即可运行，无须网络支持。

试验软件的数据处理流程如图 4-9 所示。

第4章 缺少控制点的无人机遥感影像几何校正

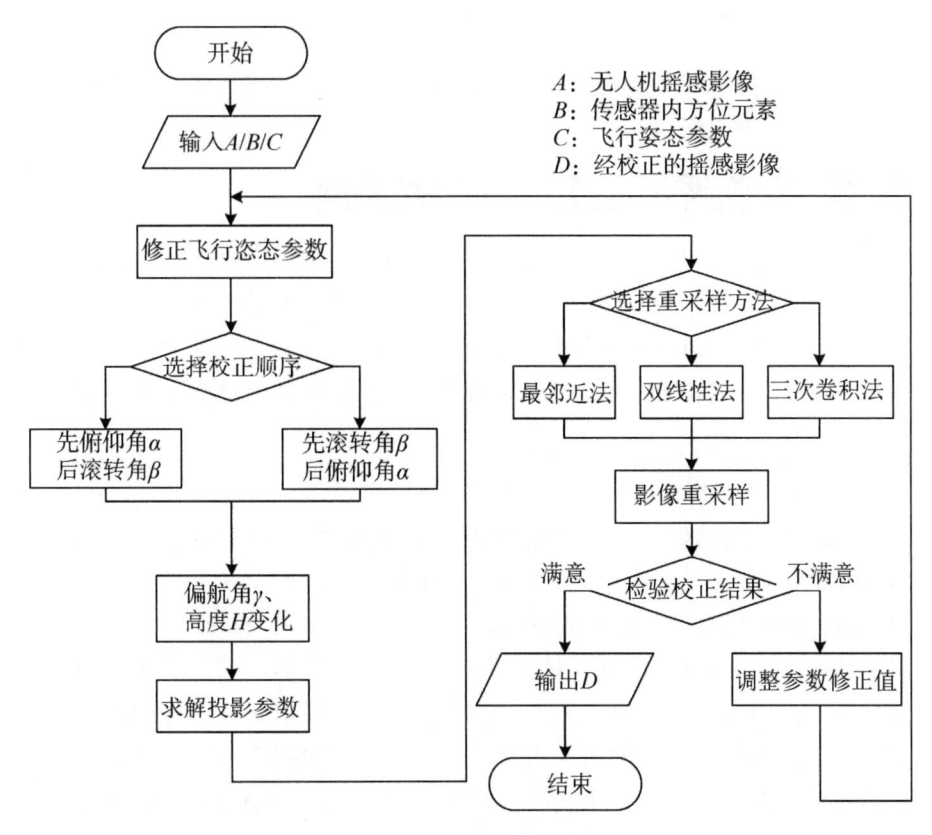

图 4-9 几何校正处理流程

本试验软件主要用于处理无人机低空遥感影像数据（JPEG 格式）。

（1）根据校正要求设置影像校正所需的各种参数，包括传感器的内方位元素：主点坐标值（x_0，y_0），焦距 f（单位：像素）；并输入待处理影像文件的存储路径、飞行参数信息文件等。

（2）选择校正顺序：先进行俯仰角校正后滚转角校正，或者先进行滚转角校正后俯仰角校正。（可根据影像的实际畸变情况和飞行姿态参数进行选择。试验数据显示：通常情况下，单位时间内滚转角的变化小于俯仰角，因此，可选择先进行滚转角校正后俯仰角校正，有助于减小计算舍入误差。）

（3）选择重采样的插值方法：最邻近法、双线性内插法、三次卷积法。（可根据原图像质量、校正时间限制、校正后图像质量要求等因素综合考虑进行选择。通常情况下，双线性法可较好地满足以上要求。）

（4）修正飞行姿态参数，为了提高校正精度，对初次校正的影像进行质量检验，可根据初次的校正效果，估算每项飞行姿态参数可能存在的误差值，并手动输入。

（5）遥感影像的几何校正，试验系统利用调整后的飞行姿态参数进行几何校正，输出校正影像。

4.3 无人机低空遥感影像的几何校正试验

无人机遥感影像的几何校正分为传感器内部误差校正和外方位元素误差校正两部分。对已消除内部误差的遥感影像，需进一步校正由影像的外方位元素引起的几何畸变，以生成符合某种地图投影或图像表达要求的新图像，本质上是研究将影像的各像元原始坐标经何种几何变换后得到指定投影平面上的新坐标。

4.3.1 无地面控制点试验

无人机遥感影像是由普通非量测型数码相机拍摄而成的。从无人机飞控系统提供的信息，可以获取到每张影像成像时刻无人机的飞行姿态参数。基于假设：（1）传感器本身在成像过程中未引起影像的任何畸变，即"完美成像"；（2）传感器的镜头光心与无人机的质心重合，且传感器坐标系与机体坐标系完全重合；（3）无人机低空遥感系统所获取的影像区域内，地势相对平坦，不存在由于地形起伏引起的几何畸变。这样，无人机的飞行姿态参数可视为传感器的姿态参数，将其代入几何校正模型，再经过重采样计算，可得到图像上各像素点的新坐标，实现遥感影像的几何校正。

1. 实施案例

根据上述基本思想，本试验选择了地势相对平坦的地区为目标区域进行数据采集。

试验时间：2008年10月18日，12时至13时30分，天气晴朗。

试验地点：邛崃市平乐镇（位于四川省中部，成都平原西南部）。

采用Canon EOS 350D DIGITAL单反相机，UP20无人机飞控系统，设定航线为东西走向，航高1000m。共采集809张影像数据，分布于21条航带，每张影像大小为3456×2304，空间分辨率为0.14m，影像覆盖范围约26km^2，主要涵盖农田植被、水体和城乡居民点等。

2. 数据处理

从无人机飞控系统可以获取到的无人机飞行姿态信息如表4-2所示。

第4章 缺少控制点的无人机遥感影像几何校正

表4-2 UP20无人机飞控系统提供的无人机飞行姿态信息

序号	日期	时间	经度	纬度	高度	滚转	俯仰	航向
38	星期六	12：24：37	103.3541163	30.3739161	1017.466	1.2	6.1	89.4
39	星期六	12：24：42	103.3556543	30.3739157	1018.172	2.5	5.7	90
40	星期六	12：24：53	103.3584629	30.3730627	1023.533	0.8	39	167.7
568	星期六	13：10：45	103.3378461	30.3457653	1007.615	1.2	4.4	270.3
569	星期六	13：10：50	103.3363253	30.3457613	1007.163	1.2	5	269.6
570	星期六	13：10：55	103.3348085	30.3457518	1008.134	1.1	5.2	270.4
571	星期六	13：11：00	103.3332895	30.3457655	1007.576	1.4	4.3	270.9

利用4.2节设计实现的试验软件进行影像数据的几何校正。

（1）输入原始影像和飞行姿态参数文件的存储路径。

（2）输入传感器的内部参数，试验选用的航拍相机为佳能350D单反数目相机，像主点坐标 $\begin{cases} x_0 = 1701.2570 \\ y_0 = 1142.9699 \end{cases}$，镜头焦距 $f = 3805.6398$，单位为像素。

（3）选择校正顺序，飞行姿态参数显示：单位时间内滚转角的变化小于俯仰角，选择先进行滚转角校正后俯仰角校正。

（4）选择双线性内插法进行重采样。

（5）输入飞行姿态参数修正值（初次校正均为0）。

（6）试验软件进行影像几何校正。

经试验软件校正后，输出校正后的影像。校正前与校正后的平乐古镇第39张无人机遥感影像分别如图4-10、图4-11所示。

图4-10 原始的无人机低空遥感影像（平乐古镇第39张）

图 4-11　经几何校正的无人机低空遥感影像（平乐古镇第 39 张）

4.3.2　地面控制点测量

1. Ashtech GPS 测量系统

Ashtech 测量型 ProMark 2GPS 测量系统是一套完整的 GPS 导航和 GPS 精密测量系统，如图 4-12 所示。

该系统由至少两套 GPS 接收机、GPS 天线和若干附件组成。系统采用标准可伸缩三脚架或对中杆三脚架，安置 GPS 天线在测点上方，接收 GPS 信号并记录在接收机的固态内存器中，所采集的数据通过串口电缆线传输给 PC 供后期数据处理时使用。据了解，ProMark 2 是一款集 5mm+1ppm 精度后处理静态测量、3~5m 实时导航定位和 GIS 测图性能于一体的 GPS/GIS 系统。

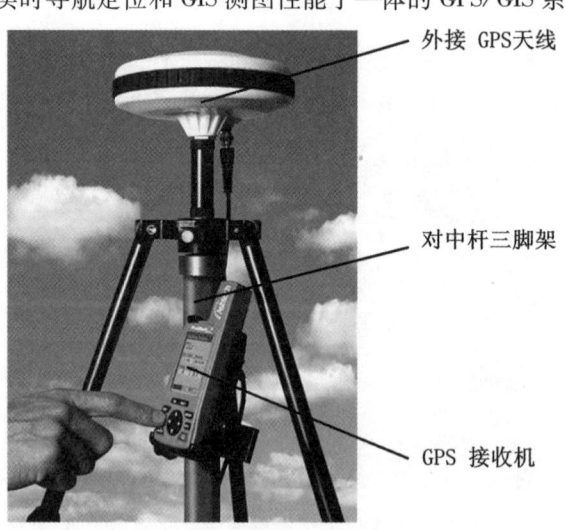

图 4-12　ProMark2 GPS 测量系统

ProMark2 GPS 接收机用于接收和存储测量点的 GPS 卫星数据，这些观测数据经测后处理用于确定测点的相对定位。ProMark2 内置天线只能满足导航定位数据采集；而外接天线则用于采集高质量数据的精密测量。外接天线要用三脚架和基座经对中、整平，精确地安置在测点上方。GPS 支架系统将三脚架、基座、三爪连接器功能集于一体，天线高可由对中杆调节固定，可避免天线高量测时出错。

本试验需要在邛崃市平乐镇遥感影像覆盖区域内，选取一定数量均匀的地面控制点，并对其地理坐标进行测量。

2. 野外数据采集

Ashtech 测量型 ProMark2 系统是为静态模式 GPS 数据采集而设计的，需要两套或两套以上 ProMark2 系统做同步观测（构成同步图形），其连续采数时间取决于基线长度、卫星几何分布状况及环境遮挡条件（建筑物、树林等）。本试验在邛崃市平乐镇采用三套 ProMark2 系统，可呈三角形同步观测。根据地面控制点的特征要求[2]：

（1）地面控制点在图像上有明显、清晰的定位识别标志；

（2）地面控制点上的地物不随时间而变化；

（3）在未做过地形校正的图像上选取控制点时，应在同一地形高度上。

在上次试验获取到的影像中，选定第 569、570 两幅无人机遥感影像所覆盖的区域为目标区域。以第 569 幅为例，按照控制点应当均匀分布在整幅图像内，且有一定数量保证的要求，在地形较为空旷，远离水面、树林的位置共选择了 6 个地面控制点，可组成 4 个三角形，共采集 4 组试验数据，如图 4-13 所示。由于航线为正东西走向，为与地图的方向一致，现将照片按逆时针方向旋转 90°。

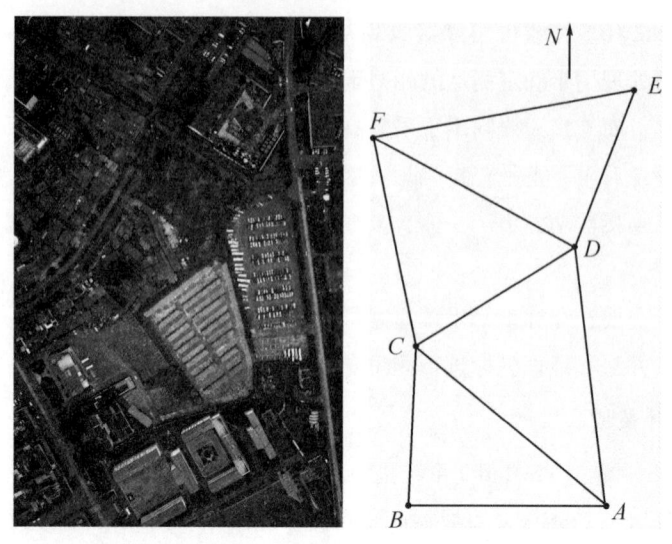

图4-13 原始图像_MG_0569与设置的6个地面控制点

3. 求解控制点坐标

利用ProMark2系统采集到差分GPS数据可通过Ashtech后处理软件Solutions解算基线和进行平差计算，目的是获取控制点的坐标值。

（1）打开SurveyProjectManager，新建项目"pingle0119.spr"。设置坐标系统为"大地坐标系"（Geodetic），选择大地基础为"WorldGeoticsys.1984"，选择高程系统为"椭球高"。

（2）选择"从接收机加入原始数据文件"，将接收机中的数据下载到PC，如图4-14所示。

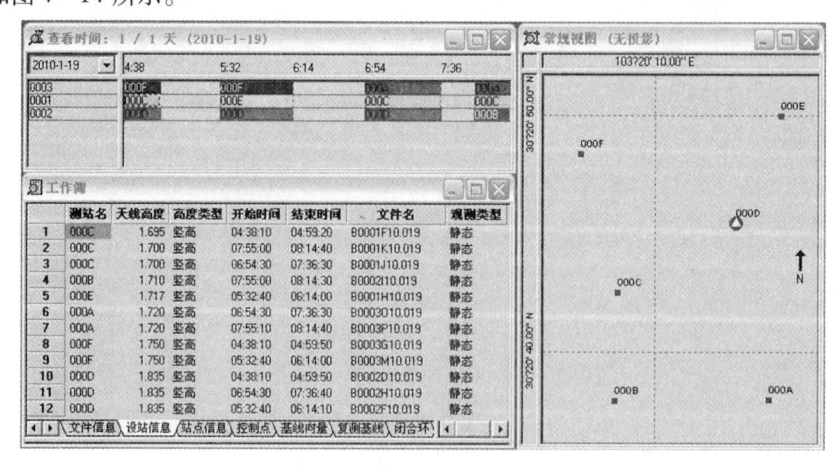

图4-14 读取原始数据文件

第 4 章　缺少控制点的无人机遥感影像几何校正

(3) 选择将测站 000D 设为默认种子点，进行"粗差探查"，结果"没有探查到粗差"。

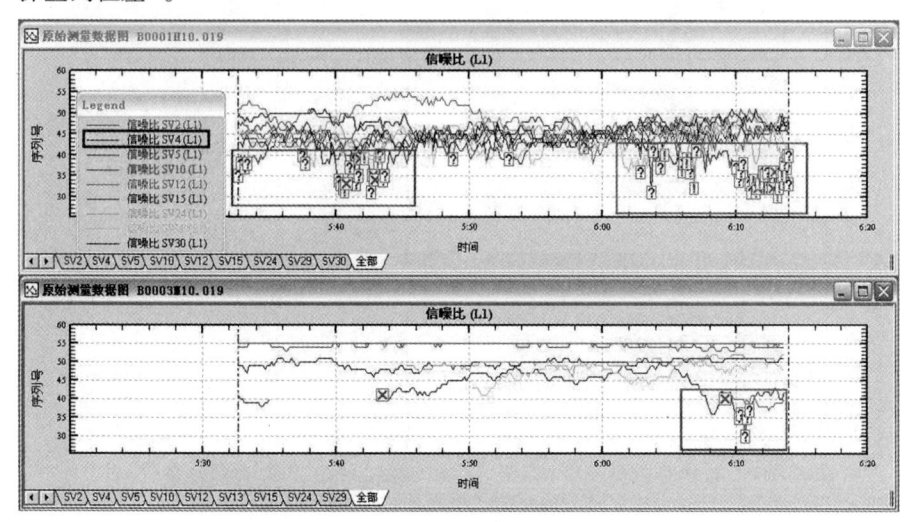

图 4-15　原始测量数据

(4) 进行"基线处理"，初次处理结果：由测站 000D、000E、000F 三点构成的第二测试组，基线向量"000E-000F"结算失败，查看其原始数据，存在较信噪比较低的原始测量数据，如图 4-15 所示。

(5) 通过筛选，剔除存在较大噪声的"SV4 号"卫星的全部数据，再次进行"基线处理"，获得结果：全部基线均结算通过，如图 4-16 和图 4-17 所示。

起点-终点	观测	QA	X分量	95%误差	Y分量	95%误差	Z分量	95%误差	长度	95%误差	测量时间	SVs	PDOP	测量类型
1	000E-000F	01/19/10 05:32:40		220.458	0.003	76.999	0.006	-43.608	0.006	237.755	0.010	00:41:20	7	2.1	L1 GPS
2	000D-000F	01/19/10 04:38:10		186.753	0.004	-3.975	0.005	76.936	0.007	202.019	0.010	00:21:40	8	1.6	L1 GPS
3	000D-000F	01/19/10 05:32:40		186.761	0.002	-3.978	0.003	76.933	0.005	202.025	0.005	00:41:20	9	1.3	L1 GPS
4	000D-000E	01/19/10 05:32:40		-33.722	0.003	-81.052	0.005	120.517	0.004	149.101	0.007	00:41:20	9	1.3	L1 GPS
5	000D-000C	01/19/10 06:54:30		124.566	0.001	72.268	0.002	-79.525	0.003	164.464	0.003	00:42:00	7	2.1	L1 GPS
6	000D-000C	01/19/10 04:38:10		124.563	0.001	72.303	0.002	-79.534	0.003	164.528	0.004	00:21:10	8	1.6	L1 GPS
7	000D-000A	01/19/10 06:54:30		-63.511	0.001	101.864	0.002	-198.908	0.003	232.323	0.005	00:42:00	7	2.1	L1 GPS
8	000D-000F	01/19/10 04:38:10		62.190	0.005	-76.278	0.006	156.470	0.008	184.848	0.011	00:21:10	8	1.6	L1 GPS
9	000C-000B	01/19/10 07:55:00		-13.340	0.003	69.996	0.005	-120.881	0.005	140.320	0.007	00:19:30	9	1.2	L1 GPS
10	000A-000C	01/19/10 07:55:00		188.016	0.002	-29.594	0.003	119.386	0.005	224.674	0.005	00:19:30	9	1.1	L1 GPS
11	000A-000C	01/19/10 06:54:30		188.016	0.002	-29.595	0.003	119.385	0.005	224.675	0.005	00:42:00	7	1.9	L1 GPS
12	000A-000B	01/19/10 07:55:10		174.675	0.003	40.404	0.005	-1.495	0.005	179.293	0.007	00:19:20	9	1.2	L1 GPS

图 4-16　基线处理结果（a）

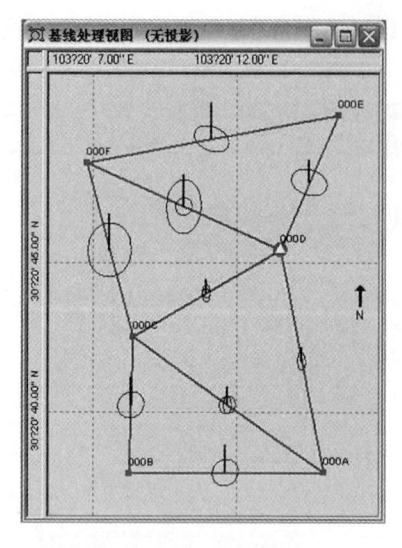

图 4-17 基线处理结果（b）　　　　图 4-18 平差处理结果（a）

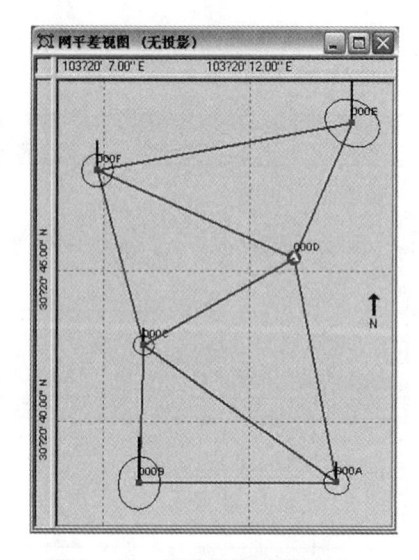

图 4-19 平差处理结果（b）

（6）进行"平差处理"，采用最小二乘法原理，可有效减小由于测量仪器的精度不完善和人为因素及外界条件的影响，从而求得更可靠的观测量结果（如图 4-18 和图 4-19 所示），6 个地面控制点的坐标值如表 4-3 所示。

表 4-3 地面控制点坐标

测站名		坐标	95% 误差	固定状态	状态
000A	Lat.	30°20′37.96601″N	0.017		已平差
	Lon.	103°20′14.96220″E	0.019		
	Elv.	508.144	0.029		
000B	Lat.	30°20′37.94012″N	0.037		已平差
	Lon.	103°20′08.25001″E	0.031		
	Elv.	506.544	0.065		
000C	Lat.	30°20′42.49529″N	0.014		已平差
	Lon.	103°20′08.36832″E	0.016		
	Elv.	506.18	0.025		
000D	Lat.	30°20′45.40623″N	0	固定	已平差
	Lon.	103°20′13.52899″E	0	固定	
	Elv.	510.45	0	固定	
000E	Lat.	30°20′49.94927″N	0.034		已平差
	Lon.	103°20′15.45696″E	0.039		
	Elv.	510.015	0.066		
000F	Lat.	30°20′48.33246″N	0.023		已平差
	Lon.	103°20′06.76019″E	0.023		
	Elv.	508.794	0.042		

(7) 最后，选择"生成报表"，将本次试验的所有处理过程和计算结果输出生成报告。

4.3.3 缺少地面控制点试验

ENVI 图像处理软件配准功能提供了三种校正方式：RST（旋转、缩放和平移）、多项式拟合和 Delaunay 三角测量。其中，RST 校正最简单，需要三个或三个以上的 GCPs；多项式拟合法可选择 1 到 N 次多项式进行校正，可得到的次数依赖于所选的 GCPs 数，即 #GCPs > $(N+1)^2$。

在缺少（有 2~3 个）地面控制点的情况下，根据单幅无人机遥感影像范围内可获得的控制点个数，对无人机的飞行姿态参数进行调整，利用调整后的飞行参数对无人机遥感影像进行几何校正，以提高数据处理的精度。

1. 试验数据获取

选取 4.3.2 节地面控制点测量的部分实验结果（如表 4-4 所示），用于调整无人机的飞行姿态参数，然后进行几何校正。

表 4-4　控制点测量部分结果

测站名		坐标	95%误差	状态
000A	Lat.	30°20′ 37.96601″N	0.017	已平差
	Lon.	103°20′ 14.96220″E	0.019	
000F	Lat.	30°20′ 48.33246″N	0.023	已平差
	Lon.	103°20′ 06.76019″E	0.023	

2. 数据处理

选取控制点 A、F 调整飞行参数：偏航角 γ 和航高 H。

（1）对平乐第 569 幅无人机遥感影像进行无控制点的几何校正。

（2）根据地面控制点 A、F 在地面直角坐标系下的坐标值，计算理想情况下偏航角 $\gamma=0$ 时，图像坐标系下对应像点形成影像线 af 的斜率 k_{af}。

（3）根据校正后影像的分辨率要求（0.14m），计算影像线 af 的长度 l_{af}。

（4）计算在经初次校正的影像上，找到地面控制点 A、F 对应的像点 a'、f'，影像线 $a'f'$ 的斜率 $k_{a'f'}$，以及长度 $l_{a'f'}$。

（5）根据斜率 k_{af}、$k_{a'f'}$，计算 $\Delta\gamma=0.4°$，调整偏航角 $\gamma' = \gamma + \Delta\gamma$。

（6）根据长度 l_{af}、$l_{a'f'}$，计算 $\Delta H = -16.9\mathrm{m}$，调整航高 $H' = H + \Delta H$。

再经试验软件校正后，输出校正后的影像，如图 4-20 所示。

同时，选取地面控制点 A、C、D 调整各项飞行参数，用于提高几何校正精度。

图 4-20　利用 2 个控制点的几何校正结果

4.3.4 有地面控制点试验

为检验 4.3.1 和 4.3.3 节中无控制点和缺少控制点试验的影像校正结果，现采用基于野外实测的地面控制点利用多项式校正拟合的方法对同一地区影像进行几何校正，再将三者处理结果加以对比，进行质量评价。

1. 试验原理

通过采集一定数量且均匀分布的地面控制点 GCP，使用二元 N 次多项式来近似描述遥感原始图像的几何畸变过程，并利用畸变的遥感图像与对应的地面控制点 GCP，求解该多项式各个系数，建立遥感图像与参考图像或地图之间的对应关系。这种校正回避了传感器成像的几何过程，不考虑畸变的具体原因，只考虑如何利用控制点信息和多项式模型更为有效的校正影像的几何畸变。

2. ENVI 遥感图像处理软件

ENVI（The Environment for Visualizing Images）是美国 ITT Visual Information Solutions 公司的产品。它是一套采用 IDL 开发，为经常使用卫星和航空遥感数据的人员设计的，以满足其众多特定需要的图像处理系统。通过创新并友好的界面，ENVI 可以为任何尺寸和类型的图像提供全面的数据可视化与分析。

ENVI 可以快速、便捷、准确地从地理空间影像中提取信息；提供先进的、人性化的使用工具来方便用户读取、准备、探测、分析和共享影像中的信息。如今，越来越多的用户选择 ENVI 来从地理空间影像中提取信息，并广泛应用于科研、环境保护、气象、石油矿产勘探、农业、林业、医学、国防安全、地球科学、公用设施管理、遥感工程、水利、海洋、测绘勘察和城市与区域规划等行业。

ENVI 包含齐全的遥感影像处理功能：常规处理、几何校正、定标、矢量应用、GPS 连接、正射影像图生成、三维图像生成、多光谱分析、高光谱分析、雷达分析、地形地貌分析、神经网络分析、区域分析、丰富的可供二次开发调用的函数库、制图、数据输入/输出等。在图像预处理方面，ENVI 提供了多种自动预处理工具，可以快速、轻松地预处理影像，以便进行查看浏览或其他分析。通过 ENVI，可以对影像进行以下处理：正射校正、影像配准、影像定标、大气校正、创建矢量叠加、确定 ROI（感兴趣区域）、创建 DEM（数字高程模型）、影像融合、掩膜和镶嵌、调整大小、旋转及多种数据类型转换。

本试验将采用 ENVI 软件的配准功能，利用采集到的地面控制点对无人机低空遥感原始影像进行几何校正。

3. 数据处理

利用 ENVI 软件的配准（Registration）功能可以对图像进行地理坐标定位，或根据基底图像的几何坐标对其他图像进行纠正。它可以在显示窗口或适量窗口中交互式的选取地面控制点。校正可以采用多项式、Delaunay 三角测量或旋转、缩放、平移（RST）等方式进行。支持的重采样方法包括最邻近、双线性和三次卷积法。使用 ENVI 的多层动态覆盖功能，可以对基图像和校正图像进行比较并对配准精度进行快速评估。

使用"Select GCPs：Image to Map"选项选取用于图像－地形图配准的控制点。选取控制点的操作通常是在一幅图像的缩放窗口中进行的，一旦选择了足够用于定义一个校正多项式的控制点，就能够预测校正图像中的地面控制点 GCP 位置。其主要步骤如下。

（1）打开待校正的影像文件_MG_0569.jpg，并显示所有波段，如图4-21所示。

图4-21　影像文件_MG_0569.jpg 显示

第4章 缺少控制点的无人机遥感影像几何校正

(2) 选择"MAP > Registration > Select GCPs：Image to Map"，弹出"Image to Map Registration"对话框。在"Select Registration Projection"列表中，选择输出的地图投影类型：UTM（Universal Transverse Mecator Projection System，通用横向墨卡托投影），基准面为 WGS-84（World Geodetic System 1984 Coordinate System），单位米，如图 4-22 所示。

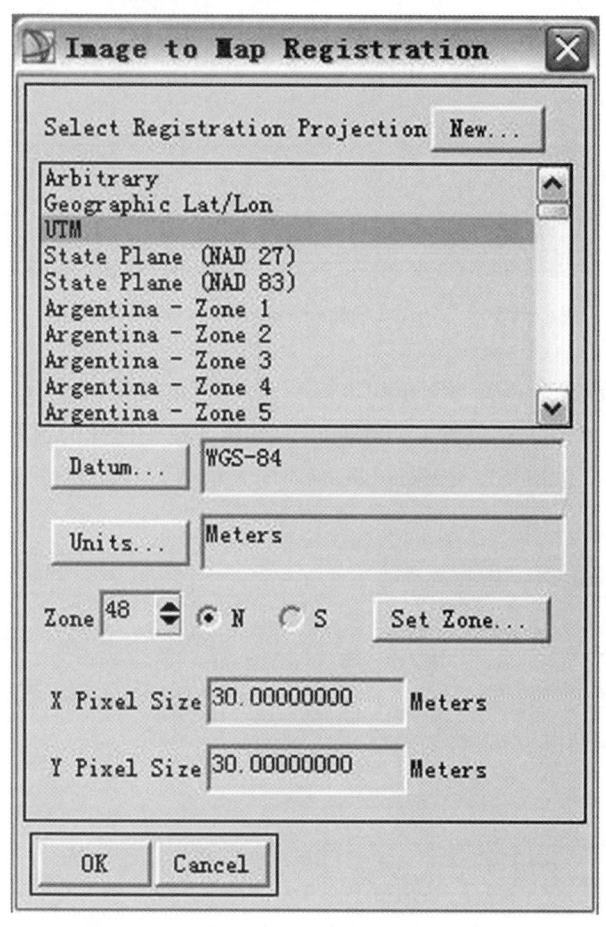

图 4-22 "Image to Map Registration"对话框

(3) 在"Ground Control Points Selection"对话框中，通过添加控制点的方式，在主图像窗口中，将缩放框移动到所需的 GCP 区域，选中缩放窗口中的一个特定像元或像元的一部分上，则在对话框中显示选择处的坐标在"Image X""Image Y"文本框中，并手工输入相应的控制点坐标，如图 4-23 所示。

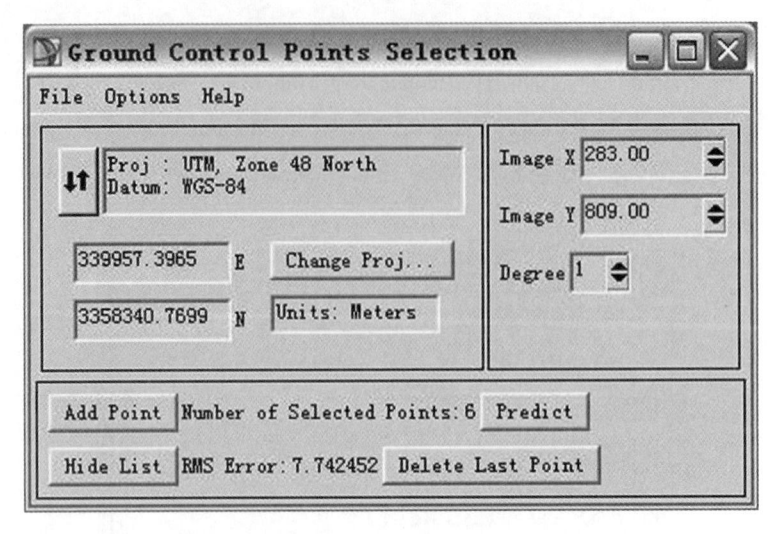

图 4-23 "Ground Control Points Selection" 对话框

（4）可通过"Image to Map GCP List"浏览所选的 GCPs 列表。当输入足够多（4个或4个以上）的控制点信息后，对所选校正图像的预测 X、Y 坐标，X、Y 的误差，RMS（Root-Mean-Square，均方根值）误差将被列在 GCP 列表中，如图 4-24 所示。

图 4-24 地面控制点 GCP 列表

（5）在"Ground Control Points Selection"对话框中，选择"Options > Warp File"，弹出"Registration Parameters"对话框。选择"Polynomial"（多项式）方式校正，选择"Bilinear"（双线性）方法进行重采样，并根据输出影像的实际设置 X、Y 方向的像素分辨率，如图 4-25 所示。

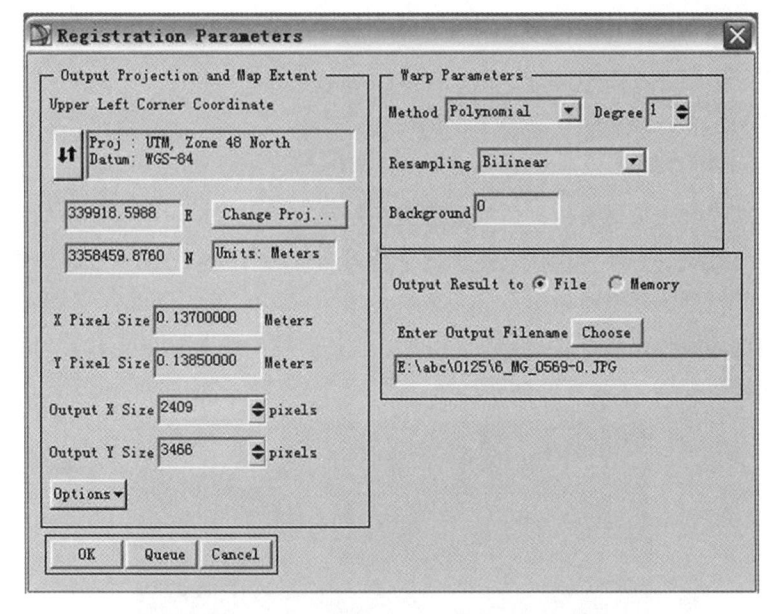

图 4-25 "Registration Parameters" 对话框

（6）最后，选择结果输出到"File"，并给出输出图像的路径和文件名。单击"OK"按钮就可以获得通过 GCPs 几何校正的遥感影像，如图 4-26 所示。

图 4-26 有控制点 ENVI 校正结果

4.3.5 质量评价与结果分析

通过三次试验，采用不同的校正方法对平乐镇中心区域的无人机低空遥感影像进行了几何校正。

为了能够直观、定量地检验，在缺少地面控制点的情况下，平乐镇中心区域无人机低空遥感影像的几何校正效果，采用多种方式对其进行了质量检验。

由于缺乏具有相同比例尺的正射影像或高精度的地形图，采用 ENVI 软件对平乐镇中心区域的有控制点几何校正影像结果，作为评价基于飞行姿态变化的无人机遥感影像几何校正模型的主要依据。

1. 叠加检验

叠加检验法是指将校正后的影像叠加到具有相同比例尺的正射影像或地形图上，通过观察水体、道路、建筑物等易识别要素的重叠情况，直观地判断校正影像的精度。现将原始影像（见图4-13）和校正后的影像（见图4-20）的透明度均改为65%，手动叠加到 ENVI 的几何校正结果图（见图4-26）上，结果如图4-27、图4-28 所示。

图4-27　原始影像与 ENVI 几何校正结果图叠加检验

图4-28　利用2个控制点的几何校正结果叠加检验

通过目视观察道路、房屋、地面停车场等匹配情况，可以发现，与原始影像相比，经几何校正的影像与 ENVI 几何校正结果图匹配程度较高，影像中部的重叠度比周围高。经几何校正，位于影像中部的地面停车场上的标志线基本重合，影像左右两侧的建筑物边缘匹配程度较低，出现了小幅度的错位。

2. 拼接检验

在遥感影像预处理的过程中，几何校正的目的之一就是实现相邻影像的配准和融合，因此，经几何校正的影像在配准过程中的拼接质量，可以在一定程度上反映影像的校正质量。这里采用的是平乐镇中心区域的两幅相邻影像（第569、570两幅），利用控制点信息，经 ENVI 软件几何校正，配准和融合，得到拼接好的影像作为评价依据，如图4-29所示。

图4-29　ENVI 几何校正后相邻影像拼接结果

对于缺少控制点几何校正后的影像，相邻两幅经手动拼接，获得的影像如图4-30所示，直观上判断，其影像间的拼接质量总体较好，局部（图4-30下端的房屋、草坪等）仍有不可避免的小幅度错位，但与原始影像的手动拼接结果（图4-31）相比，已有较为明显的提高。

图 4-30 利用 2 个控制点几何校正后的相邻影像拼接结果

图 4-31 原始的相邻影像拼接结果

3. 随机采样检验

通常情况下，随机取样检验是指从可获取到的高精度地形图上，读取影像中随机抽取的可识别点的经纬度，然后与它们在校正后的影像中经纬度做对比，计算每个点的误差值，以反映校正影像的精度。这里，首先在经 ENVI 软件几何校正的影像（见图 4-26）中选取了 9 个分布均匀的明显地物点，读取它们的像素坐标值，作为采样点用于评定校正的精度；然后从原始影像（见图 4-13）和无控制点几何校正后的影像中读取其相应坐标值，经过对 9 个采样点残差（残差分布如图 4-32、图 4-33 所示）的计算得到如表 4-4、表 4-5 所列的精度检验结果。

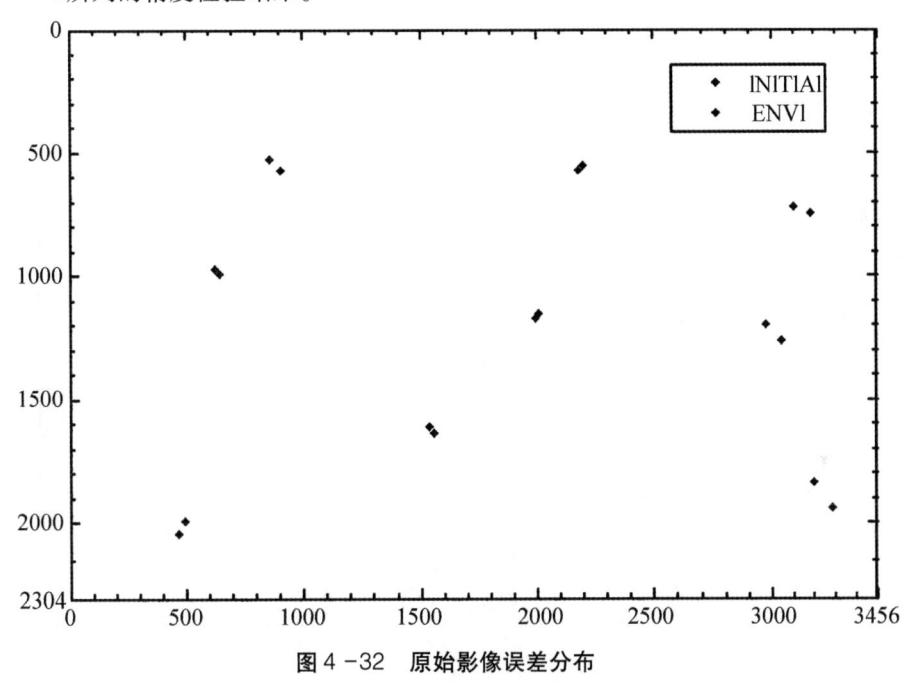

图 4-32 原始影像误差分布

表 4-5 平乐镇中心区域几何校正随机取样检验 （单位：PIX）

采样点	原始影像		ENVI 校正影像		X 位移	Y 位移	RMS
	X 坐标	Y 坐标	X 坐标	Y 坐标			
1	857	529	907	573	-50	-44	66.6
2	625	972	648	990	-23	-18	29.2
3	468	2043	496	1992	-28	51	58.2
4	2201	551	2178	571	23	-20	30.5

续表

采样点	原始影像		ENVI 校正影像		X 位移	Y 位移	RMS
	X 坐标	Y 坐标	X 坐标	Y 坐标			
5	2009	1153	1995	1169	14	−16	21.3
6	1553	1635	1537	1613	16	22	27.2
7	3165	743	3093	722	72	21	75.0
8	3041	1263	2977	1194	64	69	94.1
9	3257	1937	3182	1839	75	98	123.4

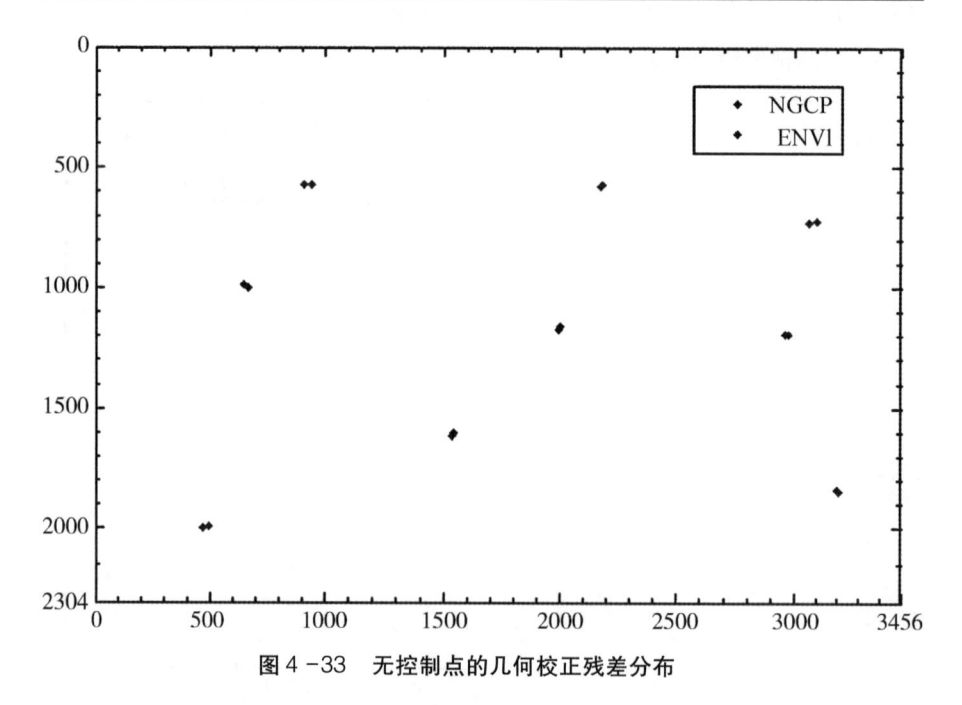

图 4-33 无控制点的几何校正残差分布

表 4-6 平乐镇中心区域几何校正随机取样检验 （单位：PIX）

采样点	无 GCP 校正影像		ENVI 校正影像		X 位移	Y 位移	RMS
	X 坐标	Y 坐标	X 坐标	Y 坐标			
1	938	572	907	573	31	−1	31.0
2	664	1000	648	990	16	10	18.9
3	470	1999	496	1992	−26	7	26.9
4	2175	576	2178	571	−3	5	5.8
5	1999	1160	1995	1169	4	−9	9.9

续表

采样点	无 GCP 校正影像		ENVI 校正影像		X 位移	Y 位移	RMS
	X 坐标	Y 坐标	X 坐标	Y 坐标			
6	1539	1603	1537	1613	2	-10	10.2
7	3061	727	3093	722	-32	5	32.4
8	2965	1191	2977	1194	-12	-3	12.4
9	3189	1846	3182	1839	7	7	9.9

由表 4-5、表 4-6 可以看出：

（1）所有像点在 Y 方向（东西向）上的位移在 10 个像素以内，在 X 方向（南北向）上的位移则最多达到 33 个像素。说明 Y 方向上像点的位移小于 X 方向上的位移，即像点坐标的经度值准确性高于纬度值。

（2）第 4、5、6 采样点的误差基本在 10 个像元以内，均位于影像的中部，距像主点 O（1701.2570，1142.9699）较近；其他 6 个点则分布在影像的两侧，与像主点的距离较远，它们的误差普遍较大。

表 4-7、表 4-8 分别统计出利用 2 个地面控制点 A、F 和 3 个地面控制点 A、C、D 调整无人机飞行参数实施影像几何校正后，9 个采样点中的最大、最小误差和中等误差。

表 4-7　利用 2 个地面控制点进行几何校正的处理精度（单位：PIX）

	2 个控制点校正影像		ENVI 校正影像		X 位移	Y 位移	RMS
	X 坐标	Y 坐标	X 坐标	Y 坐标			
最大误差	891	563	907	573	-16	-10	18.9
最小误差	2174	575	2178	571	-4	4	5.7
中等误差	2983	1203	2977	1194	6	9	10.8

表 4-8　利用 3 个地面控制点进行几何校正的处理精度（单位：PIX）

	3 个控制点校正影像		ENVI 校正影像		X 位移	Y 位移	RMS
	X 坐标	Y 坐标	X 坐标	Y 坐标			
最大残差	3082	728	3093	722	-11	6	12.5
最小残差	1993	1167	1995	1169	-2	-2	2.8
中等误差	2984	1198	2977	1194	7	4	8.1

4. 误差分析

利用 ENVI 软件几何校正的影像（9 个采样点数据）评价无控制点几何校正模型的精度，可以看出影像各区域存在不同程度的残差，对可能产生残差的原因进行分析。

（1）本试验输入的无人机低空遥感影像，是未经过传感器内部误差校正的原始影像。由于传感器本身存在镜头光学畸变和镜头装配误差等问题，会使获取到的遥感影像上的像点产生位移，且距像主点越远的像点位移越大。这种现象符合中心投影原理，也与试验数据处理结果相一致。

（2）几何校正模型的建立基于假设：传感器坐标系与机体坐标系完全重合，即 $R_{PS} = I$（I 为单位矩阵）。事实上，在安装过程中，传感器坐标系与机体坐标系各坐标轴不可能完全一致（或相对平行），存在一定的夹角，即 $R_{PS} \neq I$。传感器与机体的相对位置关系确定了两坐标轴的夹角大小，夹角的绝对值越大，影像上像点的位移越大，这将直接影响影像的最终校正结果。

（3）本试验影像校正时忽略了地形起伏和大气折射带来的影响。事实上，由于影像来自无人机低空遥感平台（试验飞行高度约 1000m），即使平乐镇地区地势平坦，但不可避免地出现因地物高度不一引起的几何畸变（离像主点距离越远位移越大）。因地形起伏、大气折射引起的误差对图像质量影响较小，但本次试验校正后的影像仍会存在此类误差。

（4）无人机飞控系统提供的飞行参数存在误差。理论上在每张影像的获取的同时，飞控系统记录下这一时刻无人机准确的飞行姿态。但事实上，二者不可避免地存在时间差，即飞控系统记录下的飞行姿态与影像获取瞬间无人机实际飞行姿态不完全一致。其次，飞控系统提供的量测数据本身也会存在一定程度精度误差。此类误差属于在几何校正模型应用时，就已经引入模型中，在整个校正过程中都会存在。

通过误差分析可知，经过无控制点几何校正的影像仍存在由其他因素引入的误差，图 4-33 和表 4-6 显示的残差分布情况与中心投影的成像规律相符合，由此说明本章建立的基于飞行姿态变化的无人机遥感影像几何校正模型是正确的。

参考文献

[1] 朱述龙, 史文中, 张艳, 朱宝山. 线阵推扫式影像近似几何校正算法的精度比较 [J]. 遥感学报, 2004, (03).

[2] 李立钢. 星载遥感影像几何精校正方法研究及系统设计 [D]. 西安：中国科学院研究生院（西安光学精密机械研究所），2006.

[3] 张云彬. 支持卫星遥感数据融合的影像定位理论与方法 [D]. 郑州：中国人民解放军信息工程大学，2004.

[4] 王伟玺. 基于广义立体像对的三维重建方法研究 [D]. 阜新：辽宁工程技术大学，2007.

[5] 秦绪文. 基于拓展 RPC 模型的多源卫星遥感影像几何处理 [D]. 北京：中国地质大学（北京），2007.

[6] 苏媛媛. 多源地理信息系统中几何纠正的设计与实现 [D]. 郑州：中国人民解放军信息工程大学，2005.

[7] 代军普. 大面阵彩色 CCD 数字航测相机数据处理软件工程化技术研究 [D]. 郑州：中国人民解放军信息工程大学，2005.

[8] 陈文凯. 面向震害评估的遥感应用技术研究 [D]. 兰州：中国地震局兰州地震研究所，2007.

[9] 陈闻畅. IKONOS 成像机理及立体测图精度研究 [D]. 武汉：武汉大学，2005.

[10] 徐文勇. 网络辅助定位的信号处理技术 [J]. 电信快报，2006，(11).

[11] 蔡丽娜，李长胜. 遥感图像的彩色增强 [J]. 测绘与空间地理信息，2005，(04).

[12] 陈鹰，林怡. 基于提升小波的影像变换与匹配 [J]. 测绘学报，2006，(01).

[13] 归庆明，姚绍文，顾勇为，郭建锋. 诊断复共线性的条件指标 - 方差分解比法 [J]. 测绘学报，2006，(03).

[14] B. Caprile, V. Torre. Using vanishing points for camera calibration [J]. International Journal of Computer Vision，1990，4（2）：127 - 139.

[15] Zhu Guobin, Dan G. Blumberg. An urban open space extraction method: Combining spectral and geometric characteristics [J]. Geo-spatial Information Science，2004，7（4）：249 - 254.

[16] Dakota A, Grejner Brzezinska. Direct exterior orientation of airborne imagery with GPS/INS system: performance analysis. Navigation，1999，46（4）：261.

[17] Richard. Hartley. Self-Calibration of Stationary Cameras [J]. International Journal of Computer Vision，1997，22（1）：5 - 23.

第5章 面向灾害应急的无人机遥感图像配准

无人机遥感图像处理主要包括图像几何校正、图像配准和图像拼接，其中，图像配准是图像拼接核心技术之一，图像配准精度很大程度上决定了图像拼接的质量。前面章节介绍了无人机遥感图像几何校正的相关技术，本章主要介绍无人机遥感图像配准技术和方法。

5.1 图像配准概述

5.1.1 图像配准分类

图像配准是对从不同传感器、不同时相、不同角度所获得的两幅或多幅图像进行最佳匹配的处理过程[1-5]。图像配准需要分析参考图像和配准图像上各个分量的几何畸变，而后采用一种适合的几何变换将两图像归化到一个统一的坐标系统中。其中，参考图像是作为配准的标准；而另一幅以参考图像为标准进行配准的图像为配准图像。通俗地说，图像配准技术就是把在同一场景拍摄得到的多幅图像进行对齐的技术，即找到两幅或者多幅图像之间的点对点映射关系，或者是对其感兴趣的特征建立关联[6-12]。例如在同一场景拍摄的两幅有重叠区域的不同图像，如果其实际的三维世界点 P 在两幅图像重叠区域中分别对应着二维图像点 p_1 和 p_2，图像配准将要做的就是找到二维图像点 p_1 和 p_2 之间的映射关系，或者二维图像点 p_1、p_2 与三维世界点 P 的关系。其中，二维图像点 p_1 和 p_2 可称为控制点（Control Points）、匹配点（Matching Points）或者对应点（Correspondence Points）。

根据文献[13]的分类方法，图像配准算法包含四个重要的元素：（1）搜索空间（Space of Search），其定义为用于描述配准图像和参考图像之间空间关系的变换或者映射函数所构成的一组或者一类解空间；（2）搜索策略（Strategy of Search），其定义为在搜索空间中搜索最优解时采用的策略；（3）特征空间（Space of Feature），其定义为用于配准的一组来自配准图像和参考图像的特征;(4)相似性测度(Similarity Metric),其定义为用于评估由搜索空间中某特定变换关系处理后的参考图像和配准图像之间相似程度的指标。

根据文献[13-14]可得出,从不同的观点出发,可以把图像配准分为许多不同的种类。例如从自动化角度划分,可以把图像配准分为自动配准、半自动配准和手工配准三大类别;而若按全局与局部划分,则又可把图像配准分为全局配准和点-点匹配两大类别。所以,按照不同的分类原则,图像配准可分为各不相同的许多类别,大致归纳如图5-1所示。

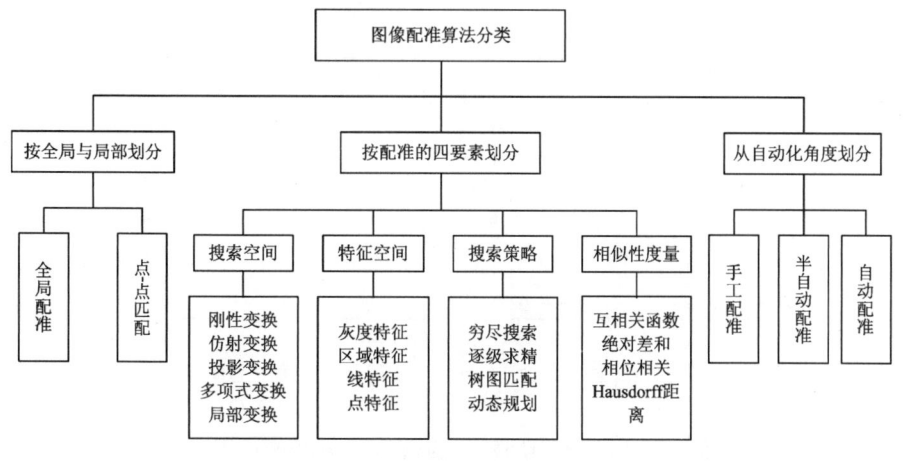

图5-1 图像配准方法分类

5.1.2 图像配准的模型

使同一个目标在不同图像上拥有相同的坐标就是图像配准的目的。假设二维数组$f_1(x,y)$和$f_2(x,y)$分别表示同一个地区的两幅不同图像,它们可能是由两个不同传感器,也可能是不同时间,又或者是从不同视角拍摄得到的两张图像。所以,这两张图像在数学上满足式(5-1)所示的关系:

$$f_2(x,y) = g[f_1(h(x,y))] \qquad (5-1)$$

式中,h表示二维空间的坐标变换;g表示辐射或者灰度的变换。找到最优的空域变换h和最优的灰度变换g使式(5-1)成立,继而再找到图像配准变换的参数就是解决了图像配准最本质的问题。通常情况下都是使用影像校正技术来实现灰度变换g。此外,在实际情况中,灰度变换的影响多数时间是不需要考虑的。而且还可以设计有针对性的配准算法来削弱甚至消除灰度变换对图像配准的影响。所以,图像配准的模型变换中最重要的环节是找出最优的空域几何变换h,下面将详细介绍。

一般情况下，参与图像配准的两幅图像分别是参考图像和待配准图。其中，参考图像是数据库中含有图像（例如早期已有图像、地图等）；待配准图像则是刚得到的需要与参考图像进行配准的图像，它也可能是同一时间以不同方式得到需要与参考图像进行配准的图像。通常，对于序列图像（例如无人机图像）是将第一帧图像当作参考图像，邻近的帧图像当作待配准图像的图像。在图像配准中，一般都不会从整幅上去搜索并配准，常用的方法如下：设参考图像为 S，其大小为 $M \times N$；待配准图像为 F，其大小为 $U \times V$，如图5-2和图5-3所示。

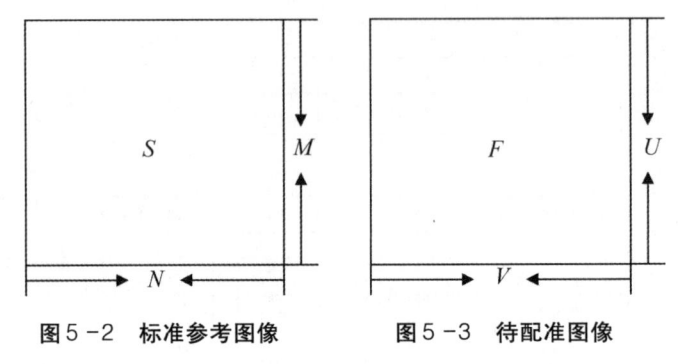

图5-2　标准参考图像　　　图5-3　待配准图像

一般情况，在待配准图像中的某一确定位置上截取一个大小为 $x \times y$（$x < u$，$y < v$）的图像用来与参考图像进行图像配准，这个大小为 $x \times y$ 的图像（称为 R）位置的选取应遵循以下两个原则：(1) 应选在特征明显的区域；(2) 应在图像信息比较丰富的位置选取。并且由算法需求、计算量和特征信息的含量等因素来决定图像 R 的大小。如果图像 R（如图5-4所示）能与参考图像进行准确的配准，那么图像 F 必定也能与参考图像进行准确的配准。

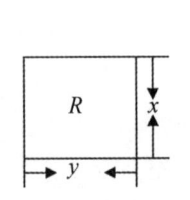

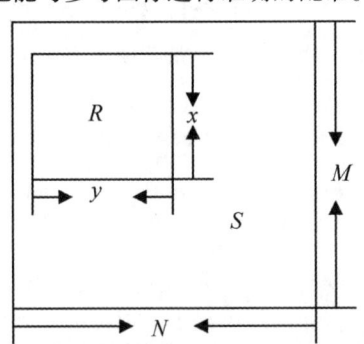

图5-4　待配准图像 R　　　图5-5　待配准图像落在标准参考图像内

第5章 面向灾害应急的无人机遥感图像配准

待配准图像 R 与参考图像 S 配准的结果有以下几种情况：（1）如果截取的待配准图像 R 完全不在参考图像 S 的范围内，那么就不能进行配准，所以应当重新在图像 F 中截取待配准图像 R；（2）如果截取的待配准图像 R 全部落在参考图像 S 内，此时，待配准图像 R 左上角第一个像素点就是准确的配准点，如图 5-5 所示，图中的黑点就是准确的配准点；（3）如果截取的待配准图像 R 只有一部分是落在参考图像 S 内的，那么将会有八种情况，如图 5-6 至 5-13 所示。如果是这种情况，则可根据粗略配准的情况调整截取的待配准图像 R，使其完全落在参考图像 S 内，这样就可回到第二种情况中，并进行配准。

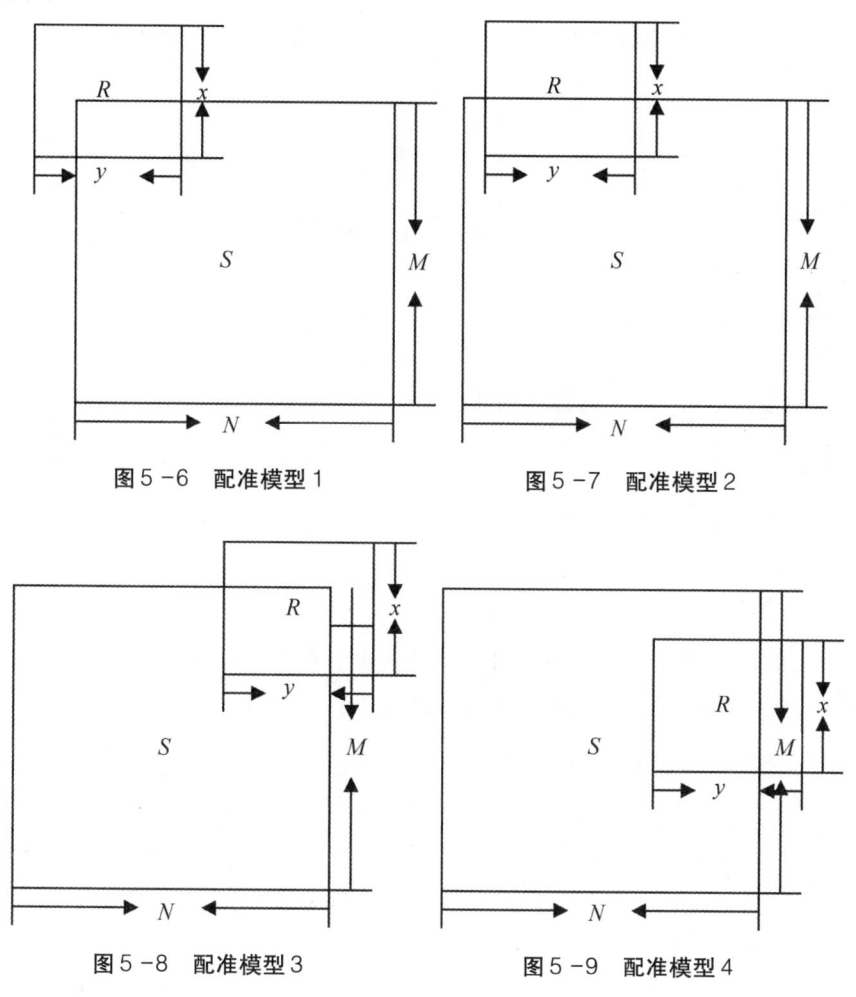

图 5-6 配准模型 1

图 5-7 配准模型 2

图 5-8 配准模型 3

图 5-9 配准模型 4

图 5-10　配准模型 5

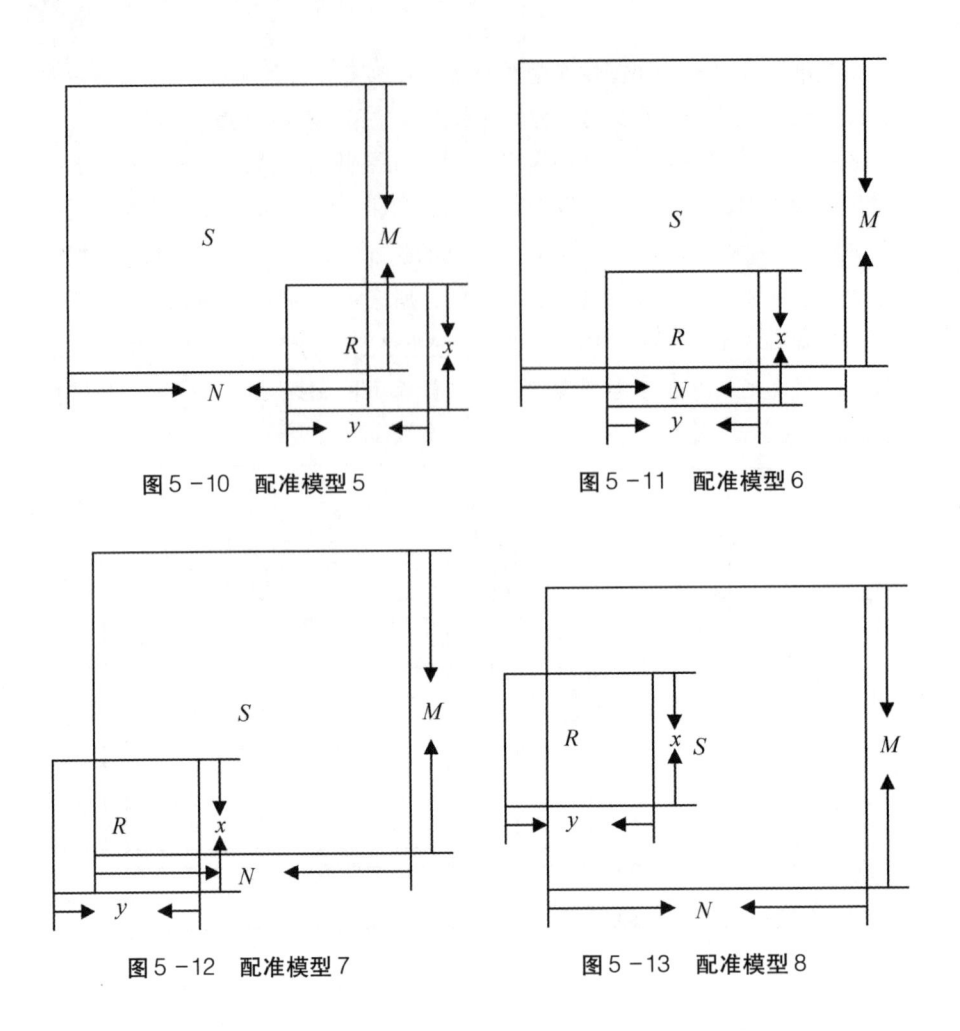

图 5-11　配准模型 6

图 5-12　配准模型 7

图 5-13　配准模型 8

5.1.3　图像配准的常用方法

根据图像配准过程中选用的不同特征类型，可以将图像配准分成两大类：基于区域的配准方法和基于特征的配准的方法。

1. 基于区域的配准方法

基于区域的配准方法，是指利用图像的整体灰度信息作为匹配依据的配准方法，其主要原理是设计一个相似算子，通过考察图像的特定的统计信息来计算图像的相似程度。基于区域的配准方法，又分为基于空间信息和基于频域信息两种方法[15]。

基于空间信息的配准方法发展较早，原始的算法一般是通过全局的灰度对比，采用搜索法来实现。其优点是原理简单容易实现，但应用面很窄，抗干扰能力很弱。近年来，这类方法有了很大的发展，改进的算法不断出现，比较有代表性的有交叉相关法（Cross-Correlation）、序贯相似检测算法以及著名的金字塔法。

Ronsenfeld A 等在 1982 年提出了交叉相关法，其原理是建立归一化的相关函数，如式（5-2）所示，采用模板搜索的方式，在模板达到最佳匹配位置时，相关函数将产生峰值。该方法有较高的精度，缺点是搜索的计算量较大，且对图像亮度变化较为敏感[16]。

$$C(u,v) = \frac{\sum_x \sum_y T(x,y) f(x-u, y-v)}{[\sum_x \sum_y f^2(x-u, y-v)]/2} \quad (5-2)$$

Barnea D. I 等人对交叉相关法做出了改进，提出了序贯相似检测算法（Sequential Similarity Detection Algorithms）。该方法采用更为简单的相关函数，并提出了序贯搜索的搜索策略，大大减少了原方法运算量，在效率上得到了较大的提高[17]。

由于基于空间的配准方法以整体相似性作为配准度量，所以在高分辨率的图像的配准中易受到计算速度的限制。Faugeras 等提出图像金字塔理论，使得这种情况有了很大改观。图像金字塔是以多分辨率来表示图像的一种手段，根据分解基础和程度的不同，分为高斯金字塔、拉普拉斯金字塔和小波金字塔等。通过金字塔分解，可以完成上述算法分步计算，实现低分辨率到高分辨率的迭代搜索，有效地减少了计算量，得到了非常广泛的应用[18]。

基于频域的配准方法主要是指由 Kuglin C. D 和 Hines D. C 在 1975 年提出的相位相关法。其原理是利用快速傅里叶变换（FFT），将待匹配图像转换到频域，通过计算和比较待匹配图像的互功率谱，得到表示图像相关系数的冲击函数。该冲击函数在图像达到最大匹配时将产生一个明显的峰值，以此来确定两幅图像的平移参数[8]。相位相关法以互功率谱的相位信息作为检测对象，对图像灰度变化不敏感，同时由于该算法采用快速傅里叶变换实现，在匹配速度上具有极大的优势。

2. 基于特征的配准方法

图像的特征是指可以用来建立图像间匹配关系的特定图像信息。目前，基于特征的配准方法是广泛用于图像配准的一类方法。由于可作为特征的图像信息种类较多，对于不同类型和不同需求的图像配准而言，选取不同的特征信息所达到的效果也有很大差异，所以衍生出了相当多种类的配准方法。总体来说该类方法都要经历特征提取、特征匹配两个阶段。根据选取特征的不同，又可以分为基于边缘特征和基于区域特征以及基于点特征的方法。

基于边缘特征的检测方法是常用的方法之一。其应用面很广，不只出现在图像配准领域，在图像分割和目标识别等领域也有着广泛应用。边缘信息是图像区域块的分割线，是灰度变化剧烈的相邻点的合集，是图像中极易辨识的特征之一，具有很高的稳定性。寻找图像边缘的过程，是计算图像灰度梯度的过程。目前常用的计算边缘梯度的算子包括 Robert 算子、拉普拉斯算子、Canny 算子等。相对而言，基于边缘的配准方法难度要大于特征检测，这也是基于边缘的配准方法在应用上的难点。

基于区域特征的方法是指对区域的灰度信息做统计特征的一种算法，该类方法中较为常用的是建立矩不变量，通过适当的表示方法，能适应旋转平移和缩放，具有一定的稳定性[19]。

由于采用了统计信息，不用对原图像信息做过多处理，保留了大量真实信息，避免了人为误差的引入。其缺点为对于亮度变化较为敏感，且具有较大的计算量。

基于点特征的配准方法，长期以来应用最为广泛，是变化最多和最具有研究价值的一种配准方法。其特点是用于匹配的最终检测结果是图像上一系列分布的点，可以很好地用于对准后的图像的空间变换模型的建立，因此具有很好的连续性。同时由于可用于建立检测的算子较多，使得基于点特征的配准算法成为多年来的研究热点。其中，具有代表性意义的有 Moravec 检测算子、Forstner 检测算子、SUSAN 检测算子、Harris 检测算子和 SIFT 特征等。前面几种算子具有相似的检测原理，以 Harris 检测算子为例，提取的特征点的多为边界的转折点，适用于轮廓转折比较多的图像。SIFT 特征基于图像局部特征，得到的极值点具有旋转不变和尺度不变的特性，对于各类变换都具有较好的稳定性。其缺点是其计算复杂，速度非常慢，实用起来有一定的困难。

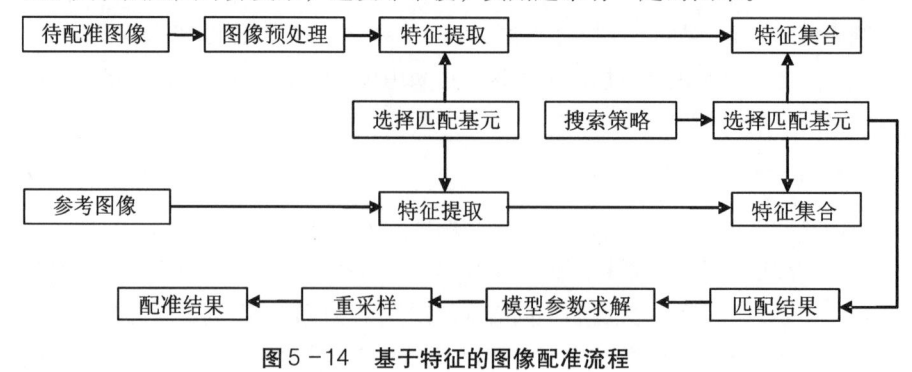

图 5-14 基于特征的图像配准流程

总体来说，基于特征的图像配准方法，难点一般在于特征的提取和特征匹配，特点是配准精度较高[20]。图 5-14 给出了基于特征的图像配准的流程。

5.1.4 图像配准流程

图像配准在各个领域都有着广泛运用，由于配准的对象和需求各不相同，所以步骤也不尽一致。本章主要针对无人机遥感图像的配准，给出配准的一般流程。一般来说，图像配准主要包括以下步骤。

（1）图像预处理：包括数字图像处理的基本操作，例如去噪、直方图处理等图像增强处理，在本章还包括图像的内外校正。该步骤目的是提升图像质量，为下一步处理做准备。

（2）特征提取：特征提取是图像配准的第一步，也是最关键的一步，特征提取的好坏直接决定图像配准后续工作的速度和精度，所以，特征提取非常重要。其主要工作是分别在参考图像和配准图像中进行同类特征的提取，这些特征可以是一片封闭的区域，也可以是区域的轮廓或者边缘，可以是线或者线的交叉点，还可以是角点（常用的特征）。但是，这些特征必须是图像中易于区分并且重要的部分。

（3）图像匹配：是把由特征提取得到的参考图像和配准图像的两个特征集通过一系列相似性度量，建立其中同类特征间的一一对应关系。最后将不匹配的特征剔除，将匹配的特征表示成对应特征的形式。就是采用一定的匹配策略，通过待匹配图像的相似对比，找出图像的空间位置关系。

（4）建立变换模型：包含空间变换模型种类的确定和模型参数的估计。通俗地说，图像配准过程就是不同图像之间的几何变换过程，而变换模型就是对这个变换过程的数学描述。即根据图像的变形特点，选取合适的空间变换模型，由图像匹配得到的信息，解算模型的各基本参数，最终确立图像各像素点的数学变换关系。

（5）坐标变换：将待配准图像的每个像素点根据建立的数学变换模型，计算变换后的坐标和像素值，经过图像插值和重采样，生成统一坐标下的配准图像。

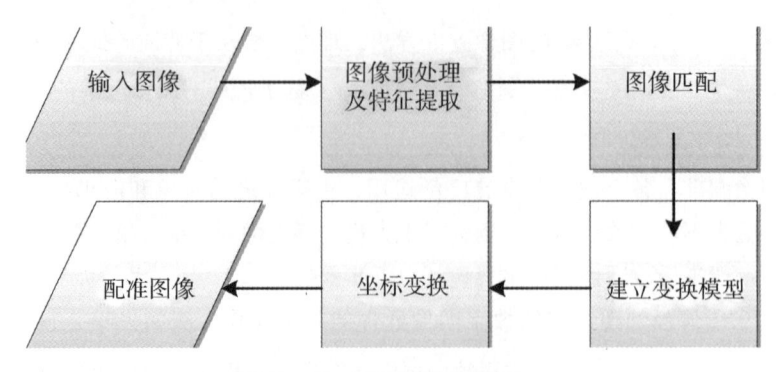

图 5-15　图像配准流程图

图 5-15 给出了图像配准的流程图。综合来看，图像配准的关键技术是图像匹配和空间变换，其中图像匹配是重点和主要难点。图像匹配工作的内容在整个流程中占有极大比重，其精度和速度对配准性能的优劣起到决定性作用。而空间变换的好坏，则影响到配准后的图像质量，也是一个重要环节。

5.2　分阶段匹配与二次分步搜索

本章主要结合面向灾害勘查的无人机遥感图像的特点和国内外的各类配准方法，从宏观上讨论适合与本章研究对象的配准方案。针对面向灾害勘查的无人机图像的特点，本章提出分阶段匹配的策略，将整个配准流程划分为粗匹配和精匹配两个阶段。

目前，无人机遥感应用虽然有着很多优势，但在特定灾害环境和复杂地理条件下，也暴露出了大量缺点，从而导致无人机遥感图像的配准技术存在技术难点和问题主要有以下几方面：

（1）为了追求时效性，无法选择良好的飞行时间。恶劣的飞行环境，导致影像倾角大且无明显规律，航向重叠偏小，灰度变化较大，使得图像相似度较低，给图像配准造成了极大的困难[7]。

（2）由于特定的环境和地理条件（例如滑坡、泥石流、地震），使得道路不通，人员难以进入，导致无法取得相应地区的控制点，使得校正难度大，直接影响图像拼接的质量，无法精确反映真实地貌。

（3）影像通常数量庞大，造成处理工作量大，效率低下。

针对上述问题，本章从以下两个方面进行研究：

（1）研究适应恶劣环境下的低质量无人机遥感图像的自动配准和拼接方法，同时为了提高实时性，要求具有较高的处理速度。

(2) 在缺少野外实测控制点和图像内容极度复杂的情况下，改善图像配准的质量，并尽量提高其反映真实地貌的能力。

5.2.1 分阶段匹配策略

5.1 节大致介绍了图像配准的几种方法，为了方便说明本章的匹配方案，再次做出归纳。根据配准依据分类，这些方法的主要特点可归结为以下几方面。

(1) 基于变换域的算法：主要是相位相关法，该方法最大的优势在于可以使用快速傅里叶变换实现，因此具有较高的计算速度；其缺点在于其检测结果为两幅图像的整体相位平移，不能反映局部的匹配信息。

(2) 基于区域空间信息的算法：优点是原理简单，易于实现，但通常以搜索的方式进行，计算较为复杂，抗干扰能力不强，常用于模板匹配。

(3) 基于特征检测的算法：可用于匹配的特征类型较多，具有较强的适应性，常用的如角点、轮廓、方向矩等。该类方法一般来说能达到较高的精度，但因为计算量大，匹配速度较慢。

根据以上分析，单一的任一种方法运用在低质量无人机图像的拼接上，由于算法本身特点或由于图像质量偏低，都存在以下问题：

(1) 匹配失效或者误匹配严重，在精度上无法满足；

(2) 单张匹配耗时较多，而图像数量巨大，使得整体拼接速度过慢。

综合以上，本章采取了一种分阶段匹配的策略，由粗匹配阶段和精匹配两个阶段构成，在精度得到保证的情况下，提高了图像的匹配速度。

粗匹配阶段使用了基于频域的相位相关法，利用其高速度的特点，快速检测出两幅图像的重叠区域。鉴于传统的相位相关法基于平移模型，无法完成存在相互旋转的图像的匹配，本章研究了在旋转状态下的图像的相位相关情况，提出了二次分步搜索，成功解决了其旋转匹配问题。

1. 粗匹配阶段：重叠区域检测

根据无人机遥感拍摄要求，原则上同一航带相邻两幅图像重叠率应在 60% 以上，相邻航带重叠率则应保证 40% 以上。但由于拍摄的条件限制，最终得到的图像呈现出不同的情况。如图 5-16 展示了两种不同的重叠区域形态。

图 5-16 重叠区域的两种形态：较理想的重叠和不规则的重叠

粗匹配阶段，主要做重叠区域检测的工作。无人机由于外界影响（例如气流），无法保证其实际航向与设定航向始终一致，而是存在一定的偏角（航偏角），从而导致图像的重叠区域呈现出多种不同形态。因此无法简单地确定两幅图像的重叠区域，必须通过匹配检测的方法予以确定。

在实现最终匹配前进行重叠区域检测基于以下几个理由：

（1）为保证匹配质量，应采用基于特征检测匹配方法，但基于特征检测的算法通常计算量较大，事先确定重叠区域可大大减少其计算量；同时由于特征范围的缩小，也能在一定程度上降低误匹配率。

（2）重叠区域检测，可较快地确定相邻图像的匹配关系，如果存在图像失真过高或者意外情况导致的航带断裂情况，可避免耗费时间进行无用计算，并能将信息快速反映出来，以便于人工处理手段的介入。

（3）可用于实现不同模式的匹配，即在时间要求过于严格的情况下，也能做出一定精度的匹配结果。

2. 精匹配阶段：特征检测和匹配

完成重叠区域检测后，将进行精匹配阶段。该匹配阶段的目的是在相邻图像重叠区域内部寻找更为精确的匹配关系。由于粗匹配时得到的结果仅为图像二者的整体位置关系，无法作为对图像的细节部分进行配准的依据，所以如果在粗匹配后直接进行图像变换，得出的结果在图像局部将会产生大量的"错位"现象，如图 5-17 所示。

图 5-17 "错位"现象示意图

精匹配阶段将采用特征检测和特征匹配的方法。在 5.1.2 节已经介绍过基于特征的匹配方法，在此只做简要分析。特征匹配首先要进行特征提取，其对象空间有很多种，其中最为常见的为边缘、形状、区域、角点。这几种特征空间各有特点，总的来说，提取的特征要满足以下条件：

（1）特征尽量明显和稳定，即区分度和区分能力要强；

（2）分布尽量均匀，以满足配准的均匀性；

（3）特征要易于比较和匹配，方便后期的配准过程。

基于边缘和区域的检测方法，一般要先对图像进行分割和边缘检测，计算量很大，同时在图像质量很差（存在强烈灰度差异、形变和遮挡物等）的情况下，其特征的匹配程度将受到很大影响。基于角点的检测方法，针对图像上的点进行计算，稳定性较强，并且检测后的变换模型基于控制点，非常容易建立。综合比较，本章认为采用基于特征点的检测方法最为合适。

由于该步骤将计算区域锁定于已经确认的重叠区域内，同时将重叠参数作为匹配条件之一，采用特征匹配的方法，使得其精度得到保证。进一步，使用点特征的匹配方案，为建立图像变换体系确立了基准点。

5.2.2 基于相位相关法的重叠区域检测

本节重点介绍用于重叠区域检测的相位相关法，并对其存在的缺陷进行讨论。

1. 相位相关法

相位相关法是基于变换域的方法中最常用的一种方法，由 Kuglin 和 Hines 于 1975 年提出[8]。该方法起源于信号处理领域，利用了傅里叶功率谱，将图像信息视为二维信号转换到频域处理。在此进一步做原理上的分析。

设 f_1 和 f_2 为两幅待匹配的图像，二者在内容上存在着一定的重叠。设二者在空间上存在且仅存在着平移关系，平移量为 (x_0, y_0)，即有：

$$f_2(x, y) = f_1(x-x_0, y-y_0) \tag{5-3}$$

将式（5-3）通过傅里叶变换转换到频域，根据相关性质有：

$$F_2(u, v) = e^{-j2\pi(ux_0+vy_0)} \cdot F_1(u, v) \tag{5-4}$$

根据功率谱的定义，有：

$$\frac{F_1^*(u, v) F_2(u, v)}{|F_1^*(u, v) F_2(u, v)|} = e^{-j2\pi(ux_0+vy_0)} \tag{5-5}$$

式中，F^* 为 F 的复共轭。将式（5-4）进行傅里叶反变换得到：

$$\delta(x-x_0, y-y_0) = F^{-1}\left[e^{-j2\pi(ux_0+vy_0)}\right] \tag{5-6}$$

最终得到式（5-5）为一冲激函数[8]，在 (x_0, y_0) 处有一峰值。因此确定了式中冲激函数的峰值位置，即可求出图像的平移参数 (x_0, y_0)。通过此平移参数即可确定两幅图像的重叠区域。图5-18 所示为典型的冲激函数图像。

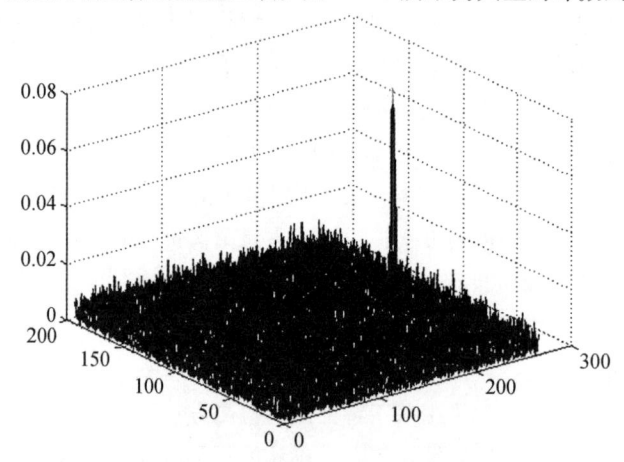

图5-18　冲激函数示意图

相位相关法借鉴了信号处理的基本方法，借助傅里叶变换将图像信息转化到频域，通过对其相位信息的相关比较，可以快速确定图像的位移参数。由于其研究对象是图像的整体相位信息，所以不受图像亮度差异和图像局部失真的影响，具有很强的抗干扰能力。

由于快速傅里叶变换的发展，相位相关法相较其他方法，具有非常明显的速度优势，得到了广泛应用。

综合其特点，相位相关法能非常好地满足重叠区域检测的要求。

2. 存在旋转的图像匹配方法

从其原理可以看到，传统的相位相关法基于平移模型，无法处理存在旋转和缩放等变换的图像。由于相位相关法具有易实现、计算速度快、较强的鲁棒性等优点，国内外学者一直在尝试将相位相关法和其他方法结合起来，以解决存在旋转和缩放等变换的图像配准上。这也是本章需要解决的问题之一，因此笔者也做了大量的尝试和研究。

目前基于相位相关法解决旋转匹配问题的方法，有搜索法、Hough 变换、极坐标变换等方法，以下对这些方法做介绍和分析。

1）搜索法

搜索法原理很简单，即规定一个搜索步长 $\Delta\theta$，然后在设定范围 ω 内，每旋转 $\Delta\theta$，进行一次相位相关检测，求取相关系数 k。完成所有搜索后，比较系数 k，当 k 取得最大时即是最佳匹配角度。

其优点在于原理简单、易于实现，同时比较稳定；缺点在于速度偏慢。并且对搜索步长 $\Delta\theta$ 的取值要求严格，步长太大则容易导致错过匹配位置；步长太小则增加搜索次数，增加计算量。

2）Hough 变换

Hough 变换在图像处理领域应用非常广泛，其基本作用是检测图像中的直线，改进算法则可以用于检测几何形状。其基本原理是通过边缘检测算子（通常使用 Canny 算子），将图像转换为二值图像[36]。然后做 Radon 变换：

$$R(\rho, \theta) = \int_{-\infty}^{\infty} f(\rho\cos\theta - \lambda\sin\theta, \rho\sin\theta + \lambda\cos\theta) \, d\lambda \qquad (5-7)$$

由式（5-7）得到投影函数 $R(\rho, \theta)$[36]。其中，θ 为 $[0, 2\pi]$ 内任一角度。

对于 Hough 变换下两幅图像 $R_1(\rho, \theta)$ 和 $R_2(\rho, \theta)$，计算其傅里叶变换后频域的幅度谱图像。由于幅度信息对图像内容的位移不敏感，此时两幅图像的旋转信息将完全转换为幅频图像的平移信息，通过相位相关检测，便可以得到两幅图像的旋转因子。

该算法相对于搜索法减少了计算量，但由于对图像内容的信息的利用率较低，应用于简单图像的匹配具有较好的效果，当图像内容复杂度增加并有大量失真时，该算法极易失效。

3）极坐标和 Fourier-Mellin（傅里叶-梅林）变换

在基于相位相关的旋转因子检测方法中，极坐标变换是最为常用的方法。在图像处理中通常使用的坐标系 (x, y) 为笛卡儿坐标系，在一些特殊情况下，需要用到极坐标系 (r, θ)[37]。r 表示距离，θ 则表示角度。设原图像的中心坐标为 (x_0, y_0)，两个坐标系的转换关系为：

$$\begin{cases} r = \sqrt{(x-x_0)^2 + (y-y_0)^2} \\ \theta = \arctan\left(\dfrac{y-y_0}{x-x_0}\right) \end{cases} \tag{5-8}$$

对于原图像中两点 $P_1(x_1, y_1)$ 与 $P_2(x_2, y_2)$，设其与中心坐标点 (x_0, y_0) 的距离相等，则二者的极坐标表示为：

$$\begin{cases} r_1 = \sqrt{(x_1-x_0)^2 + (y_1-y_0)^2} = r \\ \theta_1 = \arctan\left(\dfrac{y_1-y_0}{x_1-x_0}\right) \end{cases} \quad \begin{cases} r_2 = \sqrt{(x_2-x_0)^2 + (y_2-y_0)^2} = r \\ \theta_2 = \arctan\left(\dfrac{y_2-y_0}{x_2-x_0}\right) \end{cases} \tag{5-9}$$

比较二者，其 r 坐标相同，说明在原图像中的旋转关系在极坐标系下转化为 θ 的平移关系。因此通过相位相关法可以检测。

极坐标变换法的主要问题在于原图像往往不只存在旋转关系，还存在未知位移。在无法确定旋转中心的情况下，上诉方法失效。

Fourier-Mellin 变换（FMT）较好地解决了这个问题。设图像 f_1 与 f_2 存在旋转和平移关系：

$$f_1(x, y) = f_2(x\cos\theta_0 + y\sin\theta_0 - \Delta x, -x\sin\theta_0 + y\cos\theta_0 - \Delta y_0) \tag{5-10}$$

对式（5-10）进行傅里叶变换：

$$f_1(\omega_x, \omega_y) = f_2(\omega_x\cos\theta_0 + \omega_y\sin\theta_0, \omega_x\sin\theta_0 + \omega_y\cos\theta_0) e^{j(\omega,\Delta x, \omega,\Delta y)} \tag{5-11}$$

可以看出，若只取图像的幅度谱，则不包含未知位移 $(\Delta x, \Delta y)$，并且两幅图像具有相同的旋转中心。此时就可以利用上述的极坐标变换法求取其旋转角度了。其过程参考图 5-19。

该方法较好地处理了旋转问题的转化，充分利用了傅里叶变换的速度优势。其缺点在于主要的检测对象为图像的幅度谱，而图像经过傅里叶变换后其主要的特征信息保留于相位信息，幅度信息抗干扰能力较差，同时引入了极坐标变换，需要使用采样和插值技术，使得原图像信息进一步丢失，因此在复杂图像的匹配上有着很大的不足。本章研究对象为面向灾害的无人机遥感图，图像质量普遍偏低，因此使用 Fourier-Mellin 变换的效果较差。

（a）Lena 图像　　　　　　（b）频谱图像

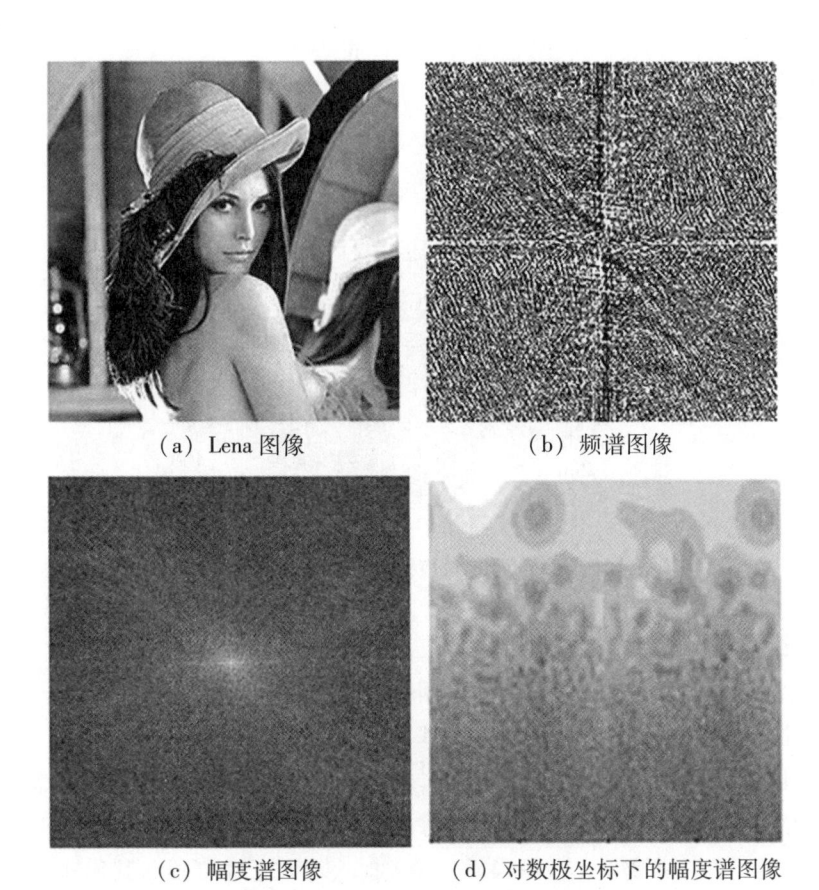

（c）幅度谱图像　　　　（d）对数极坐标下的幅度谱图像

图 5-19　FMT 角度搜索过程

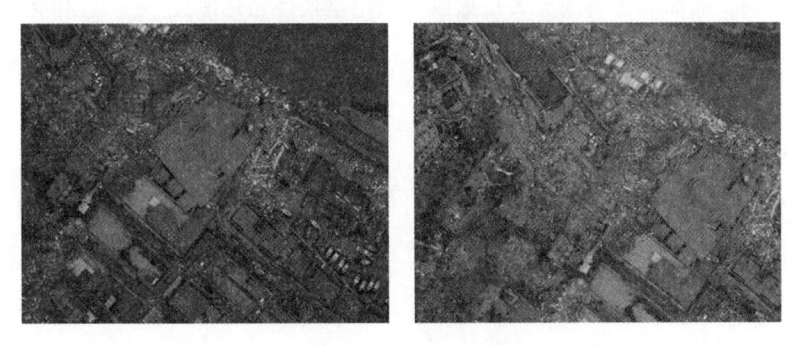

图 5-20　北川灾后图像

图 5-20 所示是两幅"5·12"汶川大地震后的北川灾区的图像。从画面上可以看到大量地震后的碎块，是比较典型的地震灾害图像。下面使用 FMT 变换检测角度，得到的相关冲击图像如图 5-21 所示。可以看出，峰值较小，

且分布杂乱，无法得出正确结果。

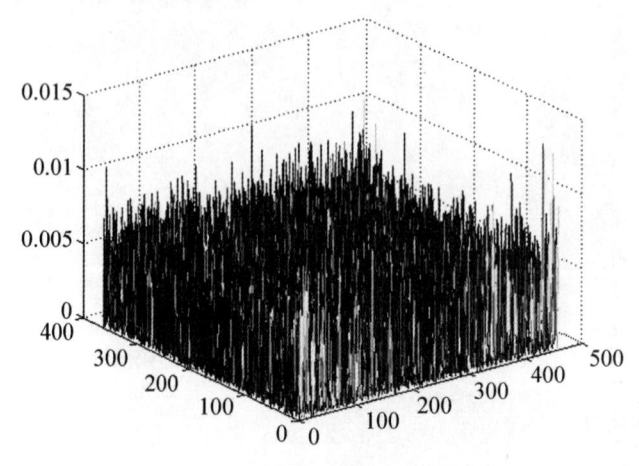

图 5-21　FMT 角度搜索相关冲击图像

近年一些学者对该方法做出了改进，例如 Matungka，R 和 Zheng，Y.F 等，但都未能从根本上解决该方法存在的问题[38~40]。

综上所述，目前使用较多的几种基于相位相关的旋转因子检测方法，用于无人机遥感图像的检测时，都有着各自的缺陷。在图像质量较好或没有未知位移图像的情况下，一些方法能达到较好的效果。其中极坐标变换和 Hough 变换法都需要用到坐标变换，在图像质量较差时（存在透视变形和其他非线性畸变），会进一步降低图像的相似度。换言之，上述方法对图像匹配对象的要求较为严格，而面向灾害的无人机遥感图像拍摄条件和环境较差，得到的图像质量普遍较低。本章进行了多次试验，使用上述方法得到的结果均不理想，不适用于无人机图像的匹配。

5.2.3　二次分步搜索法

1. 搜索策略的改进

前面对基于相位相关法的抗旋转匹配方法做了讨论，得出一个重要结论：针对相邻图像差异较大和图像复杂度较高的无人机图像，一个合理的配准算法应充分保留其相关信息。

基于该结论，为了减少图像信息的损失，本章考虑了搜索法。传统的搜索法原理很简单，采用遍历搜索的方式，即规定一个搜索步长 $\Delta\theta$，通常为需要达到的精度，然后在一定范围内进行遍历搜索匹配。其优点在于原理简单、易于实现，同时比较稳定，缺点在于速度偏慢。

如图 5-22 所示，考虑最简单，也是最具有代表性的一种情况，当图像发生旋转变形时，以图像中心为旋转原点，则旋转造成的最大位移误差可表示为：

$$\varepsilon \approx \sqrt{(a/2)^2 + (b/2)^2} * \sin\theta \qquad (5-12)$$

式中，a 和 b 分别为图像的宽和高；θ 为旋转角度。

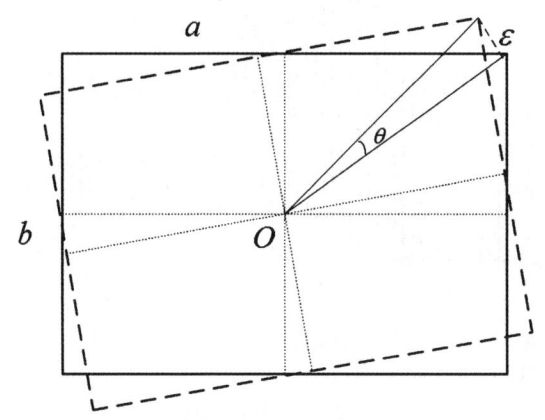

图 5-22 随旋转角度最大误差示意图

本章实验对象为 3456×2304 分辨率的无人机影像，通过计算可以得到表 5-1。由表中可以看出，当旋转误差为 1°时，图像达到的最大位移误差为 36 像素；当旋转误差为 0.1°时，图像达到的位移误差最大约为 3 像素。因此，要得到较好的检测效果，旋转角检测的精度不能低于 0.1°。

表 5-1 误差随角度变化数据

旋转角度 θ （°）	5	2	1	0.5	0.25	0.1	0.05
最大误差限 ε （pixel）	181.0	72.5	36.2	18.1	9.1	3.6	1.8

以遥感图像航偏角为 $\varphi = 15°$ 为例（为假定的航偏角得最大值，可根据实际情况更改），则有：

$$n = 2 * \varphi / \Delta\theta \qquad (5-13)$$

代入以上数据，得出 n 为 300，即要进行 300 次运算才能得出正确的满足精度要求的旋转角参数，需要大量时间。

本章通过大量实验总结，发现相位相关法有一定的容错限度，在 3°左右（根据图像质量会有一些偏差），即只要待匹配图像相对旋转不超过 3°，相位相关法检测得到的相关系数有较明显的峰值。图 5-23 所示是两幅待匹配图像使用搜索法得到的结果。

(a) 搜索步长 $\Delta\theta = 0.1°$

(b) 搜索步长 $\Delta\theta = 3°$

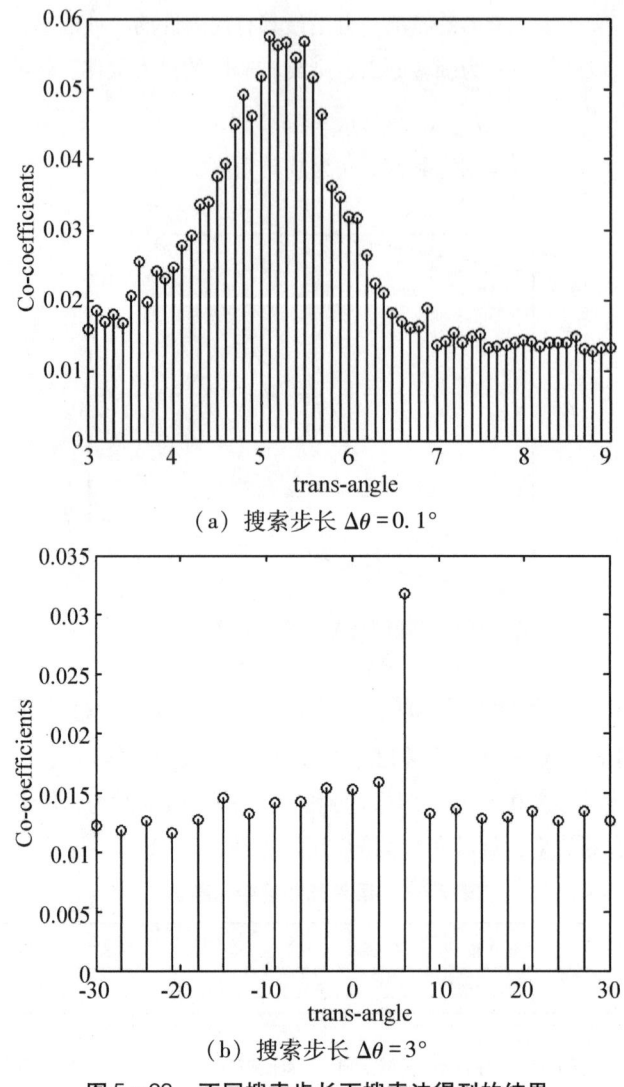

图 5-23 不同搜索步长下搜索法得到的结果

从图 5-23（a）可以看出，在 $\Delta\theta$ 较小时，检测得到的相关度值在一定范围（3.5~6.5）呈现波峰态；而在图 5-23（b）中，在 $\Delta\theta$ 较大时，可以看到 $\Delta\theta = 3°$ 时有一个明显的单独的峰值，而该峰值是落在图 5-23（a）波峰范围之内的。

利用相位相关法的这个特性，可以改进搜索策略，将搜索分为两步进行。首先是粗步长搜索，即采用 3° 为步长对旋转角度进行初步搜索，可以得到一个初值。通过上面的分析可以知道，精确的旋转角度将落在该初值的左右 3°

范围内。在此范围内进行精度步长搜索,即以 0.1°为步长搜索,可得到要求精度的精确角度值。

如果使用 $\Delta\theta = 3°$ 来计算,则需要进行运算的次数为:

$$n = 2 * \varphi / \Delta\theta = 2 * 15/3 = 10 \qquad (5-14)$$

加上做第二次搜索的次数:

$$n = 2 * \varphi / \Delta\theta = 2 * 3/0.1 = 60 \qquad (5-15)$$

总共需要的计算次数为 70 次,是传统的搜索法速度的 4.3 倍。同时可以推断出 φ 越大,速度提高得越明显。

2. 图像分辨率的降低和还原

由于 FFT 以及 IFFT 为逐点计算,所以相位相关法的计算量与图像分辨率大小有关系,图像尺寸越大,计算量越大;同时,由于无人机采集图像时的飞行姿态不稳定,所获得的遥感图像除了平移和旋转外,还存在着一定的几何畸变(主要是由于无人机的俯仰摆动以及光线折射引起),图像质量普遍偏低。即使是同一地物,在相邻像幅上的细节也有差别,因此直接对原图像进行相关计算,得到的结果误差有可能更大。

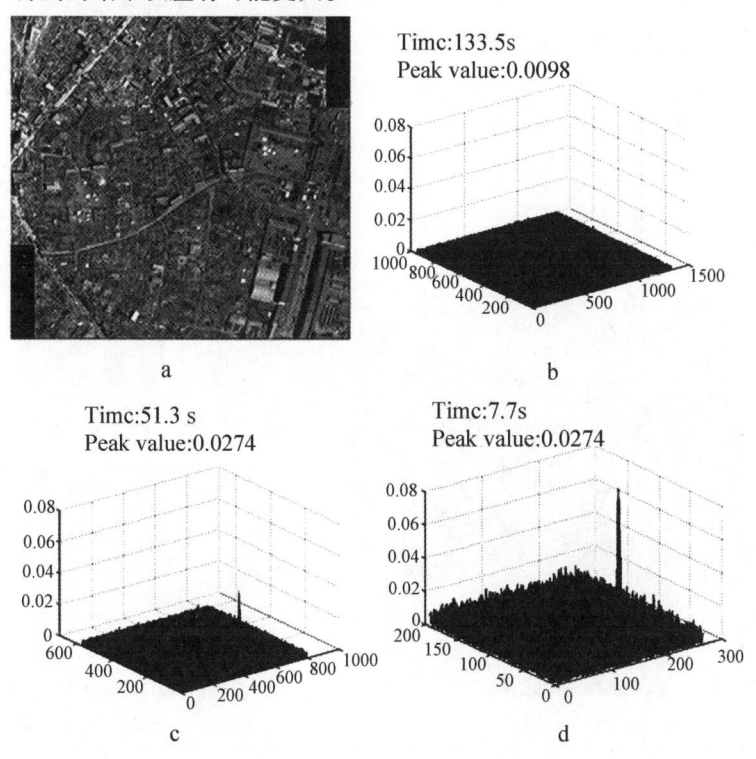

图 5-24 相关冲击峰值和计算时间跟不同图像分辨率的关系

图 5-24（a）所示是 2010 年 4 月玉树地震后拍摄的两张遥感图像，其中一张拍摄于 4 月 15 日，另一张拍摄于 4 月 17 日。由于拍摄时间相差较远，成像条件存在差异，导致两幅图像灰度上相差较大。本章对这两张图像在不同分辨率下的做了相位相关检测，得到结果如图 5-24（b）（c）（d）所示，其中图 5-24（b）（c）（d）分别表示原分辨率、1/2 原分辨率和 1/5 原分辨率下的检测结果。由图可以看出，在低分辨率下，相关冲激函数具有更明显的峰值。

考虑到上面因素，本章采用缩小像幅，对原图像的低分辨率图像进行相关度计算的方法，降低对图像细节的依赖，可以得到较大的检测峰值。经过检验，仍然能满足重叠区域检测的精度需要，而计算速度得到了成倍的提高。

在低分辨率图像下计算得到的参数后，需要将其还原到原图像。容易证明，其还原过程满足线性关系。若计算图分辨率为原始图像的 $1/k$（$k>1$），检测到的平移和旋转参数分别为 (x_0, y_0) 和 θ_0，则还原到原图像的参数分别为 $k(x_0, y_0)$ 和 θ_0。

在该过程中由于引入了缩放因子 k，将产生人为误差。解决的方法是做第二次检测。在第一次检测之后，可得到图像的粗略的重叠区域。在此重叠区域之内，选取合适大小的模板图像，进行第二次相关检测，可得到更为精确的平移参数 $(\Delta x, \Delta y)$，如图 5-25 所示，左边是低分辨率图像，右边是从原分辨率图像中提取出来的模板图像。

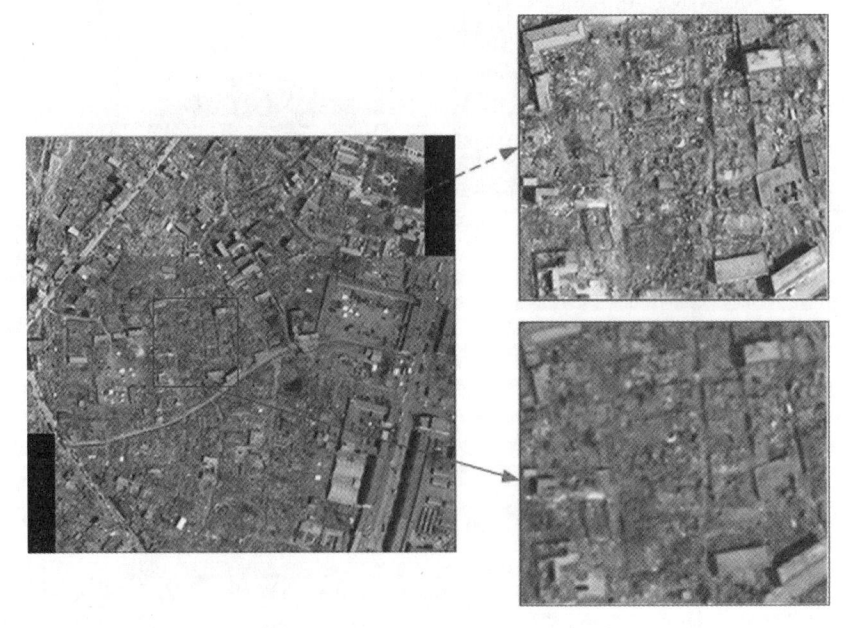

图 5-25　图像分辨率的降低和还原

将第一次检测得到的参数和第二次检测得到的参数进行代数和，即

$$\begin{cases} x = x_0 + \Delta x \\ y = y_0 + \Delta y \\ \theta = \theta_0 \end{cases} \quad (5-16)$$

得到最终的精确的参数（x，y）和 θ，通过该数据即可求出图像的精确的重叠区域。

3. 相位相关的误匹配判定

跟其他匹配方法一样，使用相位相关法进行图像匹配时，会存在误匹配的现象。产生误匹配主要是下面两种情形：（1）图像失真过于严重，导致相关信息被掩盖，使得计算得到的参数错误；（2）图像之间本来不存在匹配关系，但仍能得到一个相关值最大的位移和旋转参数，得出错误的匹配关系。

产生误匹配的概率由图像质量决定，针对质量较差的无人机遥感图像而言，误匹配的判定尤为重要。如果不能正确地区分出误匹配的图像，将导致精匹配阶段的无用计算，并且对整个航带的图像的配准也将产生影响。

判定误匹配的方法传统上采用人工判断，但本章以大量数据为研究对象，无法依赖人工，只能通过自动判断来进行。由于图像相关度与图像的分辨率、图像整体质量等都有密切关系，简单地通过图像相关度来建立判定条件，适应性不强。

如图 5-26 所示为使用相位相关法检测得到的正确匹配和误匹配的相关度冲激图像。通常来讲，正确匹配产生的冲激图像如图 5-26 左图所示，由于相位相关法的容错限度，在小范围内（几个像素）有着较为明显的峰值。而误匹配产生的冲激图像如图 5-26 右图所示，冲激分布紊乱，没有明显的峰值。

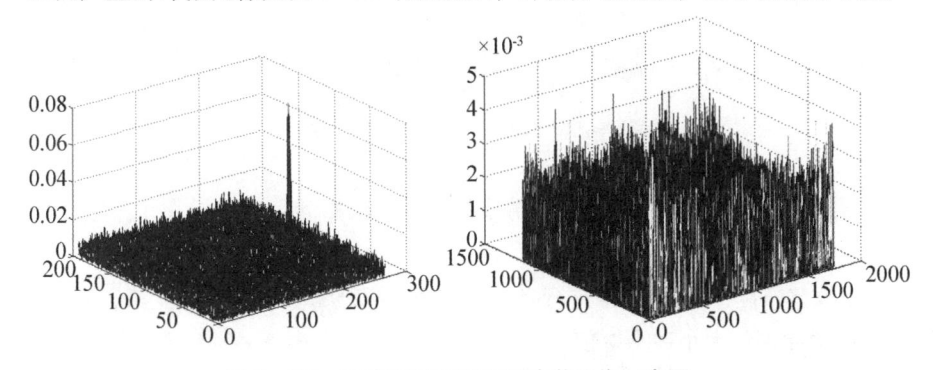

图 5-26　正确匹配和误匹配冲激图像示意图

根据上述特点，本章采取的判定误匹配方法是建立一个冲激分布的判定条件。设 s 为得到的冲激图像，(x_0, y_0) 为峰值对应点，则判定条件如下：

$$\begin{cases} \max(s) \gg \text{mean}(s) \\ s(u,v) < 0.5\max(s), \text{while } |u-x_0|>d \text{ or } |u-y_0|>d \end{cases} \quad (5-17)$$

式中，$\max(s)$ 为冲激峰值大小；$\text{mean}(s)$ 为冲激的均值；d 为距离因子，一般取 5~10。通过考察图像检测得到的冲激函数是否满足该判定条件，来判定得到的图像匹配信息是否属于误匹配。

该判定条件保证了取得的峰值的显著性和唯一性，且计算复杂度很低，非常容易实现。

4. 二次分步搜索

综合上面的讨论，本章采用了改进搜索策略后的相位相关搜索法，并在搜索过程中采用了降低图像分辨率的方式，提高了计算的速度，然后通过模板的再次检测将参数还原到原分辨率。在这个过程中，要经过二次相位相关检测，在旋转角度的搜索过程中又经历了粗搜索和精搜索两步，因此本章将该方法称为二次分步搜索法。

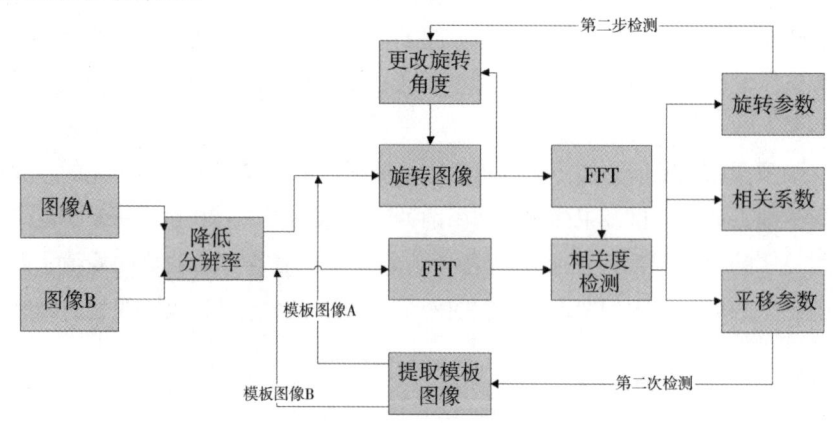

图 5-27　二次分步搜索法原理图

结合图 5-27，本章给出二次分步搜索法步骤如下。

1）第一次检测

（1）对两幅待匹配图像进行降低分辨率处理，缩小为原来的 k 倍，其中 k 值根据原始图像大小适当取值。

（2）确定粗搜索范围和步长：设搜索范围初始值 φ，φ 为正常情况下无人机偏转的最大角度，可根据实际情况选择。粗搜索步长为 $\Delta\theta = 3$，此为相位相关法搜索的容错值。

(3) 第一步搜索：由于初始范围为 φ，则实际的搜索范围为正负共 2φ。规定一个正方向，对配准图像进行旋转操作，在 $-\varphi \sim \varphi$ 间，每旋转度 $\Delta\theta$，做一次相关检测，并记录相关系数，最终得到一个最大相关值，记录此时的角度 θ_0。

(4) 第二步搜索：在以上面得到的角度值为中心的 $2\Delta\theta$ 度范围内进行精搜索，以要求的精度为步长 $\Delta\theta$，重复步骤（3），最终可以得到一个比较精确的偏转角度 θ_0 及平移参数 (x_0, y_0)。

2) 第二次检测

(1) 对旋转参数和位移参数进行还原，其中旋转参数不变，而位移参数放大为 $k(x_0, y_0)$。

(2) 通过上述参数，在待匹配图像上求取重叠区域。

(3) 在两幅图像的重叠区域内，选取相同位置和大小的样本作为模板图像。

(4) 对模板图像进行相关检测，得平移参数 $(\Delta x, \Delta y)$，与第一次检测得到的参数进行代数和，最终得到精确的旋转参数 θ_0 和平移参数 $(kx_0 + \Delta x, ky_0 + \Delta y)$。

最后，对于上述步骤中各参数，做以下说明。

(1) 缩放因子 k 的大小根据图像分辨率大小有所变化。理论上 k 值越小，计算越快，但如果取得过小，第一次检测的分辨率太低，则还原到原分辨率下人为误差也越大，因此需要合理选取。以本章研究的无人机遥感图像为例，典型的分辨率大小为 $3456 \times 2304\ pixel$，通常选取 $k = 0.1$。

(2) 搜索范围初始值 φ 为无人机图像可能出现的最大航偏角。由于二次分步搜索法的主要计算量在第二步搜索，所以 φ 的改变对搜索速度影响不大。同时，φ 值太小会导致个别大航向角的图像得不到正确结果。对于一般情况下的无人机遥感图像，取 $\varphi = 15°$ 较为合适。

(3) 搜索步长 $\Delta\theta$，分步讨论。第一步搜索为粗搜索，以相位相关法的容差限为步长，取 $\Delta\theta = 3°$。第二步搜索为精度搜索，应以精度要求为步长搜索。本章在试验中要求精度为 $0.1°$，因此通常取 $\Delta\theta = 0.1°$。

5.3 特征检测与伪控制点变换模型

粗匹配可以迅速检测到图像的重叠区域。此时两幅图像已经建立了一定的匹配关系，但总的来说无法满足无人机遥感图像信息提取和信息利用的精度要求，因此需要做下一步的精匹配。

特征点一般指带有明显图像特征，并集中反映图像信息的一类特殊的像素点。这类点具有较强的可辨识性和稳定性，因此可以用于建立不同图像的相同内容的匹配关系。寻找到特征点后还要寻求其对应关系，这也是一个非常重要的工作。不合理的点匹配方法可能导致检测到的有效特征点无用或者被误用，也可能导致无效的特征点被用于匹配关系的建立，导致图像配准的失败。

基于本章研究对象的特殊性，即图像质量差、难以校正和无控制点的特殊情况，本章在空间变换模型的建立上做了深入研究，提出改进方法。通过建立伪控制点变换模型，改善特征点的分布方式，并提高拼接后图像反映真实地物的能力。

5.3.1 Harris 角点检测算法

本章已经对基于特征的检测方法做了一定的介绍，常用作图像特征点的有 Moravec 检测算子、Forstner 检测算子、SUSAN 检测算子、Harris 检测算子和 SIFT 特征等，基于研究对象的特殊性，本章在该阶段采用 Harris 角点检测算法。角点是特征点中最为典型的一种，包含了丰富的区域特征和形状信息，接下来将做详细讨论。

1. Harris 角点检测算子

角点是基于特征的配准方法中较为常用的一种特征。但当前尚缺乏对角点的较为统一的数学定义。本章将角点作为对特殊像素点的一种描述性质的界定，通常是指图像中灰度变化极大的位置，从视觉特征上来看是指图像边缘的不连续变化点。

Harris 检测算子定义了任意方向上的自相关值，引入了表示自相关函数之间联系的自相关矩阵。设 $f(x, y)$ 为像素点 (x, y) 处的像素值，$E(u, v)$ 为选定的矩形区域中图像灰度的改变总量，有：

$$E(x, y; \Delta x, \Delta y) = \sum_{(u,v) \in w(x,y)} w(u, v) [f(u, v) - f(u+\Delta x, v+\Delta y)]^2$$

(5-18)

式中，$(\Delta x, \Delta y)$ 为窗口 w 向任意方向的位移；$w(u,v)$ 是高斯系数 $\exp\left(-\dfrac{(u-x)^2+(v-y)^2}{2\sigma^2}\right)$，用于高斯噪声滤波。

将 $f(u+\Delta x, v+\Delta y)$ 用一阶泰勒公式展开式为：

$$f(u+\Delta x, v+\Delta y) \approx f(u,v) + f_x(u,v)\Delta x + f_y\Delta y$$
$$= f(u,v) + [f_x f_y]\begin{bmatrix}\Delta x \\ \Delta y\end{bmatrix} \quad (5-19)$$

设 f_x、f_y 为 $f(x,y)$ 的偏导数，则有：

$$E(x,y;\Delta x,\Delta y) = \sum_{(u,v)\in w(x,y)} w(u,v)[f(u,v) - f(u+\Delta x, v+\Delta y)]^2$$
$$\approx \sum_W \left([f_x f_y]\begin{bmatrix}\Delta x \\ \Delta y\end{bmatrix}\right)^2 = [f_x f_y] M \begin{bmatrix}f_x \\ f_y\end{bmatrix} \quad (5-20)$$

式中，M 是 2×2 的对称矩阵，$M = \begin{bmatrix}A & C \\ C & B\end{bmatrix} = e^{-\frac{x^2+y^2}{2\sigma^2}} \otimes \begin{bmatrix}f_x^2 & f_x f_y \\ f_x f_y & f_y^2\end{bmatrix}$。

$E(u,v)$ 可近似作为局部自相关函数，M 则可以用来描述像素点 (x,y) 的角点值 $H(x,y)$。设 λ_1、λ_2 是矩阵 M 的特征值，则 M 的行列式和迹为：

$$\text{Det}(M) = AB - C^2 = \lambda_1 \lambda_2 \quad (5-21)$$
$$\text{Trace}(M) = A + B = \lambda_1 + \lambda_2 \quad (5-22)$$

基于对特征值的分析，在实际应用中，为了避免解算特征值的烦琐计算，Harris 和 Stephen 提出，角点响应值 H 可以通过式（5-22）[11]求出：

$$H = \text{Det}(M) - k\text{Trace}^2(M) \quad (5-23)$$

k 是人为设定的一个常数，由于一般需要通过实验来确定，所以被称为经验常数，一般的取值为 $0.04\sim 0.06$。另外，为了提高算法的鲁棒性，还设定了一个阈值 T，当 H 取得极大值并且大于这个阈值时，判定为角点。

上面是 Harris 算子相关的公式推导，下面形象地说明角点的选择方法。λ_1、λ_2 表示了局部自相关函数的极值曲率，因此，通过分析 λ_1 和 λ_2，可以判断点 (x,y) 是否为角点。具体判定方法如下。

假如得到的两个两特征值 λ_1、λ_2 都比较小，表示此时 w 窗口所处区域灰度变化很小，可以认为其灰度值近似常量，在图像上显示为平坦区域，如图 5

-28 左边图像所示。向任意方向移动，$E(u,v)$ 发生的该变量都很小。

假如其中一个特征值比较大，而另一个很小，则表明 w 窗口所在位置存在边缘信息，垂直于边缘的方向上 $E(u,v)$ 具有较大的变化量，平行于边缘方向则变化较小，如图 5-28 中间图像所示。

假如 λ_1、λ_2 都很大，则表明此时 w 窗口内包含一个尖峰信息，如图 5-28 右边图像所示，沿任意方向的移动都将使得函数 $E(u,v)$ 剧烈变化，(x, y) 可以判定为角点。

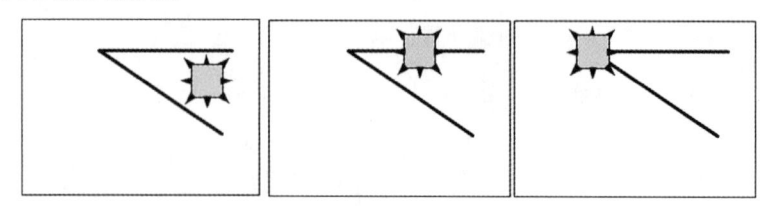

图 5-28 特征点的区域特性

2. Noble 角点响应函数

在最初的角点响应函数中，k 值是经验常数，其选取过程带有很强的随机性，如果要取得最优选取，则必须采用样本实验和人工判定的方法，具有较高的要求和使用限制，且增加了工作量；如果采用一般值，则无法适应图像状况的变化，不能保证取得最优的检测效果。

表 5-2 不同 k 值对应的角点数据

k \ noise	no	salt & pepper	gaussian
0.03	212	235	345
0.06	385	538	931

图 5-29 所示是不同 k 值检测得到的结果。从列方向看，第一列为 $k=0.03$ 时的检测结果，第二列是 $k=0.06$ 时的检测结果；从行方向上看，第一行为原图像，第二行加入了均值为 0.02 的椒盐噪声，第三行则加入了均值为 0，系数为 0.02 的高斯噪声。具体数据参见表 5-2。

从表中数据可以看出，在加入噪声后，由于 k 值不同，造成角点检测得到的数量发生了很大变化。因此不同质量的图像对 k 值的变化敏感程度差异较大。在实际操作中，k 值的选取对结果有重大影响。

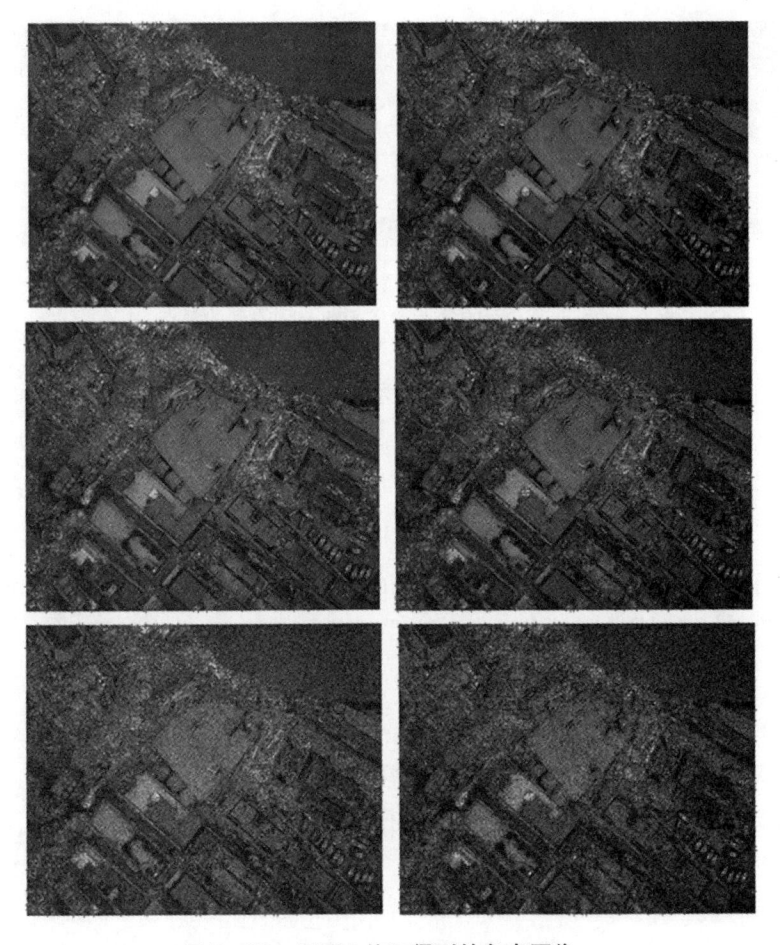

图 5-29　不同 k 值下得到的角点图像

Noble 在研究了经典的 Harris 角点检测算法后，考虑到 k 值的选取问题带来的局限性，对角点响应函数进行了改进[41]。分析原角点响应函数，为线性差值关系，因此可以采用比值形式对其进行改进。

改进角点响应函数如式（5-24）：

$$H = \frac{\text{Det}(M)}{\text{Trace}(M) + \varepsilon} \qquad (5-24)$$

式中，ε 是为了防止 Trace 为零而补加的极小数。经典的角点响应函数，角点为极大值，而对于新的角点响应函数，角点应在极小值中寻找。由于 Nobel 角点响应函数避免了 k 值的选取带来的不稳定性，具有较高的适用性。

(a) $N=392$　　　　(b) $N=421$　　　　(c) $N=471$

图 5-30　新的角点响应函数检测得到的角点

图 5-30（a）（b）（c）所示分别为原始图像，加入了均值为 0.02 的椒盐噪声和加入了均值为 0，系数为 0.02 的高斯噪声之后，采用新的角点响应函数得到的角点情况，相较于经典的检测方法而言，具有一定的稳定性。

5.3.2　角点匹配及其改进

角点匹配是指，以角点检测所得到的两幅图像的两个角点集合为范围，寻找到代表相同图像内容的点，建立匹配点序列。

1. 双向最大相关系数法（BGCC）

单个角点只是代表了单幅图像的特征信息，要将两幅图像的信息关联起来，就必须进行角点匹配。由于两幅图像的拍摄时间和拍摄条件不一样，尤其在图像质量偏低的情况下，提取得到的角点中往往包含大量的"单点"，即没有对应点的角点。"单点"的产生，有两个主要原因：（1）特征检测算子将一幅图像的噪声信息误判断为角点，而另一幅图像没有受到相同干扰；（2）其中一幅图像的特征信息被检测到，而另一幅图像相同像点处的信息被噪声所掩盖，检测不到角点信息。在匹配过程中，将会删除这些"单点"。

匹配的方法也有多种，比较常用的有 Hausdoff 距离匹配法、退火匹配法、随机采样提纯法（RANSAC）等方法。Hausdoff 距离匹配法和退火匹配法等存在稳定性不强的缺点，不适合无人机遥感图像的角点匹配。而 RANSAC 法虽然具有很强的鲁棒性，但采取了迭代算法，通过计算次数来换取精度，匹配速度较慢。考虑到综合性能，本章采用双向最大相关系数法（Bidirectional Greastest Correlative Coefficient，BGCC）作为匹配的主要方法[42]。

该方法的主要原理是通过计算角点及其相关区域像素的相关信息的相似度，来确定两个角点之间的匹配程度。并且，最终建立起匹配关系的两个角点必须在双向上都达到最大相似。由于该方法考虑了图像角点的灰度的区域相关性以及可能存在的亮度差异，所以具有较好的稳定性。

设大小为 $n*n$ 的窗口中，角点序列 i,j 的相关测度为 c_{ij}，给出其数学表达如式（5-25）[42]：

$$c_{ij} = \sum_{k=-n}^{n}\sum_{l=-n}^{n} \frac{(f_1(u_i^1+k, v_i^1+l) - \bar{f}_1(u_i^1, v_i^1)) \cdot (f_2(u_j^2+k, v_j^2+l) - \bar{f}_2(u_j^2, v_j^2))}{(2n+1)(2n+1)\sqrt{\sigma_i^2(f_1) \cdot \sigma_j^2(f_2)}}$$

(5-25)

式中，$\bar{f}$ 表示窗口内的像素点灰度的平均值：

$$\bar{f}(u,v) = \frac{\sum_{i=-n}^{n}\sum_{j=-n}^{n} f(u+i, v+i)}{(2n+1)(2n+1)}$$

(5-26)

σ 表示窗口的标准方差：

$$\sigma = \sqrt{\frac{\sum_{i=-n}^{n}\sum_{j=-n}^{n} f^2(u+i, v+i)}{(2n+1)(2n+1)} - \bar{f}^2(u,v)}$$

(5-27)

对图像 A 每一个角点，计算和图像 B 的角点的相关测度 c_{ij}，寻找使得 c_{ij} 达到最大值的对应角点。然后以图像 B 为对象重复上述步骤，最终得到的交集便是匹配角点对。

由于曝光不一样，两幅图像之间往往会形成灰度上的差异。为了消除这类差异，在实际操作中，先要对图像进行滤波处理，然后将原图与经过滤波的图像相减的结果作为操作对象。

图 5-31 和图 5-32 所示分别是重叠区域内部角点检测和匹配的结果。为了方便对结果的说明，作出了连接对应匹配点的匹配线。正常情况下，匹配线应当近似一簇平行线。分析图 5-32 所示的匹配结果，图中黄色的匹配线为有效的匹配，而红色的匹配线则为误匹配。

造成图中误匹配的原因是最大双向相关系数算子仅考虑了角点邻域的灰度相似性，当图像内容本身即有大量相似地物（例如图 5-31 中，地震后大量碎砾）时，易出现误匹配的情况。

图 5-31 重叠区域角点检测结果

图 5-32　BGCC 匹配结果

2. 匹配算法的改进

由于直接采用 BGCC 法，存在着误匹配现象，本章对匹配算法做了改进。采用分阶段匹配的算法，在角点检测之前已经做过图像的粗匹配，得到图像的位移参数（Δx, Δy）和旋转参数 θ。在角点匹配的初期，可以利用这两个参数，迅速建立起角点的初步匹配关系。

设 $P(x, y)$ 点为检测得到的图像 A 的一个角点，图像 A 的中心为 $O(x_0, y_0)$，则 P 点与 O 点的距离为：

$$r = \sqrt{(x-x_0)^2 + (y-y_0)^2} \qquad (5-28)$$

现假设图像粗匹配得到的位移参数和旋转参数足够精确，则根据变换关系，点 P 在图像 B 中的对应点坐标为：

$$\begin{cases} x' = r\cos\theta + \Delta x \\ y' = r\sin\theta + \Delta y \end{cases} \qquad (5-29)$$

实际的情况较为复杂，因为位移参数和旋转参数都可能存在着误差，所以需要做误差补偿因子 d。对于图像 B 中的任一角点 (u, v)，将其与 $P(x', y')$ 比较，如满足以下条件：

$$\begin{cases} |x'-u| < d \\ |y'-v| < d \end{cases} \qquad (5-30)$$

则说明满足初始匹配条件，即 (u, v) 为 $P(x, y)$ 的候选匹配点。图 5-33 所示为匹配过程示意图。

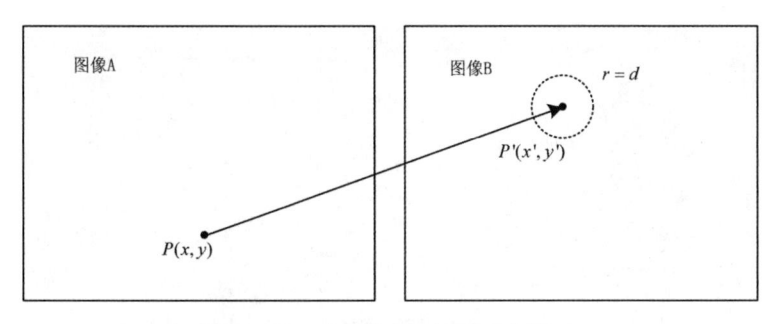

图 5-33　改进的角点匹配示意图

d 的取值可由图像质量和图像尺度来合理选取，取得过大则丧失意义，取得过小则易造成角点的误删除。例如，本章实验对象为 3456×2304 的无人机图像，在实验时 d 一般取 20~50。

通过上述手段，可以迅速将角点对应的候选匹配角点减少到极少数，而且计算非常简单，一方面大大提高了角点匹配的速度，另一方面也极大地减少了误匹配空间，对于角点匹配和整个配准流程都有重要意义。

总结上面的讨论和分析，本章采取的角点匹配步骤如下：

（1）对图像的重叠区域做角点检测，得到两个角点集（C_1，C_2）。

（2）对于 C_1 内的每一个角点（x，y），通过重叠区域检测步骤得到平移参数（Δx，Δy）和旋转参数 θ，计算其在图像 B 中的估计点（x'，y'），最终得到点集 C_1'。

（3）设定补偿阈值 d，对于点集 C_1' 的每一个点，考察 C_2 中角点与它的误差，若满足 $|f_i(C_2) - f_j(C_1')| < d$，将其记录为 C_1 对应点的候选匹配点，此时对于 C_1，每一个角点都在 C_2 中对应有候选匹配点集；如候选匹配点集为空，说明该点在 C_2 中不存在与之匹配的角点，为冗余点，删除。

（4）对 C_1 中剩余角点采用最大相关系数法，计算其与候选角点的相关系数 c_{ij}，选取 c_{ij} 达到最大时的点作为其匹配点，得到点集 C_{12}。

（5）对点集 C^B 的每一个点，重复（2）~（4）步骤，同理可以得到相应匹配点 C_{21}。

（6）比较 C_{12} 与 C_{21}，其交集即为最终的匹配角点集。至此，角点匹配完成。

下面给出使用改进后的匹配算法的匹配结果，如图 5-34 所示，可以看出有效地消除了位置关系差异较大的误匹配。

图 5-34　改进后的匹配算法的匹配结果

5.3.3　重叠区域分块和分块平移参数

Harris 角点检测可得到图像上一定数量的特征点，但当图像内容较为特殊时，将使得角点的分布不均匀，或出现大面积无角点分布的情况。角点较多地集中在灰度剧烈变化的地方，而图像变化平缓的地方则没有角点分布。此时，如果直接使用已匹配角点进行空间变换，将造成图像变换模型的"漏洞"，使得图像细节上无法完全对准。针对这个问题，本节提出重叠区域分块的方法，并通过分块平移参数的检测来取得其匹配信息。

1. 重叠区域分块

从特征点的计算方式来看，在多个方向上具有强烈灰度变化的点，才能成为角点。在特定图像中，由于图像内容本身不存在明显灰度变化，可能使得大面积内无法检测到角点。如图 5-35 所示为 2010 年 8 月 7 日舟曲特大泥石流灾害的一幅图像。图中标记部分，由于大面积分布泥石流灾害的流沙，无法检测到角点。

图 5-35　角点的不均匀分布

由于图像质量低下或者图像内容自身的原因，容易使得 Harris 角点检测出现角点分布不均匀，即出现角点过于集中在图像某些部分，而其他地方则缺少角点的情况。此时如果直接建立图像变换模型，在没有角点分布的地方容易产生匹配上的错位，影响图像质量。

为了解决这个问题，本章提出分块的方式。通过在重叠区域分块，可以区分出没有角点分布的区域，并采用其他方式建立匹配关系。

分块的过程比较简单，将重叠区域分为大小相等的方形区域，如图 5-36 所示。分块的大小代表了对重叠区域的调整程度，将影响图像配准的细节质量。因此理论上分块越小，其建立的变换模型越真实，但由此也会来带计算量的增加，所以应当选取适当的值。

本章经过大量的实验，对不同分块大小的效果做了研究。对于无人机遥感图像而言，分辨率多在 2000×2000 pixel~4000×4000 pixel 范围，较为适合的分块大小为 100×100 pixel~200×200 pixel。该值为经验值，可根据实际情况做一定的调整。

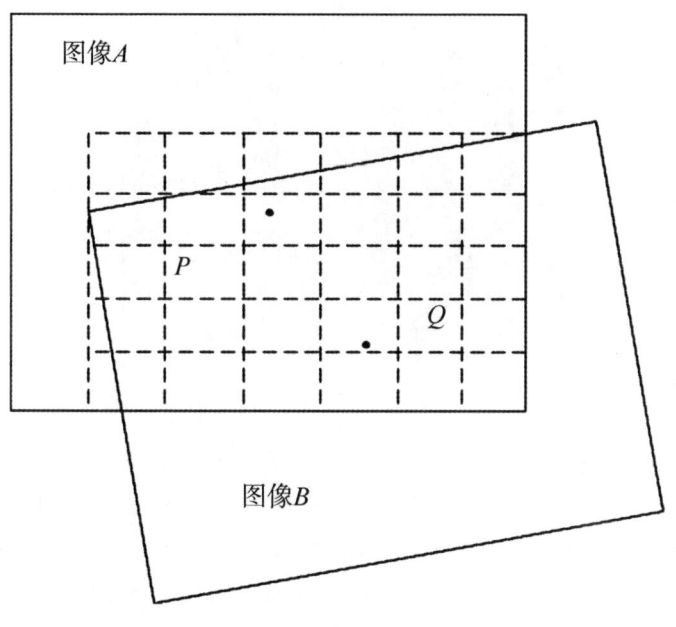

图 5-36　重叠区域分块示意图

图 5-37 所示是舟曲特大泥石流灾害的两幅无人机遥感图像的分块结果。本章在实际应用中采用了 200×200 pixel 的分块大小。

图 5-37　重叠区域分块结果图

2. 分块平移参数的计算

完成分块后,将对角点分布情况做进一步考察。为了保证变换后拼接的质量,相邻两幅图像的每一对应分块应至少包含一对匹配角点对。没有角点分布的区域将成为变换模型的一个盲区,无法保证变换的效果。

图 5-38　没有角点分布的分块示意图

在洪水、泥石流和滑坡等灾害中,常常会出现大块不具有明显边缘的目标,如水域、流沙等。此时,使用角点检测的方法只能得到较少且分布不均匀的角点。如图 5-38 所示,图中以圆圈标记的分块没有任何角点。在建立空间变换模型时,将缺少此类区域的信息。特别地,如果这种情况发生在边缘区域,则极易造成拼合处的错位。因此,应在此类区域进行其他形式的检测,以建立起两幅图像在该分块区域的匹配关系。

本章采用前面做重叠区域检测所用到的相位相关法来做分块区域的匹配。由于没有角点对分布,可以从一定程度上证明该类分块区域没有较为明显的特征,所以不宜使用基于特征检测的匹配方法。而与之相反,由于已经做了粗匹

第5章 面向灾害应急的无人机遥感图像配准

配以及角点匹配,两幅图像的整体关系已经予以确定,所以两幅图像的对应分块一般来说有相当大的重叠区域,检测可以得到较大的相关峰值。因此采用相位相关法可以得到更好的效果。

计算分块平移参数的过程跟之前进行重叠区域检测的过程大致相同,区别在于:(1) 由于是分块区域的计算,尺度很小,所以计算量较小,速度较快;(2) 不牵涉到旋转因子的检测,每个分块只需计算一次。

设 P 和 Q 为相邻图像对应分块,采用相位相关法计算二者相似度,可以得到分块 Q 相对于 P 的平移参数 $(\Delta x, \Delta y)$。设 P 的起始坐标为 (x_p, y_p),Q 的起始坐标为 (x_q, y_q),则有:

$$p: \begin{cases} x = x_p + a/2 \\ y = y_p + b/2 \end{cases} \quad (5-31)$$

$$q: \begin{cases} x = x_q + a/2 + \Delta x \\ y = y_q + b/2 + \Delta y \end{cases} \quad (5-32)$$

式中,a、b 表示分块的宽和高。

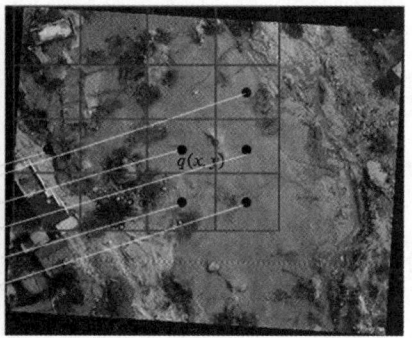

图 5-39 分块中心匹配点对

最终得到分块中心点对 (p, q),该点对表达了分块中心的位移关系。由于相位相关以整体相位偏移作为计算对象,所以该点对体现了分块 P 和 Q 内所有像素的平均位置关系。将该点对加入之前的已匹配角点对,作为反映图像匹配信息的特征点的一部分。图 5-39 所示是舟曲两幅图像的分块中心匹配示意图。

5.3.4 伪控制点变换模型

完成角点匹配后,下一步为图像变换。对于一般性质的图像拼接来说,其过程通常是一张图像为模板图像,即标准图像,将待配准的图像匹配后以模板图像为标准进行模型变换。标准图像，在遥感领域是指具有以大地坐标系为标准的控制点体系或已校正过的图像。在遥感图像的配准过程中，该步骤的做法是将待匹配图像以标准图像为基准，通过变换模型进行空间变换，这样同时也完成了对待匹配图像的校正。配准的效果以满足两个要求为目标：（1）变换后的图像能尽量反映真实的地物关系；（2）配准后的图像在进行图像融合后能完全匹配，即实现无缝拼接。

本章讨论的图像配准情况比较特殊，即要求在无控制点的条件下，完成图像的配准。因此并没有所谓的标准图像，变换模型的选取和变换方式将成为影响拼接后图像质量的重要因素。

下面首先介绍空间变换模型的几种建立方式，然后从内部畸变和几何变形原理为出发点，分析图像的畸变模型，以此为基础讨论变换模型的建立方式。

1. 空间变换模型

图像特征点完成匹配后，要进行图像的空间变换。首先需要建立图像像素点之间的映射关系，即变换模型。在图像拼接的整个流程中，需要用到变换模型有两个阶段。第一个阶段为图像预处理的图像校正阶段，变换模型用于无人机图像的镜头畸变校正（内部校正）和无人机姿态几何校正（外部校正）。图像的内部校正和外部校正，尤其是后者，是整个图像拼接的重点和难点之一，但不在本章重点研究的范畴之内，在第 3 章和第 4 章中已经做了详细的介绍，在此就不多做讨论。

需要用到空间变换的第二个阶段为图像配准阶段。得到重叠区域，并完成角点匹配以后，即完成了基本的图像匹配，但由于相邻图像拍摄时间和拍摄条件的差异，虽然有实际地物的重叠，但得到的图像会产生各式各样的畸变，导致相邻图像并不能完全重叠，如果直接进行拼接，即使做融合处理，也将产生明显的错位现象，解决的方法是进行图像变换，即将已匹配的图像角点作为输入数据，计算变换模型，实现图像变换。

空间变换模型有很多类型，以下介绍几种常用的模型。

1）刚体变换模型（Rigid Body Transformation）

刚体变换主要针对只存在旋转和平移的变换类型。其主要特点是两点距离不变，即图像 A 的任两点之间的距离，通过模型变换到图像 B 后保持不变。

图像 A 变换到图像 B 的变换矩阵为：

$$M = \begin{pmatrix} \cos\theta & -\sin\theta & \Delta x \\ \sin\theta & \cos\theta & \Delta y \\ 0 & 0 & 1 \end{pmatrix} \quad (5-33)$$

图像 B 中点 (x', y') 的计算过程为：

$$\begin{bmatrix} x' \\ y' \end{bmatrix} = \begin{bmatrix} \cos\theta & -\sin\theta \\ \sin\theta & \cos\theta \end{bmatrix} \begin{bmatrix} x \\ y \end{bmatrix} + \begin{bmatrix} \Delta x \\ \Delta y \end{bmatrix} \quad (5-34)$$

式中，θ 为旋转参数；(Δx, Δy) 为平移参数。刚体变换是最简单的一种图像空间变换，但适应能力较低。

2）仿射变换模型（Affine Transformation）

仿射变换相对于刚体变换增加了适应缩放的能力。其特点是直线不变和平行，即图像 A 中的平行直线变换到图像 B 后仍为平行直线。

其变换矩阵为：

$$M = \begin{pmatrix} m_0 & m_1 & m_2 \\ m_3 & m_4 & m_5 \\ 0 & 0 & 1 \end{pmatrix} \quad (5-35)$$

在求解时，需要 3 对不共线的点来解算这 6 个变换系数。

3）透视变换模型（Projective Transformation）

透视变换是摄影测量领域最具有代表性的一种变换模型，经常用作几何校正的变换模型，可以校正由于相机平移、升降、旋转、镜头缩放等造成的图像变形，具有较普遍的应用范围。

其变换矩阵为：

$$M = \begin{pmatrix} m_0 & m_1 & m_2 \\ m_3 & m_4 & m_5 \\ m_6 & m_7 & 1 \end{pmatrix} \quad (5-36)$$

其未知数增加到 8 个，因此在求解时，至少需要 4 对控制点。

4）非线性变换模型（Nonlinear Transformation）

非线性变换模型主要针对图像中的扭曲现象，其变换的特点是图像 A 中的直线变换到图像 B 中成为曲线。由于不再是线性变换，所以无法用矩阵的形式来表示。

其数学模型可以表示为：

$$(x', y') = F(x, y) \quad (5-37)$$

式中，$F(x, y)$ 为变换函数。由于非线性变换并没有一定的变换机理，所以变换函数可以多种多样，根据特征点的数量可以产生不同的变换模型。较为常见的是多项式变换，其表达式为：

$$\begin{cases} x' = a_{00} + a_{10}x + a_{01}y + a_{20}x^2 + a_{11}xy + a_{02}y^2 + \cdots \\ y' = b_{00} + b_{10}y + b_{01}x + b_{20}y^2 + b_{11}xy + b_{02}x^2 + \cdots \end{cases} \quad (5-38)$$

非线性变换在变换中用到的特征点越多,其变换精度越高,多项式次数也会随之变高,求解也越复杂。因此用于建立模型的点的数量可以根据需要来合理取舍。

在本章的配准过程中,由于图像的情况较为复杂,无法简单地用仿射变换模型和透视变换模型来处理,所以采用了非线性变换模型,通过特征点对建立多项式模型,来完成图像的空间对准。

2. 图像畸变模型

1) 内部畸变原理

摄像机的成像系统由于其物理构造,决定了其成像结果并不是理想的小孔成像,而是存在着镜头畸变,即实际影像跟理想影像之间存在着误差。镜头畸变的数学模型就是为了描述这类误差而建立的。针对镜头畸变模型,目前已经有了很多研究,由于并不在本章讨论范围,仅对其做简要总结。总的说来,镜头畸变可以分为如下三类。

(1) 径向畸变:造成该畸变的主要因素是镜头的曲率变化,使得图像产生以光心为原点的径向的失真[42]。

(2) 偏心畸变:造成该畸变的主要原因是镜头的装配一般来说存在误差,因此造成多个光学镜头的光轴不共线,导致图像变形的产生[43]。

(3) 薄棱镜变形:该变形为光学镜头和其他元件的物理制造误差[44]。

其中,径向畸变为主要的畸变类型,其数学表示为[45]:

$$\delta_{xr} = x(k_1 r^2 + k_2 r^4 + \cdots) \quad (5-39)$$

$$\delta_{yr} = y(k_1 r^2 + k_2 r^4 + \cdots) \quad (5-40)$$

式中,r 表示像素点到光轴的距离。

从畸变的数学模型来看,其畸变大小与 r 有着密切关系。其特点是成像的图像上离中心点越远的像素,其畸变程度越大。即为,在无人机遥感图像上离中心点越近的部分,其反映真实地物的能力就越强,反之则越弱。

2) 几何变形原理

几何变形为无人机飞行过程中飞机头部和机翼产生摇摆,造成拍摄时并非竖直摄影而形成的图像变形。并且由于不同时刻外方位元素不同,其变形程度也不同[47][48]。

如图 5-40 所示为沿无人机飞行方向的剖面摄影成像示意图,其中 $a'b'$ 为实际成像平面,ab 为竖直投影平面,AB 为地面(物平面)。理想的成像方式为 ab,但由于无人机飞行过程中并不能保证稳定的飞行姿态,所以实际的成

像平面为 $a'b'$。$a'b'$ 与水平面存在一定的角度，在飞行方向和其垂直方向上，分别为俯仰角和滚转角，但情况相同，下面以俯仰角 α 为例说明。

在做校正时，目标是尽量将待匹配图像（$a'b'$）校正为竖直投影图像（ab），这样可以保证所有航带图像都能较好地衔接。选取任一地物 P，它在 ab 中的投影为 p，在 $a'b'$ 中的投影为 p'。

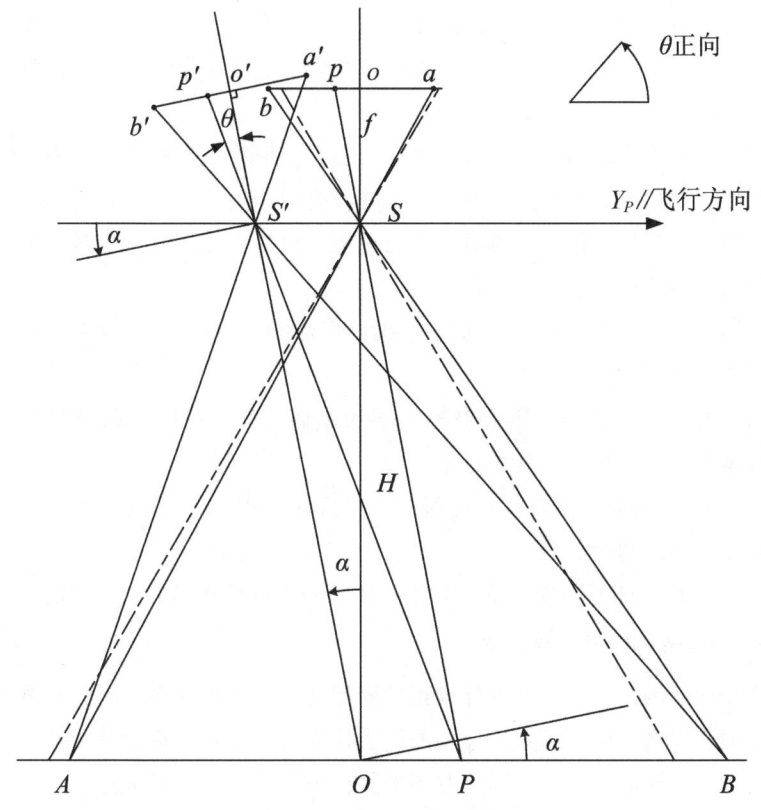

图 5-40　几何畸变原理图[49]

根据相似三角形定理，有：

$$\triangle opS \cong \triangle OPS \Rightarrow \frac{op}{OP} = \frac{f}{H} \Rightarrow op = \frac{f}{H} \cdot OP \quad (5-41)$$

同理，当 α 较小时：

$$\frac{o'p'}{OP} \approx \frac{f \cdot \cos\alpha}{H} \cdot \cos\alpha \Rightarrow o'p' = \frac{f}{H} \cdot \cos^2\alpha \cdot OP \quad (5-42)$$

则有

$$op = \frac{o'p'}{\cos^2\alpha} \Rightarrow r = op - o'p' = (1 - \cos^2\alpha) \cdot op \quad (5-43)$$

式中，r 为物点 P 成像后的理论像素位置跟实际位置的误差，从上述数学关系可以看出，物点 P 离成像中心越远，其成像后的误差越大。

3）图像的校正效果

尽管在无人机图像配准的预处理阶段，要进行内部畸变和外部畸变的校正，但在当前，尤其是恶劣环境下，校正的效果是极其有限的。

首先，仅凭内外两种方式的校正，并不能完全校正图像所产生的畸变。由于天气等原因造成光线折射而产生的非线性畸变，无法用上述任一种模型进行校正。

其次，要求内部畸变的校正模型有较高的准确度。从目前的研究现状来看，由于在模拟畸变模型上存在盲点，并没有通用的适应性强的校正模型。

最后，几何校正模型的参数只能通过无人机机身携带的传感器提供，在实际飞行过程中往往存在较大的误差。

总结前面的讨论，对于内部畸变和几何变形原理以及校正效果的分析，我们可以得出以下结论：

（1）做几何校正时，需要对整幅图像做插值运算。越靠近成像中心，校正时像素纠正幅度越大，反之越小。

（2）根据内部畸变的形成机理，越靠近成像中心，内部畸变带来的图像失真越小，反之越大。

（3）在目前的研究现状下，对于图像能做出的校正是非常有限的。

3. 分区域的空间变换策略

根据前面的讨论，经过内外校正的图像在反映真实地物方面仍有很大的不足。下面将提高图像反应真实地物的能力作为重点研究对象之一，时刻关注图像配准后的实际应用能力。因此对图像变换模型的建立做了研究。

在预处理阶段校正效果有限的情况下，往往两张图像中都存在一定的失真，如果直接以某张图像作为标准进行模型变换，并不能保证图像的质量得到改善，甚至有可能降低图像质量。

综合起来，在配准的变换方案中，应该充分利用畸变程度低的图像中心部分而舍弃畸变程度高的边缘部分。当两幅图像发生重叠时，其重叠度往往在 30%～70% 之间，因此重叠区域往往为一幅图像的偏中心部分到另一幅图像的偏中心部分之间，如图 5-41 所示。

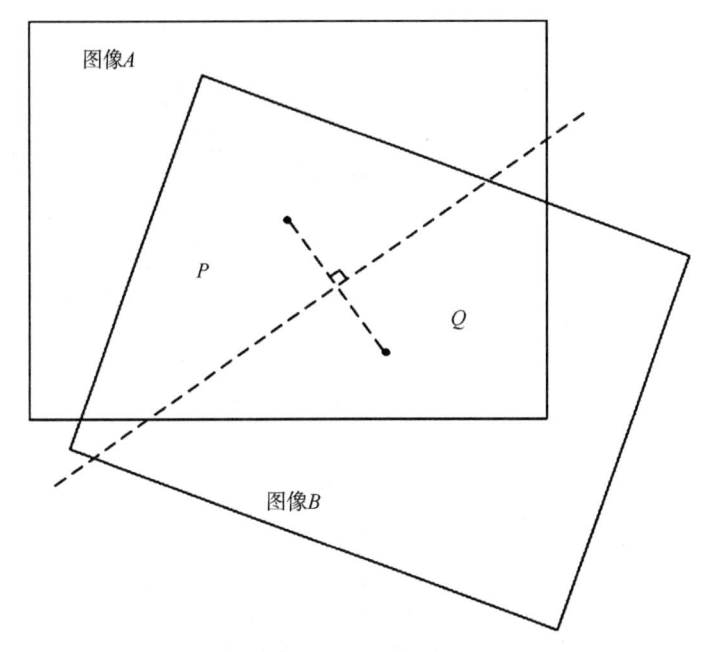

图 5-41 分区域变换示意图

因此，为了满足充分利用图像中心部分的原则，本章采取了分区域配准的策略。在图 5-41 中，P 区域和 Q 区域，是以图像 A 和 B 中心连线的垂线分割开来的区域。从宏观上讲，应以图像 A 的 P 区域为基准，实现图像 B 的 P 区域的变换；同时以图像 B 的 Q 区域为基准，实现图像 A 的 Q 区域的变换。

如图 5-42 所示，设 (p, p') 为相邻两幅图像 A 和 B 的任一对已匹配的角点对，p 点到图像 A 中心点 O 和到图像 B 的中心点 O' 的距离分别为 r_{po} 和 $r_{po'}$，p' 点到 O 点和 O' 的距离分别为 $r_{p'o}$ 和 $r_{p'o'}$。

由于 (p, p') 为一对匹配点，有：

$$\begin{cases} r_{po} \approx r_{p'o} \\ r_{po'} \approx r_{p'o'} \end{cases} \tag{5-44}$$

则有

$$\rho = \frac{r_{po}}{r_{po'}} = \frac{r_{p'o}}{r_{p'o'}} \tag{5-45}$$

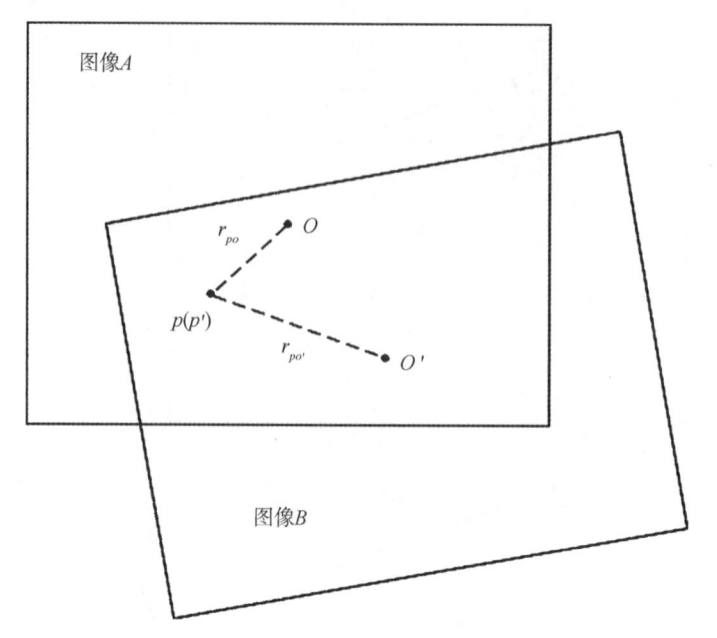

图 5-42　分区域变换标准判定示意图

其中 ρ 表示 p 或 p' 到两图像中心的距离比，根据变换原则，有：

(1) 若 $\rho < 1$，则 p 为变换标准点；

(2) 若 $\rho \geq 1$，则 p' 为变换标准点。

图 5-43　分区域变换角点判定结果

图 5-43 所示是角点判定结果，其中红色加号标记的角点为图像 A 标准的角点集，而蓝色小圈标记的为图像 B 标准的角点集。

在建立空间变换模型的时候，将分别对 A 标准角点集和 B 标准角点集建立变换模型。因此实际的图像变换需要进行两次。

4. 伪控制点变换模型

综上所述,我们采用改进的空间变换模型。该模型以多项式变换为原型,通过计算角点与图像中心的距离比,加入变换标准的控制,用于建立变换模型的特征点集,包括 Harris 角点和重叠区域分块后的分块中心。由于分区域配准策略的产生,起到了一定的校正作用,与控制点作用相似,我们将其称为伪控制点,而建立的空间变换模型,称为伪控制点变换模型。

伪控制点变换模型要经过重叠区域角点检测、重叠区域分块、分块中心位移检测、伪控制点变换标准分类以及建立多项式变换模型几个主要过程。

如图 5-44 所示为建立伪控制点变换模型的流程图,为便于理解,下面结合流程图给出详细的步骤。

(1) 由粗匹配已经得到了重叠区域。在该区域内,分别对图像 A 和图像 B 进行角点检测和匹配,得到相应的匹配角点集 H。

(2) 将重叠区域划分为若干区域,尽量保证区域的大小相同,否则下面的变换可能无法完全消除错位拼接。区域的大小可根据重叠区域的大小做适当调整。

(3) 检查所有分块,看是否满足每个分块内至少有一对已匹配的角点对,如满足,进行步骤 (5);如果不满足,则需要进行步骤 (4)。

(4) 对于每一个没有角点对分布的分块,以分块为大小,对图像 A 和图像 B 两图的该分块区域做小区域的相位相关检测,得到一对分块中心点对,加入步骤 (2) 得到的角点对 H。最终得到的所有伪控制点矩阵 H,包含所有匹配角点对和分块中心点对。

(5) 对于每一伪控制点对,计算其相对图像 A 中心和图像 B 中心的距离比 ρ。如果 $\rho<1$,则将该点对放入矩阵 H_A;如果 $\rho \geq 1$,则放入矩阵 H_B。

(6) 对于矩阵 H_A,以图像 A 中的伪控制点作为标准点,建立多项式变换模型;对于矩阵 H_B,则以图像 B 中的伪控制点作为标准点,建立多项式变换模型。

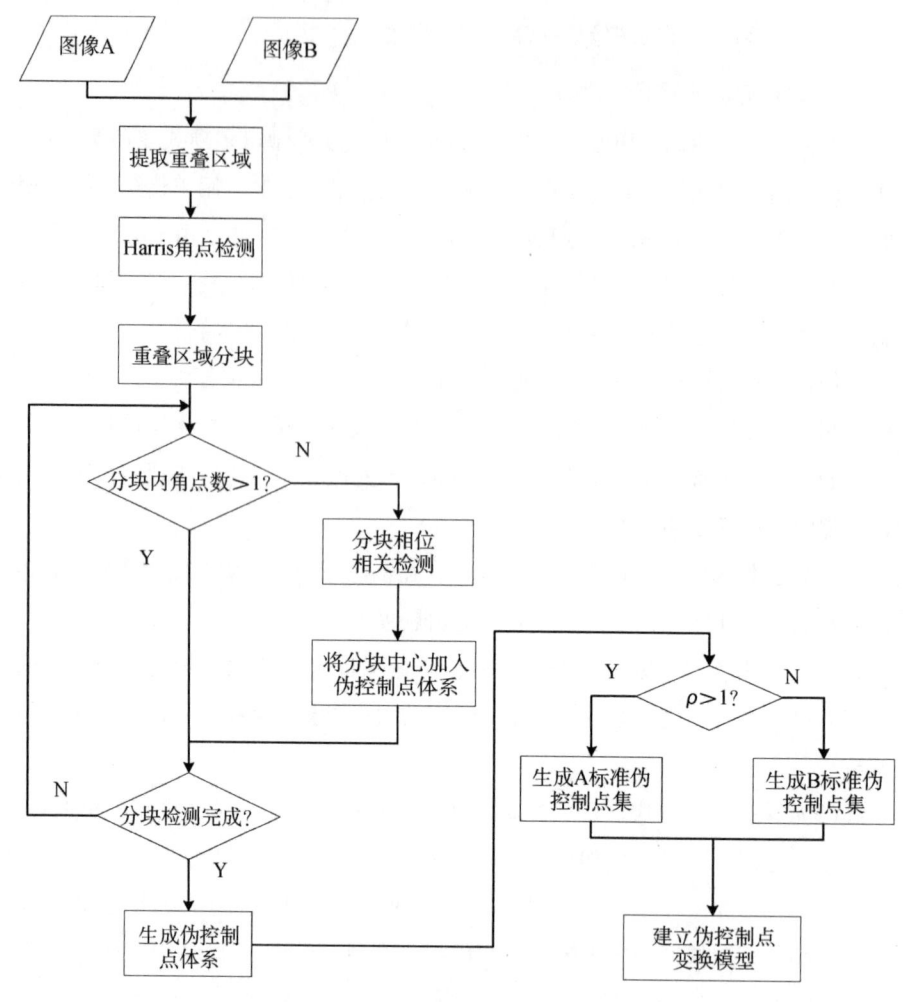

图 5-44 建立伪控制点模型流程图

伪控制点模型建立好之后，通过图像插值和重采样，就可以完成图像的空间变换，得到最终的配准图像。

5.4 实验与结论

在对面向灾害勘查的无人机遥感图像配准技术的研究的过程中，本章为了考察各算法的优劣以及验证改进算法的效果，做了大量的配准实验，下面抽取几个较为典型的实验作为案例，并以此作为基础分析，说明本章最后的结论。

5.4.1 实验概况

1. 实验平台

实验的平台和工具由表 5-3 列出，本章数据均在该环境中得出。由于计算机配置的改变等因素将会影响图像处理速度，所以本章所列出的数据只代表相对数据，不具有绝对性。

表 5-3 实验平台和工具

运行环境	配置参数
操作系统	Windows 7 Ultimate
CPU	Intel Core2 i5-430M
内存	2GB
显卡	NVIDIA GeForce GT420M
工具	MATLAB R2008b

本章采用的主要处理工具是 MATLAB，版本号 R2008b。MATLAB 中文名为矩阵实验室，是美国 MathWorks 公司开发的著名商业数学软件，广泛应用于算法开发和仿真、数据计算和分析、图像处理等专业性研究领域。本章在课题中主要利用其强大快捷的图像处理工具箱，完成图像配准算法的实验对比和改进研究，在算法成熟以后再转向 C/C++ 开发平台。

2. 实验对象

本章的研究主要针对面向灾害勘查的无人机图像配准，因此选取了灾害地区的图像来进行实验。相对而言，灾害地区图像具有更明显的灰度差异和畸变，同时前期的校正效果非常有限。

"5·12"汶川地震期间，电子科技大学自动化工程学院和中科院遥感所共同组成了灾害勘查团队，利用无人机拍摄了大量地震图像。本章实验选取的图像，以北川、青川和洛水镇等地区的灾后遥感图像为主。针对不同的实验目的，为了获得更好的对比效果，选取了获得具有不同特点的较为典型的地物的图像。

3. 实验方法

本章包含 4 个实验，分为 4 个小节说明，主要采用对比的方式来说明算法实际取得的效果。

首先对分阶段匹配策略的整体性能进行考察，相对于常用的基于 Harris 角点算子的配准算法，从匹配的速度和精度两个主要方面进行了对比。

其次，对重叠区域阶段提出的二次分步搜索法做了验证，对比了著名的傅里叶－梅林变换法。由于在原理上都是基于相位相关法，速度上大致相同，所以重点对比了二者的稳定性。

再次，对本章在精匹配阶段提出的伪控制点变换模型的效果进行了验证，对比了未使用分块策略和伪控制点变换模型的空间变换方法，对二者的配准效果做了详细对比分析。

最后，为了考察本章算法的稳定性和应用能力，展示了多幅图像的配准结果。

以下为各个实验的具体内容。

5.4.2 分阶段匹配策略整体性能

本章采用了分阶段匹配的策略，旨在提高图像配准的速度并降低误匹配率。

下面的实验，主要目的是考察分阶段匹配策略的整体性能。作为比较对象，实验也给出了直接使用传统的 Harris 角点检测算法和最大双向相关系数（BGCC）角点匹配的配准结果。

图 5-45　平乐地区的两张无人机遥感图像

选用的实验图像为图 5-45 所示，为平乐地区的两张无人机遥感图像，为了方便说明，设左图为图像 A，右图为图像 B。

1. 分阶段匹配步骤

本实验进行分阶段匹配策略和传统的 Harris 角点检测算法的对比。首先进行按照分阶段匹配策略的配准，其过程如下。

（1）图像的粗匹配，使用二次分步搜索法进行重叠区域检测。检测的详细过程不再赘述。得到位移参数为（1345，253），旋转角度参数为 1.4°，通过这两个数据计算出重叠区域，如图 5-46 所示。

第5章 面向灾害应急的无人机遥感图像配准

图 5-46 重叠区域检测结果

（2）接下来进行精匹配阶段。精匹配阶段使用 Harris 角点检测算法，由于重叠区域已经确定，检测所需要计算的范围大大缩小，得到的无效角点数量也相应减少。

图 5-47 给出了使用 Harris 直接进行角点检测和重叠区域检测后进行角点检测的结果对比。以图像 A 为例，左图是直接使用 Harris 角点检测算法的结果，右图是先进行重叠区域检测后再进行角点检测的结果。从图 5-47 中可以看出，使用重叠区域检测后，角点检测的范围只有原来图像的 40% 左右，角点的数量大大减少。

图 5-47 两种方式角点检测结果

（3）角点匹配，采用的主要方法为最大双向系数法（BGCC）。本章使用了改进后的匹配方法。首先用粗匹配得到的位移参数和选择参数，选取合适的误差补偿因子（本实验取 30 pixel），建立距离约束，对角点进行初步筛选。然后再使用最大双向系数进行精确匹配。

Harris 角点检测方法在各类图像配准领域有着广泛的应用，详细的步骤本章在此不一一叙述。主要包括角点检测和 BGCC 法角点匹配两个步骤。

2. 结果分析

本章将 Harris 角点检测方法和本章的方法在角点检测和匹配两个阶段做了数据上的对比，得到的数据如表 5-5 所示。其中的检测时间和角点数量均指图像 A 的检测结果，本章方法的角点检测时间中包含重叠区域的检测时间。

表 5-5 两种方法数据比较

		Harris 角点检测 + BGCC 匹配	本章方法
角点检测	检测时间（s）	124	63
	角点数量	1091	638
角点匹配	匹配时间（s）	41	9
	全部匹配	172	139
	有效匹配	135	135
总体性能	配准时间（s）	165	72
	角点误匹配率	0.27	0.02

分析表中的数据，在匹配的速度上，本章的算法在角点检测和匹配阶段都具有极大的提高，整体的配准时间从 Harris 算法的 165s 减少到了 72s。精度上，本章得到的初始角点数目和匹配角点数目都更为接近有效值，误匹配率从 0.27 下降到 0.02，得到了明显的降低。

综上所述，本章采用的分阶段匹配方法，由于采用了快速进行重叠区域检测的方法，大大减少了角点检测所耗费的时间，并且有效减少了无用的初始角点数量。改进的角点匹配算法在计算量上得到了大大简化，匹配时间大大降低。在最后的角点匹配结果中，本章方法有着非常低的误匹配率。

5.4.3 二次分步搜索法实验结果及分析

本节实验的主要目的是考察本章算法在低质量图像配准上的稳定性。对比对象上，选择了著名的傅里叶-梅林变换法，该算法是常用的基于相位相关法的匹配算法，能对同时存在旋转、缩放和平移的图像进行匹配。

本实验选取了两张洛水镇的图像，拍摄时天气较为恶劣，雾气较重，造成曝光度不够，同时使得图像间灰度差异较大。原始图像如图 5-48 所示。

第5章 面向灾害应急的无人机遥感图像配准

图 5-48 洛水镇无人机遥感图像

1. 傅里叶-梅林变换（FMT）

首先采用傅里叶-梅林变换法。该方法核心是图像旋转角度的检测。通过傅里叶变换来生成频谱图像，然后提取幅度谱，将其变换到对数极坐标下，就可以将角度转化为图像的位移，再使用相位相关法可最终得到原图像的旋转角度。检测过程如下：

（1）读取图像，将两幅原图像做 FFT 变换。

（2）分别提取 FFT 变换后图像的幅度谱，在 MATLAB 中可通过调用绝对值函数直接得到，结果如图 5-37（a）所示。

（3）对幅度谱图像使用极坐标或对数极坐标变换，极坐标变换主要针对图像的旋转，而使用对数极坐标可对具有缩放变化的图像进行缩放因子检测。重采样后得到图像 5-49（b）。

（4）对极坐标或对数极坐标下的幅度谱图像使用二维相位相关法检测，将得到一个平移参数以及相关冲激分布图，如图 5-49（c）。

如图 5-49 所示是使用 FMT 做图像角度的检测得到的结果。其中，图 5-49（a）（b）分别为图像的幅度谱信息图和对数极坐标后的幅度谱信息图。由于给出的图像之间存在着较大的灰度差异，导致各频率上的幅度强弱差别较大，从图 5-49（a）已经可以看出明显的明暗区别。

（a）原图像的幅度谱图像

图 5-49 FMT 检测结果

167

(b) 对数极坐标下的幅度谱图像

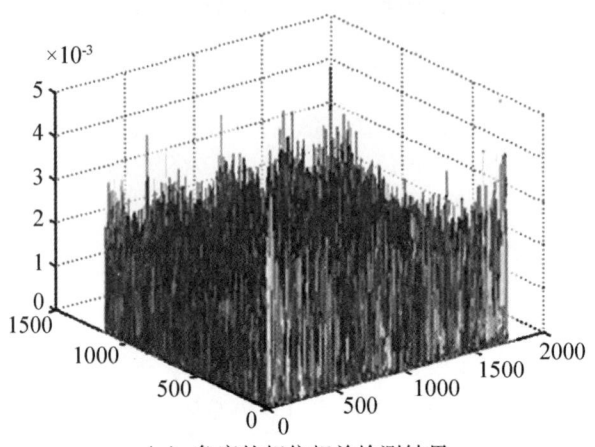

(c) 角度的相位相关检测结果

图 5-49　FMT 检测结果（续）

从笛卡儿坐标系到极坐标系的空间变换过程，需要用到重采样技术，这个过程将使得图像信息的差异进一步增大。

由图 5-49（c）给的检测结果，图中显示的相关冲击十分紊乱，无法得到正确的结果。这证明了 FMT 算法对待匹配图像的要求较高，应用于灰度差异比较大的无人机遥感图像的配准上，容易失效。

2. 二次分步搜索法

接下来采用本章提出的二次分步搜索法进行配准实验。

在 5.2 节已经给出了二次分步搜索法的详细步骤。二次分步搜索法分为两次检测。第一次检测是低分辨率图像的检测过程。本实验采用的原图像分辨率为 3456×2304，设定缩放因子为 0.1，则第一次检测的图像分辨率为 346×230。

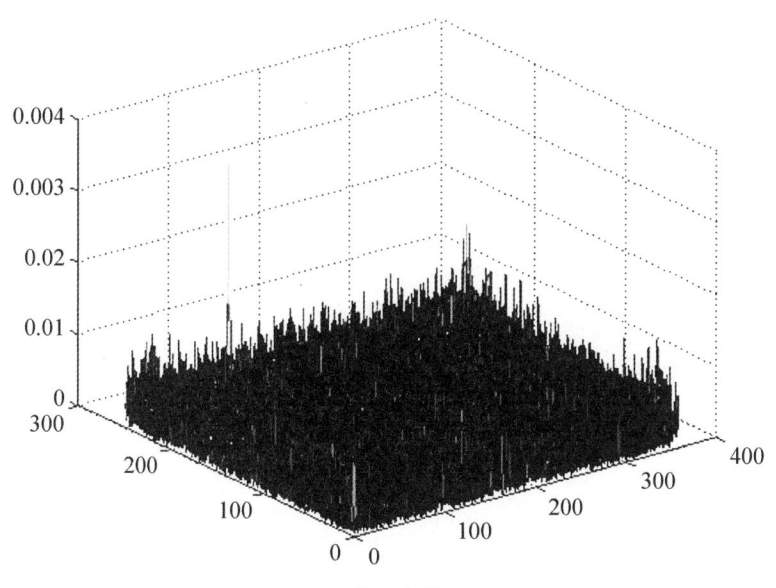

图 5-50　第一次检测结果

在检测过程中，使用分步搜索的策略。取粗步长为 3°，精度步长为 0.1°。第一次检测的结果如图 5-50 所示，得到平移参数为 (176, 41)，旋转参数为 2.6°。

第二次检测为模板的相位相关检测，取重叠区域内部的模板图像如 5-51 (a) 所示，分辨率大小为 1000×800。检测结果如图 5-51 (b) 所示，得到平移参数为 (12, 9)，旋转参数为 0°。

（a）重叠区域原分辨率模板图像

图 5-51　第二次检测示意图

(b) 第二次检测相关冲激图

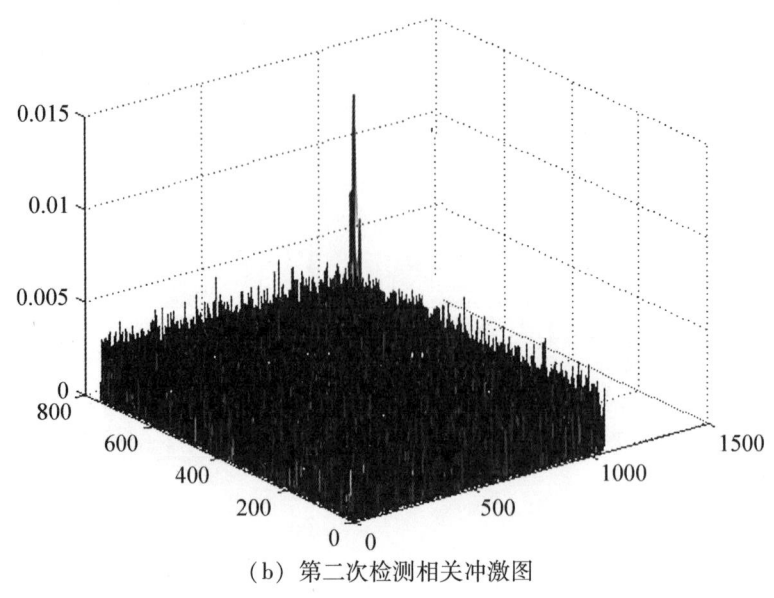

图 5-51　第二次检测示意图（续）

综合第一次检测和第二次检测结果，表 5-6 给出了二次分步搜索法得到的匹配数据。从数据上来看平移参数的精度达到了 1 个像素，而旋转参数的精度达到了 0.1°。

表 5-6　二次分步搜索检测结果

	位移信息 (x, y)	角度信息 θ (°)
第一次检测	(1760, 410)	2.6
第二次检测	(12, 9)	0
最终结果	(1772, 419)	2.6

图 5-52 给出了使用二次分步搜索法的粗匹配结果。为了便于比较，没有对图像进行融合处理。从粗匹配的效果来看，二次分步搜索法已经能够建立起较为精确的匹配关系。

图 5-52 二次分步搜索法粗匹配结果

3. 结果分析

本节实验选取的图像为大雾天气下摄取的图像，镜头曝光环境较差，导致图像在灰度上有着较大差异，是较为典型的灾害地区的低质量图像。

首先采用了傅里叶-梅林变换法。从实验结果来看，该算法对于灰度差异较为敏感，无法正确检测出图像间的旋转角度。

本章提出的二次分步搜索法，通过两次检测，得到了正确的平移参数和旋转参数，具有较好的稳定性。同时，在整体匹配的精度达到了 1 个像素级，完全符合重叠区域检测的要求。

5.4.4 伪控制点变换模型实验结果及分析

本章在空间变换阶段提出了伪控制点变换模型。该模型主要目的为改善角点分布不均匀的状况，同时依靠分区域变换策略提升配准后图像反映真实地物的能力。

为了验证伪控制点变换模型的结果，本章分别采用了两种不同的方法来建立空间变换模型，对其配准结果做了对比分析。第一种是仅靠角点建立多项式变换模型，第二种采用本章提出的伪控制点变换模型。

图 5-53　北川地区的两张无人机遥感图像

选用的实验图像为图 5-53 所示，为北川地区的两张无人机遥感图像。这两张图像的特点是存在水域和滑坡区域，易出现特征分布不均的情况。为了方便说明，设左图为图像 A，右图为图像 B。

1. 角点检测和分块结果

首先进行粗匹配，采用二次分步搜索法，得到重叠区域如图 5-54 所示。观察重叠区域，可以发现其边缘绝大部分为滑坡区域和河流区域。

图 5-54　重叠区域检测结果

在重叠区域内部用 Harris 角点检测算子进行角点检测和匹配。匹配后的角点分布结果如图 5-55 所示。从图中可以看出，角点集中分布在房屋较为密集的地方，而河流和滑坡地带，则分布较少。

图 5-55　匹配角点对分布图

为了改善分布不均的状况，首先进行重叠区域分块。本实验采用了 200×200 pixel 的分块大小，分块结果如图 5-56 所示。在分块过程中，由于重叠区域往往不规则，出现很多小的非正方形分块。在程序中处理方式为设立阈值，如此类分块面积超过一半完整分块面积，则仍视为一个分块，否则舍弃。

图 5-56　分块结果示意图

从图中可以直观地观察到角点的分布情况。通过表 5-7 的统计数据可以发现在水域及其附近，角点分布较为稀少，无角点分布的分块大部分在这个区域。

表 5-7　分块的角点分布情况

分块情况	数目
总角点数	172
总分块	81
无角点分块	30
无角点分块（水域）	18

经过分块，提取出无角点分布的区域，然后进行分块平移参数的计算。得到分块平移参数后，将分块中心加入角点序列中。图 5-57 展示了使用两种不同点集的匹配结果。

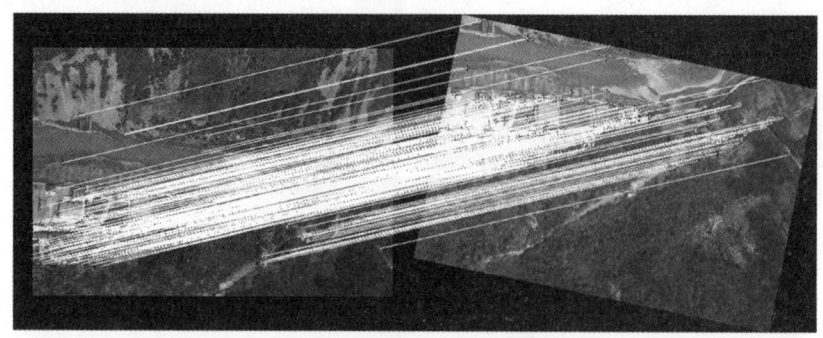

(a) Harris 角点匹配结果

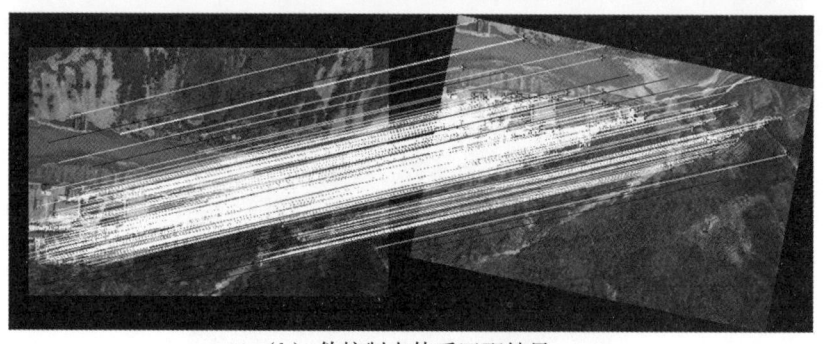

(b) 伪控制点体系匹配结果

图 5-57　角点和伪控制点匹配结果对比

图 5-57 (a) 所示是仅使用 Harris 角点的匹配结果，图 5-57 (b) 所示是加入了分块中心的伪控制点体系的匹配结果。其中图 5-57 (b) 中黄色匹配线为 Harris 角点匹配线，蓝色的匹配线为分块中心的匹配线。

分块中心较好地改善了边缘区域无角点分布的状况，在没有角点分布的地方通过相位相关法建立起了匹配信息，是基于特征的检测方法的一个重要补充。下面将分析和比较采用一般变换模型和伪控制点变换模型配准后的结果。

2. 伪控制点变换模型

在空间变换阶段，通常的空间变换模型仅依靠角点建立，选取多项式变换模型，得到的最终配准效果如图 5-58 (a) 所示。

第5章 面向灾害应急的无人机遥感图像配准

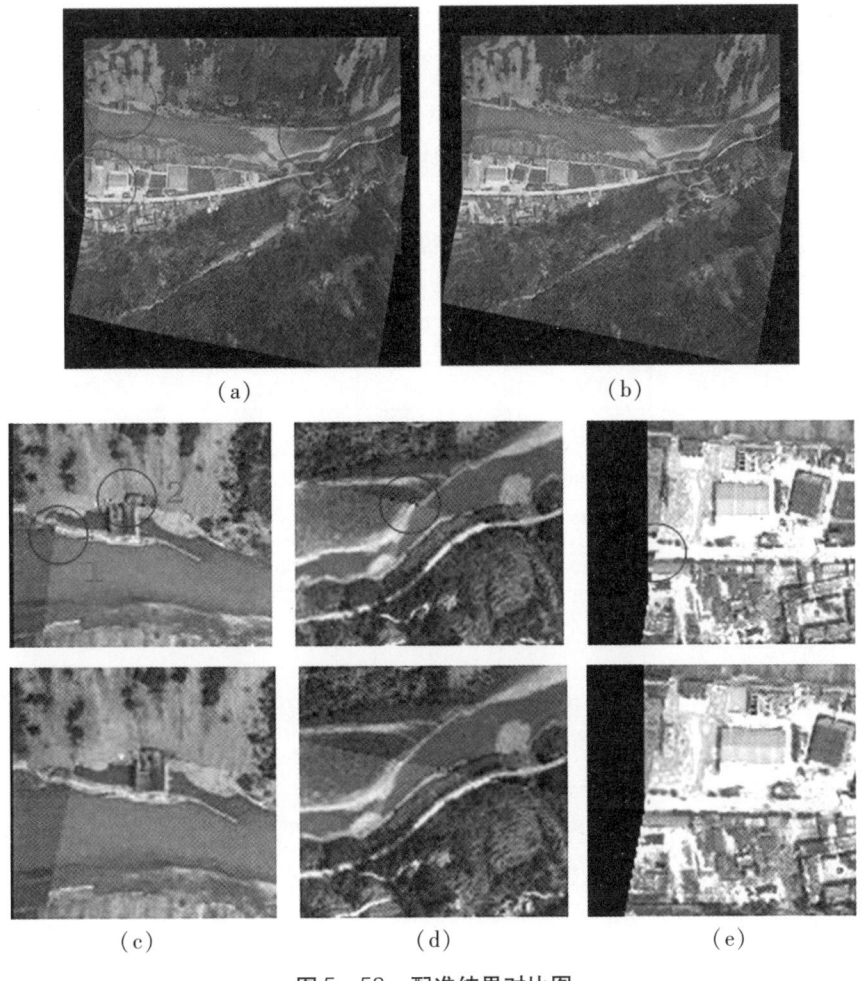

图 5-58 配准结果对比图

本章提出的伪控制点模型，需利用角点和分块中心共同建立，并应用了分区域变换策略。最终配准的图像如图 5-58（b）所示。

对比分析得到的结果图像，为了方便说明，将缺少控制点的重点区域在图 5-58（a）中标记出来，而图 5-58（c）（d）（e）分别是图 5-58（a）中标记部分的细节展示。

仔细观察对比图，在滑坡和河流等特征点较少或没有的地方，通常的变换模型在对准后仍有"错位"的现象，而采用伪控制点变换模型得到的结果，则基本消除了未对准的现象。

本章对图中标记了的重点区域的配准结果做了简单的定量分析，得到表

5-8。由于没有实际的标准图像和地形图，表中的数据均以图像 A 为参考得出，虽然不能代表真实的误差值，但在很大程度上仍可以作为估计数据来反映误差情况。

分析表中的数据，采用通常的变换模型得到的结果中，在几个标记区域都有较大的配准误差，其中 2 号区域最大为 28 个像素。与之相比，采用了伪控制点变换模型的结果，误差估计都控制在较小的范围内。

表 5-8 重点区域误差估计

区域误差 （单位：pixel）	通常的变换模型		伪控制点变换模型	
	X 方向	Y 方向	X 方向	Y 方向
1	25	5	1	2
2	28	3	3	1
3	12	4	2	2
4	15	10	4	2

3. 结果分析

本实验选取了边缘区域存在滑坡和水域的遥感图像作为研究对象，通过对角点分布的统计，展示了角点分布不均的基本情况，并对比了应用伪控制点体系后的结果，证明本章算法具有很大改善。

通过对应用通常的变换模型和伪控制点变换模型的实验结果的对比和定量分析，证明伪控制点变换模型明显地改善了图像配准的细节。

5.4.5 多图的拼接效果

为了验证本章算法的稳定性和实际应用的能力，还进行了多图的拼接实验。

为了更好地体现整体效果，配准后进行图像的融合处理，使用的融合算法是应用较为广泛的加权平均法。

图 5-59 展示了"5·12"汶川地震后北川地区发生大型滑坡的区域，通过 5 张无人机图像配准拼接而成。

图 5-60 则显示了河流区域和大型山体滑坡，图像间有着较大的倾角。在水域和滑坡地区占大部分图像内容时，本章算法仍然得到了较好的配准效果。

从结果显示来看，有着较好的整体效果和图像细节，证明了本章算法具有良好的稳定性和应用能力，同时，在改善图像配准的细节的质量上取得了突破。

第5章 面向灾害应急的无人机遥感图像配准

图5-59 北川灾区5张图拼接结果

图5-60 北川灾区大型山体滑坡图像拼接结果

参考文献

[1] 孙杰,林宗坚,崔红霞. 无人机低空遥感检测系统 [J]. 遥感信息, 2003,(1): 49-50.

[2] 宜家斌. 航空与航天摄影技术 [M]. 北京:测绘出版社,1992,20-35.

[3] 王聪华. 无人飞行器低空遥感影像数据处理方法 [D]. 青岛:山东科技大学,2006.

[4] 汤国安,张友顺,等. 遥感数字图像处理 [M]. 北京:科学出版社,2004.

[5] 荆根强,张天序,杨卫东,等. 局部自适应序列图像拼接算法 [J]. 红外与激光工程,2004,33(6): 622-625.

[6] 朱云芳,叶秀清,顾伟康. 视频序列的全景图拼接技术 [J]. 中国图像图形学报,2006,11(8): 1150-1155.

[7] Lowe, D. G. Distinctive image feature from scale invariant key-points. International Journal of Computer Vision (2004). 60(2): 91-110.

[8] 姜挺,江刚武. 基于小波变换的分层影像匹配 [J]. 测绘学报,2004,33(3): 243-248.

[9] 徐建斌,洪文,吴一戎. 基于小波变换和遗传算法的遥感影像匹配方法的研究 [J]. 电子与信息学报,2005,27(2): 283-285.

[10] 李晓明,郑链,胡占义. 基于SIFT特征的遥感影像自动配准 [J]. 遥感学报,2006,10(6): 885-892.

[11] 霍春雷,周志鑫,刘青山,等. 基于SIFT特征和广义紧互对原型对距离的遥感图像配准方法 [J]. 遥感技术与应用,2007,22(4): 524-530.

[12] 朱庆,吴波,赵杰. 基于自适应三角形约束的可靠影像匹配方法. 计算机学报,2005,28(10): 1734-1738.

[13] Lisa Gottesfeld Brown. A survey of image registration techniques [J]. ACM Computing Surveys, December 1992, Vol. 24, No. 4: p325-376.

[14] Barbara Zitova, Jan Flusser. Image registration methods: a survey [J]. Image and Vision Computing 21 (2003), p977-1000.

[15] Brown. L. G. A survey of image registration techniques [J]. ACM Computing Survey, 1992, 24(4): 325-376.

[16] Rosenfeld. A, Kak A. C. Digital Picture Processing. Vol Ⅰ and Ⅱ [M]. Academic Press, Orlando, FL. 1982, 4: 169-170.

[17] Barnea D. I, Silverman H. F. A class of algorithms for fast digital image registration [J]. IEEE Trans. on Computers, 1972, C-21 (2): 179-186.

[18] Faugeras, O. Three-Dimensionnal Computer Vision: A Geometric Viewpoint [M]. MIT Press, Cambridge, MA. 1993.

[19] 马瑞升, 孙涵, 林宗桂, 马轮基, 吴朝晖, 黄耀. 微型无人机遥感影像的纠偏与定位 [J]. 南京气象学院学报, 2005, 5.

[20] Rosenfeld. A, Kak A. C. Digital Picture Processing. Vol Ⅰ and Ⅱ [M]. Academic Press, Orlando, FL. 1982, 4: 169-170.

[21] Barnea D. I, Silverman H. F. A class of algorithms for fast digital image registration. IEEE Trans. on Computers, 1972, C-21 (2): 179-186.

[22] Faugeras, O. Three-Dimensionnal Computer Vision: A Geometric Viewpoint [M]. MIT Press, Cambridge, MA. 1993.

[23] Dai X. L, Siamak K. Development of a feature-based Appoach to Automated Image Registration for Multitemporal and Multisensor Remotely Sensed Imagery [C]. Proceedings of the 1997 IEEE International Geoscience and Remote Sensing Sysposium. 1997, 243-245.

[24] 毛家好. 无人机遥感影像快速无缝拼接 [D]. 成都: 电子科技大学, 2010, 11.

[25] H. Onishi, H. Suzuki. Demcrion of Rotation and Parallel Translation Using Hough and Fourier Transforms [C]. IEEE InteE Conf. Image Processing, 1996, 827-830.

[26] Xiaoxin Guo, Zhiwen Xu, Yinan Lu, Yunjie Pang. An Application of Fourier-Mellin Transform in Image Registration [J]. Computer and Information Technology, 2005, 619-623.

[27] Matungka, R Zheng, Y. F., Ewing R. L. Aerial image registration using Projective PolarTransform Acoustics [J]. Speech and Signal Processing, 2009, 1061-1064.

[28] Samritjiarapon O, Chitsobhuk, O. An FFT-Based Technique and Best-first Search for Image Registration [J]. Communications and Information Technologies, 2008: 364-367.

[29] Sarvaiya J. N, Patnaik S, Bombaywala, S. Image registration using log-polar transform and phase correlation. 2009, 1-5.

[30] J. Alison Noble. Descriptions of Image Surfaces [D]. PhD thesis, Department of Engineering Science, Oxford University, 1989, 45.

[31] 张佳成, 范勇, 陈念年, 等. 基于混合模型的 CCD 镜头畸变精校正算法 [J]. 计算机工程, 2010, 36 (1): 191-193.

[32] Mann S, Picard R. W. Video orbits of the projective group. A simple approach to featureless estimation of parameters. IEEE Transactions on Image Processing. 1997, 9, 9 (6): 1281-1295.

[33] Claus. D, Fitzgibbon. A. W. A rational function lens distortion model for general cameras Computer Vision and Pattern Recognition, 2005.: 213-219.

[34] Semple J. G, Kneebone G. T. Algebraic projective geometry. Oxford: Oxford University Press, 1952.

[35] 张艳珍. 微机视觉系统相关理论及技术研究 [D]. 大连: 大连理工大学, 2001.

[36] 何玉林. 计算机图形学 [M]. 北京: 机械工业出版社, 2004, 32-33.

[37] 杨钦, 徐永安, 翟红英. 计算机图形学 [M]. 北京: 清华大学出版社, 2005, 23-25.

[38] 李峥. 缺少控制点的无人机遥感影像几何校正技术研究 [D]. 成都: 电子科技大学, 2010, 20-22.

第6章 无人机遥感图像拼接与融合

图像拼接技术是把一组相互间有重叠区域的序列图像合成为宽视野图像的技术。其中，图像序列可以通过照相机连续进行拍摄获得，也可以从摄像机一段视频流中获得；拼接后的影像既保留了原始影像中细节信息，又可以获得观测区域全局信息，在实际应用当中具有重要意义。本章主要介绍图像拼接技术、基于全局配准的无人机遥感影像拼接、基于最佳拼接线的影像融合等关键技术。

6.1 无人机图像拼接概述

6.1.1 图像拼接的特点

对无人机影像进行自动快速处理受到无人机飞行高度、数码相机焦距、高空间分辨率的限制，单张无人机影像的视野范围较小，仅依靠单张影像，难以形成对整个研究区域的整体认知，若要快速了解某个研究区域的整体信息，则需要将多幅无人机影像快速拼接成一幅覆盖范围更大的影像，因此多张影像的快速自动拼接问题成为无人机遥感影像处理的最为关键的问题。鉴于此，如何在短时间内对大量无人机遥感数据实现自动快速拼接，是无人机遥感应用的关键问题，也是国内外学者关注的热点问题之一。

由于图像拼接技术以多幅图像为处理对象，需对两幅或两幅以上的图像进行整体分析，相对于其他图像处理技术例如图像压缩、插值等，拼接技术有其自有的特点，包括针对性、多样性以及复杂性[1-3]。

1. 针对性

作为客观现实世界反映的图像，其内容是千变万化的，不同内容的特点也大不相同。同时，由于一部分图像是在特定条件下如柱面图像、球面图像和视频图像序列等获取的，所以需要特定的图像拼接算法来针对这些特点。通常这些特定算法的针对性很强,所以对于某种特定条件下效果很好的图像拼接算法可能完全不适用于另一种条件下的图像拼接。

2. 多样性

图像拼接技术处理对象的复杂性和不可把握性,直接决定了图像拼接技术的多样性,表现在三个方面。首先,客观现实世界拥有种类繁多、形状各异的各种自然物体和人造物体,这导致图像的内容千差万别;其次,各种光照条件的变化和场景中不可避免的物体运动导致相机采集的邻近图像中相同重叠区域之间和不同时间多次采集的同一景物图像之间都有显著的差异;最后,相机由于在图像采集过程中存在多种运动方式如平移、旋转、缩放等,使得获取的图像具有不同的特性。

3. 复杂性

图像拼接技术的复杂性体现在它需要通过多幅图像的采集,然后经过多个环节直到生成无缝的宽视角的全景图,是多种图像处理手段和算法的总和。

图像拼接技术的多样性、针对性和复杂性决定了图像拼接完成后没有标准的图像进行测试,所以拼接的好坏没有统一的评价标准,衡量一种算法的优劣主要通过人的主观视觉感受。正是基于以上特点,任何一种图像拼接算法,特别当处理对象是很多幅图像时,都无法完全通用计算机来实现算法的全部功能。在拼接过程中计算机多多少少都需要与操作人员进行交互,并通过接收用户的主观评价来调取不同的拼接手段,从而达到最佳的拼接效果。

6.1.2 图像拼接的常用方法

在图像拼接过程中,图像序列中的相邻两幅图像之间都会有一定的重叠区域,因此相邻两幅图像之间的对应点满足特定相对应的关系模型。通过这个关系模型,图像序列可以被拼接合成一幅无缝连接的大型全景图。而图像配准要进行的工作就是要确定图像间对应的关系模型,因此根据图像配准的方法大致可将图像拼接技术分为三类。

(1) 基于图像灰度的方法:该方法是以两张图像之间的重叠区域在 RGB 或 CMY 颜色系统中所对应的灰度级的相似程度为准则寻找图像配准的位置,而不需要提取图像的特征。该方法通过定义一个衡量两幅图像相似度的代价函数,譬如两幅图像间重叠部分灰度差的平方和即 SSD(Sum of Squared Difference)[4-8],来对模型参数做优化。同时因为该方法需要利用图像的一些属性

(如灰度值),所以通常要求多幅图的这部分属性差异较小;如果图像之间差异过大,如光照条件、旋转角度、平移距离等,会对图像的这些属性造成较大的影响,进而造成较大误差。

(2)基于变换域的方法:该方法利用傅里叶变换首先将图像由空域变换到频域,然后通过它们的相互功率直接计算得出两幅图像间的平移矢量,进而实现图像的配准[22]。该方法非常简单直观,能在一定程度上获得抵抗噪声的鲁棒性,同时傅里叶变换由于易于硬件实现并且具备成熟的快速算法,所以具有其独特的优势。但是傅里叶变换法要求欲配准图像间有较高的重叠区域比例,且很难处理实际中必然存在的镜头旋转和缩放等情况,另外搜索整幅图像的计算代价较高。

(3)基于图像特征的方法:该方法利用提取出的图像边界及轮廓线等特征进行图像的匹准,通过构造方程组、数值计算得到图像变换参数。该方法最大的优势是能把需对整幅图像进行的各种分析转变成对图像特征如特征点、轮廓线或特征曲线等的分析,进而大幅度减少图像处理的运算量;此外该方法能比较好的适应图像变形、遮挡和灰度变化等问题。此类方法主要由特征提取、特征匹配、选取变换模型和求取参数、坐标变换及插值四个部分组成[3-5]。图像匹配特征通常是基于点、直线、曲线等。当相机运动无规则、原始图像的重合比例低、背景光条件变化大时,基于图像特征的方法常被选用。

6.1.3 图像拼接的基本流程

图像拼接有许多方法,并且不同的方法则会有不同的流程,但是其大致过程是相同的。一般情况,图像拼接都是由拼接预处理、图像配准和图像合成三个步骤组成[20],图像拼接的基本流程图如图6-1所示。

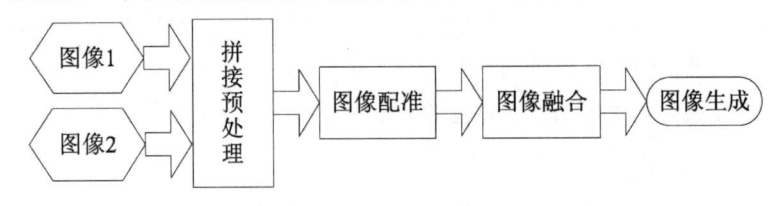

图6-1 图像拼接的基本流程

(1)拼接预处理:该步骤就是对待拼接图像进行预处理,其目的就是为了保证下一个步骤(图像配准)的精度。拼接预处理的具体工作就是对待拼接的序列图像做一些坐标变换和折叠变化等,主要包括:图像的平滑滤波、直方图处理简历匹配模板以及对图像进行变换（例如小波变换、傅里叶变换和 Gabor 变换等）等。

（2）图像配准：图像配准是图像拼接的核心技术，它的精度在很大程度上决定了拼接图像的质量。图像配准的核心问题就是寻找一种变换并找到待配准图像中设模板或者特征的参考图像中的位置，然后根据模板或者特征之间的对应关系计算出数学模型中各个参量的值，从而建立两图像的数学模型并且将图像之间相互重叠的部分对准，最后把待配准图像转换到参考图像的坐标系中，以此构成一幅完整的图像。图像配准的精度主要是由描述两图像之间转换关系的模型决定。

（3）图像融合：完成图像配准后，需要根据图像配准求出的模型参数把多张原始序列图缝合成一张新的全景图。由于图像配准的结果中或多或少都会存在一些配准误差，从而会造成有些像素点不能精确配准，所以，在选取图像融合的策略时要尽量减少图像配准中遗留下来的变形和图像之间的亮度差异对图像融合效果的影响，得到无缝的拼接图像。

6.2 基于全局配准的影像拼接

通过特征点精确匹配得到无人机影像局部配准信息之后（具体内容介绍见第 5 章），便可以建立相邻影像之间的整体变换模型，实现无人机遥感影像的拼接了。然而随着拼接影像数量的增加，拼接过程中所产生的累积误差越来越大，降低了影像拼接的质量。针对图像拼接所产生的累积误差问题，本章将采用 Levenberg-Marquardt 算法来对所有 Homography 矩阵的进行全局优化，实现全局配准，以消除累积误差。该方法首先利用经过局部配准的特征点，然后建立图片序列之间特征点的对应关系，再基于所有 Homography 矩阵来建立整体优化的误差方程，进行全局配准。该算法的目的是进行无人机影像快速自动拼接，不需要像传统摄影测量一样寻找大地控制点，采用的全局优化模型允许投影中心发生变化，不需要对相机进行标定，更不需要得知内外方位元素，而且运算速度快，能够达到较高的精度，非常适合用来处理无人机飞行采集的图像序列，尤其适用于灾害应急处理。

在采用 Levenberg-Marquardt 算法进行全局优化的过程中，本章提出一种利用影像投影中心间接更新所有控制点全局坐标的方法来对 Homography 矩阵进行迭代求精的策略。首先利用精确匹配后的同名点对，建立无人机影像序列之间特征点的对应关系，基于 Homography 矩阵（透视变换模型），通过无人机影像的局部配准的结果，利用最小二乘原理估算出的每张影像的 Homography 矩阵的初始值，再利用整体优化的思想，通过采用 Levenberg-Marquardt 算法迭代精确求解每张影像的 Homography 矩阵参数，最终实现对所有无人机影像的全局配准，从而实现无人机影像的拼接。

6.2.1 透视变换模型简介

根据计算机视觉的相关原理可知，要判断影像之间的变换模型是透视变换模型的依据，只需满足以下两个条件之一即可：（1）将成像设备固定在一个点进行拍摄，所拍摄的场景可以任意分布，但是成像设备的光心不能被移动；（2）成像设备拍摄的场景深度远大于其焦距，成像设备可以以任意运动形式拍摄平面场景。当拍摄区域地面起伏不是特别明显时，无人机所携带的成像设备的拍摄方式完全满足条件（2），无人机在飞行的过程中，飞行高度一般处于 300～1000m 之间，其拍摄方式正好是远景拍摄，所以当地面起伏不大时，无人机影像之间的变换模型完全可以通过 Homography 矩阵来近似描述。在本章中，对于每张无人机影像都采用对应的一个 Homography 矩阵来描述其相对于第一张影像所在平面的变形，所以每张无人机影像相对于基准面的形变问题就被转化成求解每张影像的 Homography 矩阵问题。

假设特征点在图像坐标下的齐次坐标为：$x = [u \quad v \quad 1]^T$，地面点的齐次坐标为：$X = [U \quad V \quad W \quad 1]^T$，相机的位置为：$T_s = [U_s \quad V_s \quad W_s]^T$，当相机垂直地面向下拍摄（即成像平面与地面平行）时，地面点和图像点之间的对应关系为：

$$x_p \approx AI(X - T_s) \tag{6-1}$$

式中，I 为单位矩阵；A 表示相机的内方位元素矩阵，其表达式为：

$$A = \begin{bmatrix} f & 0 & u_0 \\ 0 & f & v_0 \\ 0 & 0 & 1 \end{bmatrix} \tag{6-2}$$

式中，(u_0, v_0) 是为像主点的坐标；f 为焦距。而无人机由于其本身质量比较轻，飞行姿态不稳定，导致成像平面与地面不平行（即存在旋转平移变换），这时，地面点和图像点之间的对应关系为：

$$x_r \approx AR(X - T_s) \tag{6-3}$$

由于其投影中心相同,水平投影和旋转投影之后的图像点之间的关系则为:

$$x_p \approx AR^{-1}A^{-1}x_r \tag{6-4}$$

再假设每张无人机影像的中心位置为 $T_k = (t_{xk}, t_{yk})^T$,那么第 k 张影像的 x_p 和 x_r 之间的关系可以写成:

$$x_r = ARA^{-1}\begin{bmatrix} u_p - t_{xk} \\ v_p - t_{yk} \\ 1 \end{bmatrix} \tag{6-5}$$

令

$$H = ARA^{-1} = \begin{bmatrix} h_1 & h_2 & h_3 \\ h_4 & h_5 & h_6 \\ h_7 & h_8 & 1 \end{bmatrix} \tag{6-6}$$

H 即为透视变换模型的参数矩阵,即 Homography 矩阵。将 H 归一化后,h_1、h_2、h_4、h_5 对应为旋转矩阵 R,h_3、h_6 对应于平移矩阵 T,h_7 和 h_8 主要体现了两影像之间在水平方向和垂直方向上的形变量。也即可知,H 的自由度为 8,故可以通过任意的四对点(其中任意三对点不共线)将其计算出来。而同名点对之间通过透视变换模型转换的关系式为:

$$x' = \frac{h_1 x + h_2 y + h_3}{h_7 x + h_8 y + 1} \tag{6-7}$$

$$y' = \frac{h_4 x + h_5 y + h_6}{h_7 x + h_8 y + 1} \tag{6-8}$$

式中,(x', y') 为特征点 (x, y) 对应的同名点。

对于所有无人机影像,如果可以通过上述公式将所有拍摄的影像纠正到水平位置(即从 x_r 转换到 x_p),那我们就可以认为当地表起伏不是特别明显时,相邻的无人机影像之间的关系可以通过平移关系来表示,从而使得无人机影像之间的拼接变得相对较为容易。

6.2.2 基于影像局部配准的拼接

经过一系列的约束条件剔除误匹配特征点之后得到的精确配准特征点对,建立相邻无人机影像之间位置的关联实现无人机影像的配准。在拼接过程中,采用一个 Homography 矩阵来描述一张影像,当两张影像之间的 Homography 矩阵已知时,就可以将两张影像拼接在一起。通过 RANSAC 算法估计出相邻两张无人机影像的局部 Homography 矩阵的各个参数，然后不断利用相邻影像之间的 Homography 矩阵来将有重叠区域的图像进行合并。再把拼接好的影像当作一幅新影像，然后计算新影像和后续影像之间的 Homography 矩阵，从而实现整个图像序列的拼接。基于局部配准的单航带 50 张无人机影像的拼接结果如图 6-2 所示。

图 6-2 基于局部配准的拼接结果

上述这种两两拼接的方法实现简单，通过不断求解相邻两张无人机影像的 Homography 矩阵，实现所有无人机影像序列的拼接。这种拼接方式就是在对无人机影像进行局部配准后进行的，所利用的信息也只是无人机影像局部配准后的信息。但是这种拼接方法并没有考虑到无人机影像数据的特点，一般来说无人机影像数据量巨大，一旦航带很长或者像幅数量很多，由于误差的存在，会在拼接过程中不断累积误差，最终使得影像的整体拼接效果很差。如图 6-19 所示，随着航带的增长，航带尾部的影像的累积误差越来越大，基本都不能拼接到同一个平面上，故可知，单纯地利用局部配准的信息不能使得无人机影像的拼接达到很好的效果。鉴于此，需要将所有无人机影像作为一个整体，基于某个基准平面来同时整体求解所有影像对应的 Homography 矩阵的参数，实现所有影像序列的全局配准，然后再基于全局配准的结果来进行拼接，以减小累积误差，达到更好的拼接效果。

6.2.3 传统的全局配准的拼接方法

根据前面的分析可知，由于误差的累积，单纯地使用局部配准来进行拼接会使得最后的拼接结果产生明显的错位，并且当影像数量较多时，会导致后边的影像不能拼接到同一个平面。为解决由于累积误差所带来的问题，文献[62]通过建立整体优化模型，利用 L-M 算法来对多幅影像所对应的 Homography 矩阵进行优化，最后再根据整体优化的参数来拼接所有的影像。传统的图像全局配准的流程图如图 6-3 所示。

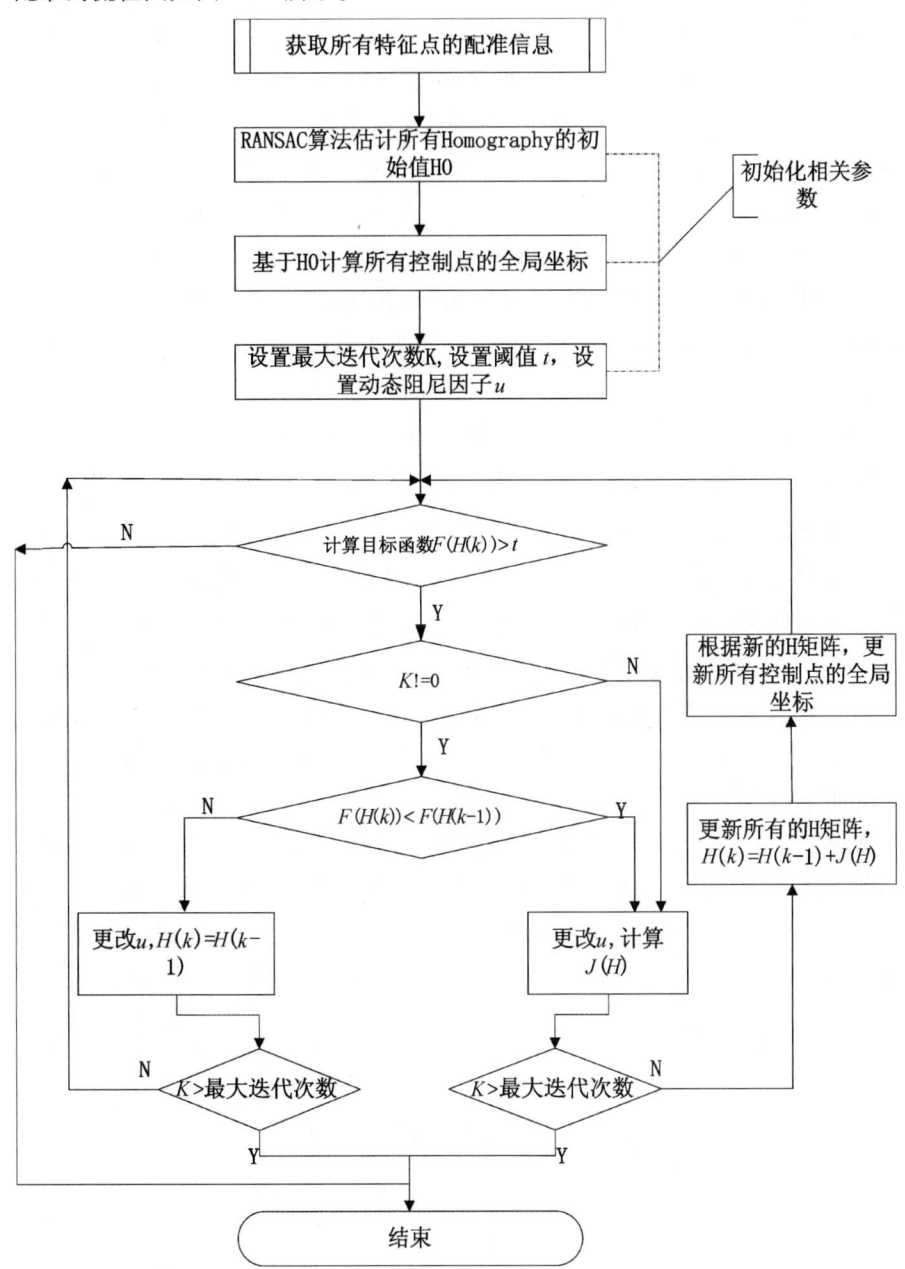

图 6-3 传统的图像全局配准方法流程图

根据图6-3，可以得知每张无人机影像中的图像特征点x_r与成像平面完全平行于地面的投影点x_p的函数关系如式（6-5）所示。由于x_p是成像平面与地面完全水平时的投影，所以在不同的图像上的成像点只存在平移位置关系，可以将x_p当作模型控制点。根据该成像模型，本章中的未知参数分别为x_p、T_k和每张图片对应的H矩阵。将所有影像中的特征点x_r和控制点x_p都纳入一个整体优化模型，如同空中三角测量一样，同时解算所有的H矩阵、x_p和T_k。得到所有的H矩阵、x_p和T_k后，即可实现基于全局配准的影像拼接。传统的全局配准的拼接方法在处理少数几十张图像时，可以获得较好的拼接效果。但是考虑到数量巨大的无人机影像进行拼接时，会使得控制点数量增多，如果将x_p直接作为未知数进行求导，会导致雅可比矩阵过于庞大，影响全局优化的速度。并且，当参与计算的全局控制点数目过多时，有可能会使得L-M算法在迭代时陷入局部极值而得不到良好的收敛结果。

6.2.4 改进的全局配准的拼接方法

针对无人机特有的飞行模式和获取影像的特点，为提高无人机影像进行全局配准的速度，本章提出一种通过利用影像投影中心间接更新所有控制点全局坐标的方法来对所有Homography矩阵进行迭代求精策略，并且利用影像投影中心来为L-M算法提供良好的初始值。该方法只对T_k和H矩阵的元素求导，不是直接将x_p看成未知参数，而是在每次迭代中对x_p利用T_k单独间接进行更新，这就减少了未知参数的数量，减小了雅可比矩阵的规模，加快了目标函数的收敛速度。并且，本章算法直接解算每张影像的H矩阵，因此不需要对相机进行内定向，既不需要知道相机的焦距与主点等内方位元素，也不需要知道外方位元素，而是用Homography矩阵来描述图像的变形，将所有的无人机影像经过纠正后变换到等效的垂直投影图片，在整体优化的基础上完成整体图像的拼接。图6-4所示是改进的影像全局配准方法的流程图。

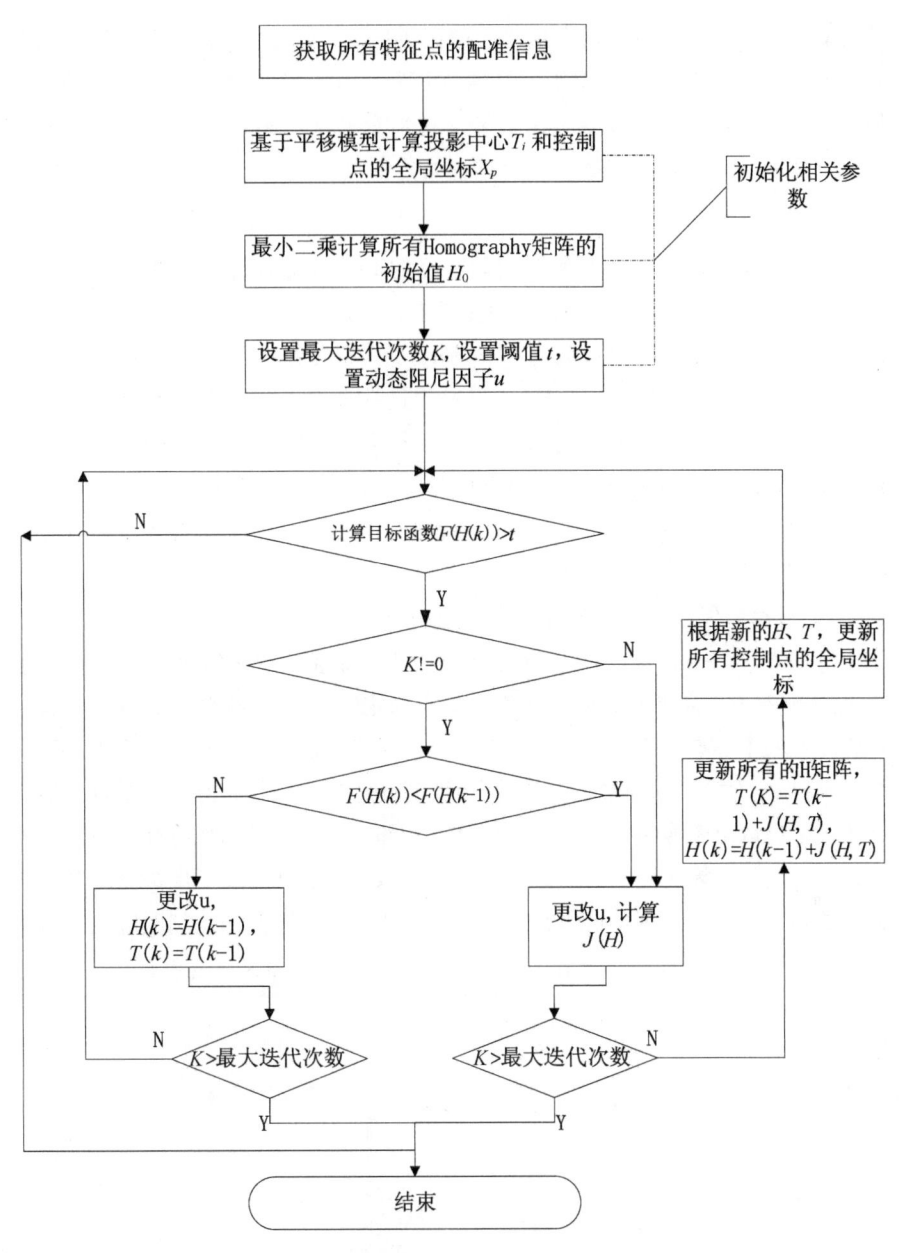

图 6-4 改进的影像全局配准方法的流程图

根据图 6-4 可知,本章在利用整体优化进行影像的全局配准时,将式 (6-5) 中的 x_p、T_k 和 H 都作为待求参数,因此该模型是一个非线性的模型。对非线性的模型进行优化一般采用 L-M 算法,该方法首先计算雅可比矩阵,然后动态改变阻尼参数来提高优化的速度和精度，是目前使用最为广泛也最有效的非线性优化算法。在使用 L-M 算法进行优化前需要提供未知参数的初始值，然后再进行迭代，故要利用 L-M 算法对所有无人机影像进行全局配准的前提条件就是为 L-M 算法提供良好的初始化参数。

1. 全局配准参数初始化

为了快速得到每张影像所对应的精确的 Homography 矩阵的参数，必然需要为 L-M 算法提供一个良好的初始化参数，在此过程中主要采取如下两个步骤来获取到良好的初始化参数：（1）基于平移模型来计算每张影像的投影中心坐标和所有控制点的全局坐标；（2）通过计算出来的所有控制点的全局坐标，采用最小二乘法计算所有 Homography 矩阵的初始值。一旦拥有了良好的初始化参数，一方面可以使得 L-M 算法在进行迭代时快速收敛，减少迭代的次数和时间；另一方面，良好的初始值也能够保证 L－M 算法得到一个收敛的结果，提高了算法本身的鲁棒性。

1) 计算影像投影中心和控制点的全局坐标

对于式（6-5）中的观测值为每张影像中提取的图像特征点 x_r，待求量为 x_p、T_k 和 H。为了进行整体优化，需要确定一个坐标系和坐标原点，以第一张图片的中心点作为坐标原点。公式中的成像平面与大地平行时投影得到的图像坐标 x_p 为模型的控制点，初始化时需要确定所有 x_p 的值。本章首先从所有图像中提取出图像特征点，然后建立起相邻影像之间的图像特征点的对应关系，为了达到整体优化的目的，最好有一定数量控制点落在三度甚至是多度重叠区域内，即一个控制点可以在三张或者三张以上的图像内找到对应点，如图 6-5 中的十字丝就代表了落在三度重叠区域内的点，即为三度重叠点。

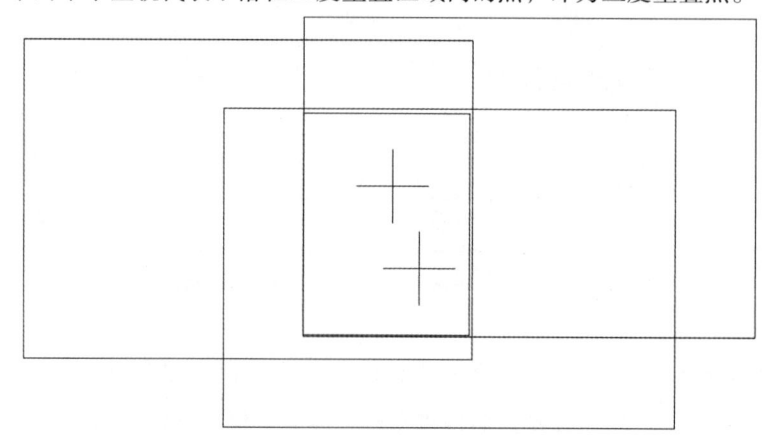

图 6-5 三度重叠点示意图

为了得到良好的初始值，在对所有的影像进行配准之后，可将无人机影像之间的变换模型简化为平移模型，进而根据相邻无人机影像之间的同名特征点计算出两张影像之间的平移量，以第一张影像为基准，将所有平移量进行累加就可以计算出每张影像的投影中心与第一张影像之间的平移值 T_k，每张影像的投影中心的计算公式如下所示：

$$t_{xk} = T_{xk-1} + \frac{1}{n}\sum_{i=1}^{n}(x_{ki} - x_{k'i}) \qquad (6-9)$$

$$t_{yk} = T_{yk-1} + \frac{1}{n}\sum_{i=1}^{n}(y_{ki} - y_{k'i}) \qquad (6-10)$$

式中，t_{xk-1}、t_{yk-1} 表示前一张影像的投影中心；(x_{ki}, y_{ki}) 表示第 k 张影像的第 i 个特征点的像素坐标；$(x_{k'i}, y_{k'i})$ 表示其他与第 k 张影像相关联的影像的特征点的像素坐标。

根据每张影像的平移量，可以计算出每个控制点的坐标，控制点的初始值可以用式（6-11）来进行计算：

$$\begin{bmatrix} u_p \\ v_p \end{bmatrix} = \frac{1}{k}\sum_{i=0}^{k}\left(\begin{bmatrix} u_{rk} \\ v_{rk} \end{bmatrix} + \begin{bmatrix} t_{xk} \\ t_{yk} \end{bmatrix}\right) \qquad (6-11)$$

2）最小二乘计算 Homography 矩阵的初始化参数

当 x_p 和 T_k 的初始值取定以后，可以计算出每张影像对应的 H 的初始值。H 为 3×3 的矩阵。根据式（6-11）、式（6-7）和式（6-8）可以改写为：

$$u_r = \frac{h_1(u_p - t_x) + h_2(v_p - t_y) + h_3}{h_7(u_p - t_x) + h_8(v_p - t_y) + 1} \qquad (6-12)$$

$$v_r = \frac{h_4(u_p - t_x) + h_5(v_p - t_y) + h_6}{h_7(u_p - t_x) + h_8(v_p - t_y) + 1} \qquad (6-13)$$

将式（6-12）和式（6-13）写成两个线性方程为：

$$\begin{bmatrix} u_p - t_x & v_p - t_y & 1 & 0 & 0 & 0 & -u_r(u_p - t_x) & -u_r(v_p - t_y) \\ 0 & 0 & 0 & u_p - t_x & v_p - t_y & 1 & -u_r(u_p - t_x) & -u_r(v_p - t_y) \end{bmatrix} \begin{bmatrix} h_1 \\ h_2 \\ h_3 \\ h_4 \\ h_5 \\ h_6 \\ h_7 \\ h_8 \end{bmatrix} = \begin{bmatrix} u_r \\ v_r \end{bmatrix}$$

$$(6-14)$$

根据式（6-14）利用最小二乘计算初始值。在初始计算过程中，原始的数据为每张影像上的特征点，待求的未知数为每张影像的 Homography 矩阵。中间值为每张影像的投影中心和控制点的坐标。在进行计算时，能够进行改变的值为每张影像的投影中心和控制点的坐标。原始的观测值（特征点坐标）是不应该改变的。由于所采用的误差方程是线性的，所以没有初值，解算时的精度依赖于控制点坐标，而控制点的坐标与投影中心是相关联的。所以本章采用的计算思路是：首先根据所有关联的特征点对投影中心进行调整，然后根据调整后的投影中心对所有控制点进行调整。利用最小二乘法进行影像全局配准的初始化过程如下：

（1）首先根据当前的影像获取所有与之关联的特征点（图像特征点以每张影像的左上角为坐标原点）。

（2）然后根据获取的图像特征点利用平移模型来计算两两图像之间的平移量。

（3）根据平移量更新每张图像的投影中心点坐标（中心坐标以第一张图片的左上角点为坐标原点，即全局坐标）。

（4）根据更新后的投影中心点坐标来计算所有控制点的全局坐标（控制点坐标以第一张影像的左上角点为坐标原点）。

（5）构造全局方程，利用最小二乘整体计算每个 H 矩阵参数。

在计算平移量时，只考虑了相邻两张影像之间的对应关系，没有从整体上解算出最优的平移量。所以在此过程当中计算出来的每个 Homography 矩阵还不能直接用于对无人机影像进行拼接，需要进一步通过建立整体优化方程来解算出每张影像对应的最优平移量。在 L-M 算法进行每次迭代时，都需要重新进行一次基于平移模型的最优化。所以，将此过程的结果作为下一步迭代求精的初始值。

2. Levenberg-Marquardt 算法迭代求精

Levenberg-Marquardt 算法简称为 L-M 算法，是一种特别有效的迭代求精的算法，该算法主要被用来求解非线性最小二乘问题，是一种应用非常广泛的无条件约束优化方法。在采用该方法求解非线性问题的最优解时，通过不断迭代的方式，一步一步逼近最优解。当靠近解时，该算法具有高斯－牛顿方法的局部快速收敛的特性[62]，能够处理奇异和非正定矩阵，并且对初始点的要求也相对较低。当远离解时，该算法又具有梯度下降法的全局搜索特性，可以达到很高的精确度。由于具备上述优点，L-M 算法能很好地处理过参数化问题，并能有效地处理好冗余的参数，减小了代价函数陷入局部极值的可能性。

1) L-M 算法原理

在本章中,主要采用 L-M 算法来实现每张影像对应的 Homography 矩阵的求精问题,以此来实现无人机影像的全局配准,从而求解出所有 Homography 矩阵的精确值。下面讨论 L-M 算法的相关原理。

L-M 算法也被称为阻尼最小二乘法,主要是对高斯-牛顿方法的改进。下面将通过对高斯-牛顿法的推导来进一步介绍 L-M 算法。

非线性最小二乘问题的一般形式如式(6-15)所示:

$$F(p) = \frac{1}{2}\sum_{i=1}^{n}(f_i(p))^2 = \frac{1}{2}f(p)^T f(p) \quad (6-15)$$

$$f(p+\delta_p) \approx f(p) + J(p)\delta_p = l(\delta_p) \quad (6-16)$$

其中,f 对 p 的雅可比行列式为 $J(p)$,而

$$F(p+\delta_p) = L(\delta_p) = \frac{1}{2}l(\delta_p)^T l(\delta_p) \quad (6-17)$$

根据式(6-16)可以将式(6-17)写成式(6-18):

$$\begin{aligned} L(\delta_p) &= F(p+\delta_p) = \frac{1}{2}f(p+\delta_p)^T f(p+\delta_p) \\ &= \frac{1}{2}[f(p)+J(p)\delta_p]^T[f(p)+J(p)\delta_p] \quad (6-18) \\ &= F(p) + \delta_p^T J(p)^T f(p) + \frac{1}{2}\delta_p^T J(p)^T J(p)\delta_p \end{aligned}$$

对 $L(h)$ 相对于 δ_p 分别求解一阶导数和二阶导数如下:

$$L'(\delta_p) = J(p)^T f(p) + J(p)^T J(p)\delta_p \quad (6-19)$$

$$L^*(\delta_p) = J(p)^T J(p) \quad (6-20)$$

若要使得式(6-17)取得最小值,则只需满足式(6-19)等于零,故有:

$$\varepsilon_{gn} = -[J(p)^T J(p)]^{-1}J(p)^T f(p) \quad (6-21)$$

在利用高斯-牛顿方法求解非线性最小二乘问题时,一般利用 $p_{k+1} = p_k + \varepsilon_{gn} = p_k - [J(p)^T J(p)]^{-1}J(p)^T f(p)$ 来进行迭代,通过不断的迭代最终得到非线性问题的最优解。而 L-M 算法的迭代策略则为:

$$\varepsilon_{lm} = -[J(p)^T J(p) + \mu I]^{-1}J(p)^T f(p) \quad (I 为单位阵,\mu > 0)$$
$$(6-22)$$

从式(6-22)可以看出,L-M 算法的迭代策略比高斯-牛顿算法的迭代策略多了一个 μI 项,由于有了该项,则保证了 $J(p)^T J(p) + \mu I$ 必定为正

定矩阵，进而保证了其可逆，μ 即为动态阻尼因子。每次进行迭代时，μ 都可以自适应调整大小，当不断接近真实解时，μ 减小；而当远离真实解时，μ 增大。通过不断改变动态阻尼因子 μ 的大小，可以使得 L‐M 算法快速收敛。对于一般的非线性最小二乘问题，采用 L‐M 算法对其进行迭代求精的伪代码如下：

$k = 0$；$v = 2$；$p = p_0$；
$A = J^T J$；$\varepsilon_p = x - f(p)$；$g = J^T \varepsilon_p$；
stop = $(\|g\|_\infty \leq \varepsilon_1)$；$\mu = \tau * \max_{i=1\dots m}(A_{ii})$；
while $(! = \text{stop})$ and $(k < k_{max})$
$k = k + 1$；
repeat
Solve $(A + \mu I)\delta_p = g$；
if $(\|\delta_p\| \leq \varepsilon_2 \|p\|)$
stop = true；
else
$p_{new} = p + \delta_p$；
$\rho = (\|\varepsilon_p\|^2 - \|x - f(p_{new})\|^2) / (\delta_p^T (\mu \delta_p + g))$；
if $(\rho > 0)$
$p = p_{new}$；
$A = J^T J$；$\varepsilon_p = x - f(p)$；$g = J^T \varepsilon_p$；
stop = $(\|g\|_\infty \leq \varepsilon_1)$ or $(\|\varepsilon_p\|^2 \leq \varepsilon_3)$；
$\mu = \mu * \max(\frac{1}{3}, 1 - (2\rho - 1)^3)$；$v = 2$；
else
$\mu = \mu * v$；$v = 2 * v$；
endif
endif
until $(\rho > 0)$ or (stop)
endwhile
$p^+ = p$；

2）基于 L-M 全局配准的拼接

在6.2.2节中仅仅利用影像的局部配准信息来进行拼接，并没有将所有的无人机影像序列作为一个整体来进行处理,实验结果证明该方法处理大批量影像的效果并不理想。由于它考虑的只是所有影像的局部配准信息,在拼接的过程中随着误差的累积,导致远离基准面的影像最终不能拼接到同一个平面。为了解决误差累积的问题,下面我们采用 L-M 算法来对所有的 Homography 矩阵进行统一的迭代求精。

在 6.2.1 节中,介绍了利用透视变换模型来对无人机影像进行拼接的可行性,根据 6.2.1 所述内容,设任意图像特征点 x'_r 的像素坐标为 (u'_r, v'_r),根据新的 Homography 矩阵计算出的特征点 x'_r 的像素坐标为 (u_r, v_r),根据 L-M 算法对下列公式进行整体优化:

$$u_r = \frac{h_1(u_p - t_x) + h_2(v_p - t_y) + h_3}{h_7(u_p - t_x) + h_8(v_p - t_y) + 1} \tag{6-23}$$

$$v_r = \frac{h_4(u_p - t_x) + h_5(v_p - t_y) + h_6}{h_7(u_p - t_x) + h_8(v_p - t_y) + 1} \tag{6-24}$$

式中,t_x、t_y 以及 h_1、$\cdots$、h_8 均作为待求的未知参数,可以直接进行更新,而在计算雅可比矩阵时,则需要计算 u_r、v_r 分别相对于这些未知参数的偏导数,具体的偏导数公式见表 6-5。

表 6-5 偏导数公式

	u_r	v_r
h_1	$\dfrac{(u_p - t_x)}{h_7(u_p - t_x) + h_8(v_p - t_y) + 1}$	0
h_2	$\dfrac{(v_p - t_y)}{h_7(u_p - t_x) + h_8(v_p - t_y) + 1}$	0
h_3	$\dfrac{1}{h_7(u_p - t_x) + h_8(v_p - t_y) + 1}$	0
h_4	0	$\dfrac{(u_p - t_x)}{h_7(u_p - t_x) + h_8(v_p - t_y) + 1}$
h_5	0	$\dfrac{(v_p - t_y)}{h_7(u_p - t_x) + h_8(v_p - t_y) + 1}$
h_6	0	$\dfrac{1}{h_7(u_p - t_x) + h_8(v_p - t_y) + 1}$
h_7	$-\dfrac{(u_p - t_x)(h_1(u_p - t_x) + h_2(v_p - t_y) + h_3)}{(h_7(u_p - t_x) + h_8(v_p - t_y) + 1)^2}$	$-\dfrac{(u_p - t_x)(h_4(u_p - t_x) + h_5(v_p - t_y) + h_6)}{(h_7(u_p - t_x) + h_8(v_p - t_y) + 1)^2}$

续表

	u_r	v_r
h_8	$-\dfrac{(v_p-t_y)(h_1(u_p-t_x)+h_2(v_p-t_y)+h_3)}{(h_7(u_p-t_x)+h_8(v_p-t_y)+1)^2}$	$-\dfrac{(v_p-t_y)(h_4(u_p-t_x)+h_5(v_p-t_y)+h_6)}{(h_7(u_p-t_x)+h_8(v_p-t_y)+1)^2}$
t_x	$\dfrac{h_7(h_1(u_p-t_x)+h_2(v_p-t_y)+h_3)}{(h_7(u_p-t_x)+h_8(v_p-t_y)+1)^2}-\dfrac{h_1}{h_7(u_p-t_x)+h_8(v_p-t_y)+1}$	$\dfrac{h_7(h_4(u_p-t_x)+h_5(v_p-t_y)+h_6)}{(h_7(u_p-t_x)+h_8(v_p-t_y)+1)^2}-\dfrac{h_4}{h_7(u_p-t_x)+h_8(v_p-t_y)+1}$
t_y	$\dfrac{h_8(h_1(u_p-t_x)+h_2(v_p-t_y)+h_3)}{(h_7(u_p-t_x)+h_8(v_p-t_y)+1)^2}-\dfrac{h_2}{h_7(u_p-t_x)+h_8(v_p-t_y)+1}$	$\dfrac{h_8(h_4(u_p-t_x)+h_5(v_p-t_y)+h_6)}{(h_7(u_p-t_x)+h_8(v_p-t_y)+1)^2}-\dfrac{h_5}{h_7(u_p-t_x)+h_8(v_p-t_y)+1}$

所有这些偏导数构成的矩阵即为雅可比矩阵，在迭代之前，需要对利用 6.2.4 节中所计算出来的所有影像的投影中心 T_k 和每张影像分别对应的 Homography 矩阵作为迭代的初始值，这样可以使得 L-M 算法在迭代过程中获取到很稳定的初始值，从而可以快速收敛。并且，由于控制点 x_p 数量较多，若在进行迭代时将所有控制点的全局坐标作为未知数来不断进行更新计算，必定会极大地影响优化的速度。所以本章所采用的策略并没有把控制点作为未知参数来直接更新，而是通过 t_x、t_y、h_1、$\cdots$、h_8 来间接更新，t_x、t_y、h_1、$\cdots$、h_8 的更新则是通过计算其雅可比矩阵来实现更新，一旦 t_x、t_y、h_1、$\cdots$、h_8 发生改变，x_p 的值也会随之进行更新，具体的更新方法见式（6-25）和式（6-26）：

$$u'_p = \frac{1}{k}\sum_{i=1}^{k}\frac{\text{row}(AR^{-1}A^{-1}x_{ri},1)}{\text{row}(AR^{-1}A^{-1}x_{ri},3)}+t_{xi}=\frac{1}{k}\sum_{i=1}^{k}\frac{\text{row}(H^{-1}x_{ri},1)}{\text{row}(H^{-1}x_{ri},3)}+t_{xi} \quad (6-25)$$

$$v'_p = \frac{1}{k}\sum_{i=1}^{k}\frac{\text{row}(AR^{-1}A^{-1}x_{ri},2)}{\text{row}(AR^{-1}A^{-1}x_{ri},3)}+t_{yi}=\frac{1}{k}\sum_{i=1}^{k}\frac{\text{row}(H^{-1}x_{ri},2)}{\text{row}(H^{-1}x_{ri},3)}+t_{yi} \quad (6-26)$$

式中，x_{ri} 为控制点对应的一个图像点；k 为图像点个数；row $(H^{-1}x_{ri},1)$、row $(H^{-1}x_{ri},2)$、row $(H^{-1}x_{ri},3)$ 分别表示每张影像对应的 Homography 矩阵的逆的第一行、第二行、第三行；(t_{xi},t_{yi}) 表示第 i 个特征点所在影像的投影中心的全局坐标。式（6-25）和式（6-26）所表示的意义是：对任意的一个控制点 x_p，收集该控制点对应的所有图像特征点 x_r，并计算出对应的 x_p，然后将所有的控制点坐标去平均后的值作为 x'_p 的新的值。根据更新后的控制点，利用式（6-27）作为目标代价函数：

$$\text{Err} = \frac{1}{N} \sum_{i=1}^{N} ((u_{ir} - u'_{ir})^2 + (v_{ir} - v'_{ir})^2) \quad (6-27)$$

式中，N 为未参与计算的全局控制点数量。$\sqrt{(u_{ir} - u'_{ir})^2 + (v_{ir} - v'_{ir})^2}$ 即为每个控制点通过像素坐标计算出来的标准误差，为保证目标函数适合采用 L-M 算法进行非线性优化，采用式（6-5）作为目标函数。若所求的所有 Homography 矩阵参数非常精确，理论上 Err 的值应该为零。而实际上 Err 的值应该随着迭代的进行而逐渐减小，最后趋于稳定，因此利用 Err 作为迭代是否收敛和结束的判断依据。需要求 Err，则需将前一次的迭代结果作为下一次的输入，再根据式（6-12）和式（6-13）求出 u_r 和 v_r，进而求出当前的 Err，当 Err 趋近于稳定时，则迭代过程结束。

6.2.5 实验分析

基于局部配准的拼接方法主要是通过不断求解相邻两张无人机影像的 Homography 矩阵，实现所有无人机影像序列的拼接。对于该方法，可以认为各相邻影像之间的标准误差 λ_i 是符合独立同分布的随机变量，假如有 m 张待拼接影像，那么其平均误差 err 则可近似为：

$$\text{err} = \left(\frac{\lambda_1 + \lambda_m}{2} \right) = \frac{\left(\lambda_1 + \sum_{i=1}^{m-1} \lambda_i \right)}{2} = \frac{\left[E(\lambda_1) + \sum_{i=1}^{m-1} E(\lambda_i) \right]}{2} \approx \frac{\overline{m\lambda}}{2} \quad (6-28)$$

式中，$\overline{\lambda}$ 为所有影像标准误差的平均值。利用基于局部配准的拼接方法进行单航带 40 张无人机影像拼接，其拼接效果如图 6-6（a）所示，由于误差的不断累积，航带尾部的影像已经完全不能拼接到基准平面。

改进的基于全局配准的拼接方法通过利用 L-M 算法对所有影像序列对应的 Homography 矩阵进行整体优化后，能够得到每个 Homography 矩阵的精确的值，相比于仅通过局部配准而求解出的 Homography 矩阵，它大大减小了累计误差对影像拼接所带来的影响。通过建立整体优化模型，利用 L-M 算法，将所有的无人机影像经过纠正后变换到等效的垂直投影图片，并根据整体优化的参数来拼接所有的影像。对于该方法，假设有 m 张待拼接影像，其平均误差 err 则为：

$$\text{err} = \sqrt{(v_x)^2 + (v_y)^2} = \sqrt{\left(\frac{1}{K} \sum_{i=0}^{M} \sum_{j}^{N_i} |u_{pi} - u_{rj}| \right)^2 + \left(\frac{1}{K} \sum_{i=0}^{M} \sum_{j}^{N_i} |v_{pi} - v_{rj}| \right)^2}$$

$$(6-29)$$

式中，$K = \sum_{i=0}^{M} N_i$，代表所有控制点的投影点的总和；M 代表控制点的数量；N_i

代表第 i 个控制点同时在 N_i 张影像上有投影点。经过 L-M 算法进行全局配准后的单航带 40 张无人机影像的拼接结果如图 6-6（b）所示。

（a）基于局部配准的 40 张无人机影像的拼接结果（单航带）

（b）基于全局配准的 40 张无人机影像的拼接结果（单航带）

图 6-6 基于局部配准和全局配准的 40 张无人机影像的拼接结果（单航带）

从图 6-6（a）所示拼接的效果可以清楚地看出，航带尾部的影像基本不能拼接到基准平面，也即第一张影像所在平面，根据式（6-28）得出的 err 值为 20.795 个像素，累积误差非常大。而从图 6-6（b）所示拼接的效果也可以看出改进的全局配准的拼接方法的拼接效果在线状地物（道路，房屋等）区域没有明显的错位。即使是处在航带尾部的无人机影像，仍旧能够以很高的精度进行拼接。通过改进的全局配准的拼接算法，从上述 40 张影像中总共获取了 5009 个全局控制点，利用 L-M 算法进行全局配准耗费 159 秒，共迭代了 1011 次，最后根据式（6-29）得出的 err 值为 0.798 个像素。由此可以看出，本章利用 L-M 算法进行非线性整体优化的方法来进行全局配准后，可以很好地消除累积误差，因此特别适合无人机长序列影像的处理。对于多航带的影像拼接，本章算法也能达到比较满意的效果。图 6-7（a）所示为基于局部配准的拼接方法所得到的 4 个航带 40 张影像的拼接效果，图 6-7（b）所示为改进的基于全局配准的拼接方法所得到的 4 个航带 40 张影像的拼接效果。

（a）基于局部配准的 40 张无人机影像的拼接结果（四个航带）

（b）改进的基于全局配准的 40 张无人机影像的拼接结果（四个航带）

图 6-7　基于局部配准与全局配准的 40 张无人机影像的拼接结果（四个航带）

从图 6-7（a）中可以看出，基于局部配准的拼接方法在处理多航带影像的时候，航带和航带之间亦存在着累积误差，后边的三条航带相对于第一条航带存在明显的漂移，而对于航带内部，由于影像数量较少，其累积误差并不特别明显，通过式（6-28）得出的 err 值为 27.489762。而从图 6-7（b）可以看出，不仅消除了多个航带间的漂移，而且航带内部影像序列也能够达到较高的精度，通过式（6-29）得出的 err 值为 2.183102。基于局部配准的拼接方法和基于全局配准的拼接方法的精度比较见表 6-6。

表 6-6　基于局部配准的拼接方法和改进的全局配准的拼接方法的精度比较

影像数量（幅）	影像大小	局部配准拼接方法的 err（pixel）	全局配准拼接方法的 err（pixel）
10	1404×936	4.279	0.778
20	1404×936	8.985	0.770
30	1404×936	13.499	0.759
40	1404×936	20.795	0.780
50	1404×936	25.897	0.789
60	1404×936	31.560	0.762
70	1404×936	37.675	0.839
80	1404×936	43.989	0.857
90	1404×936	不能拼接	0.912
100	1404×936	不能拼接	0.915

对表 6-6 进行分析可得到改进的全局配准拼接方法的误差与影像数量的关系如图 6-8 所示。

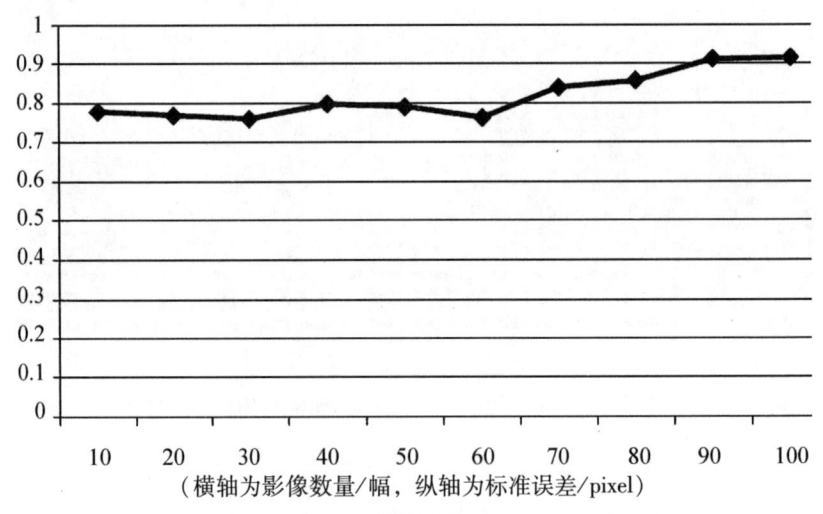

（横轴为影像数量/幅，纵轴为标准误差/pixel）

图 6-8　改进的全局配准拼接方法的误差与影像数量的关系

从表 6-6 和图 6-8 可以看出，基于局部配准的拼接方法的标准误差随着影像数量的增加而快速增大，且当影像数量到达一定程度后，完全不能进行拼接。而基于全局配准的拼接方法的标准误差则相对比较稳定，虽然随着影像数量的增加，其 err 有增大的趋势，但是增速非常缓慢，当影像数量为 100 幅左右时，它仍旧能够将误差控制在 1 个像素以内，这说明基于全局配准的拼接方法可以很好地解决基于局部配准的拼接方法所不能解决的累积误差问题，也体现了该方法在标准误差控制方面的良好鲁棒性。

为比较改进的全局配准的拼接方法与传统的全局配准的拼接方法的时间效率和配准精度，本章采用了 10 组影像数量不同的无人机影像进行实验，具体的性能参数比较见表 6-7。

表 6-7　传统的基于全局配准的拼接方法与改进的全局配准拼接方法相关性能比较

影像数量（幅）	影像大小	传统的全局配准拼接方法的 err（pixel）	改进的全局配准拼接方法的 err（pixel）	传统的全局配准拼接方法的耗时（s）	改进的全局配准拼接方法的耗时（s）	加速比
10	1404×936	0.759	0.778	15.748	11.613	1.356
20	1404×936	0.778	0.768	48.472	35.560	1.363
30	1404×936	0.767	0.759	105.568	77.027	1.371
40	1404×936	0.789	0.798	184.236	132.128	1.394
50	1404×936	0.808	0.789	295.131	208.313	1.416
60	1404×936	0.819	0.762	446.732	301.393	1.482
70	1404×936	0.831	0.839	682.696	408.239	1.672
80	1404×936	0.869	0.857	1003.538	549.485	1.826
90	1404×936	0.920	0.912	1627.358	706.055	2.305
100	1404×936	0.950	0.915	2542.646	880.487	2.888

图 6-9 所示是根据表 6-7 的数据所得出的两种拼接方法各性能参数与影像数量之间的关系。

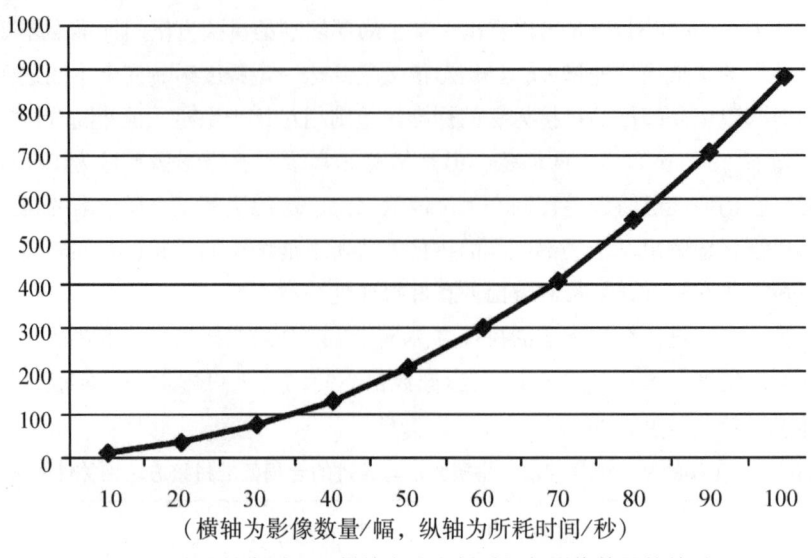

（a） 改进的全局配准拼接方法所耗时间与影像数量的关系 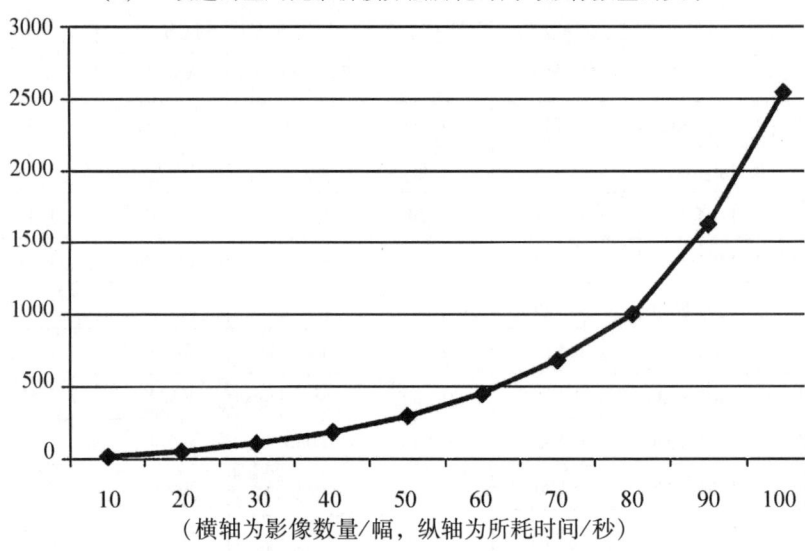
（横轴为影像数量/幅，纵轴为所耗时间/秒）

（b） 传统的全局配准拼接方法所耗时间与影像数量的关系
（横轴为影像数量/幅，纵轴为所耗时间/秒）

图 6-9　两种基于全局配准的拼接方法各性能参数与影像数量的关系

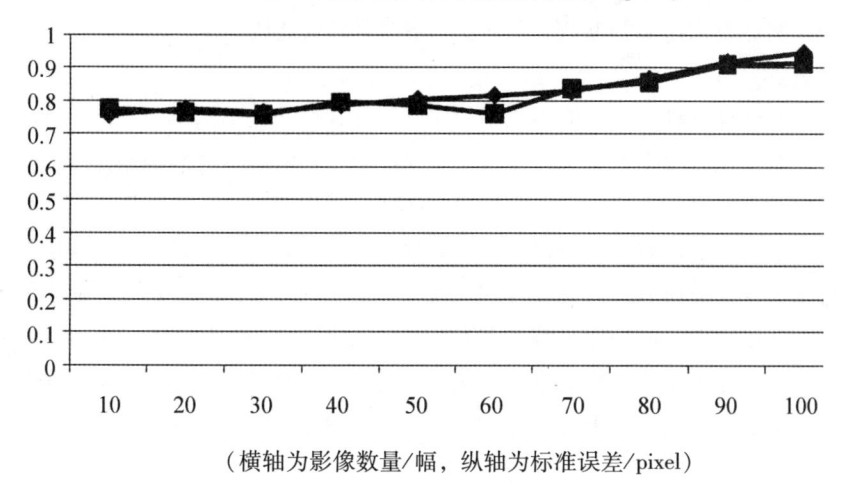

（横轴为影像数量/幅，纵轴为标准误差/pixel）

（c）两种全局配准拼接方法的误差与影像数量的关系

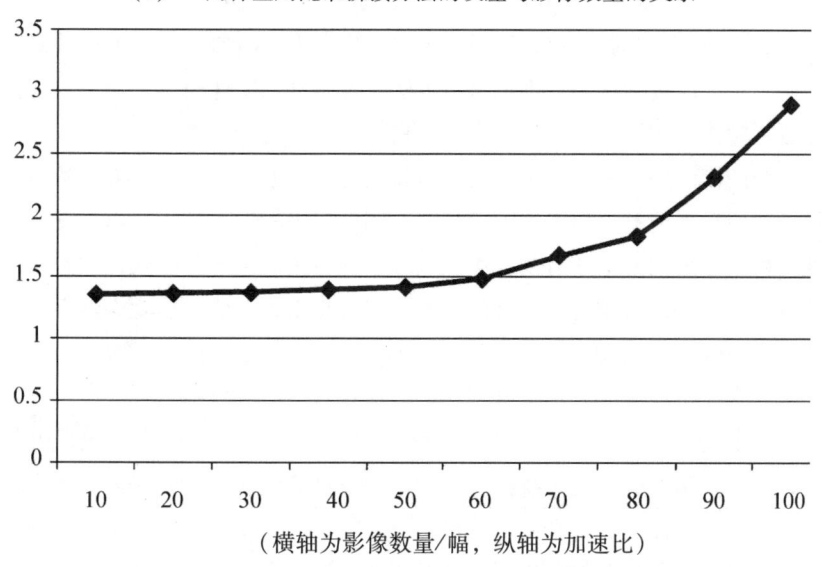

（横轴为影像数量/幅，纵轴为加速比）

（d）改进方法与传统全局配准拼接方法的加速比与影像数量的关系

图 6-9　两种基于全局配准的拼接方法各性能参数与影像数量的关系（续）

通过对表 6-7 和图 6-9 进行分析，可以得出如下结论。

（1）两种拼接方法所耗时间都随影像数量的增加而增多，但改进的全局配准的拼接方法较之传统的全局配准拼接方法耗时相对较少，且耗时的增速随着影像数量的增加也要比传统的方法相对较缓。这是因为随着影像数量的增加，产生的全局控制点必然也会大量增加，从而在采用 L-M 算法迭代精炼所有 Homography 矩阵时所耗的时间肯定会更长，而传统的全局配准的拼接方法直接将全局控制点看作是未知参数，从而在求解时必然会比改进的全局配准方法所耗时间更多。

(2) 两种拼接方法均能消除累积误差，且其误差大小基本相当，都能够将误差控制在比较稳定的状态，保持较高的精度，且两种方法的误差都随影像数量的增加而缓缓增大。这是因为两种方法都是采用全局优化的思想来实现全局配准以消除累积误差，不过改进的全局配准的拼接方法是通过每张影像的投影中心来间接计算所有控制点的全局坐标，其配准的精度取决于投影中心的精度，而其投影中心的精度最终还是取决于每张影像所对应的 Homography 矩阵的参数值；而传统的全局配准的拼接方法则是将所有控制点的全局坐标作为未知参数来直接求解，其配准精度也主要取决于每次迭代的 Homography 矩阵的参数值。

(3) 在影像数量处于 50 幅以内时，改进方法与传统方法之间的加速比大概为 1.5 倍，但随着影像数量的增加，其加速比也逐渐增大。出现这种情况的主要原因是：改进的全局配准的拼接方法主要是利用影像投影中心来进行控制点的更新操作，实际上所有控制点的全局坐标不是直接计算出来的，而是通过每张影像的投影中心来间接解算的，也就是说要获取任意一张影像上的所有控制点，我们只需求解该幅影像的投影中心的全局坐标即可获得；而传统的全局配准的拼接方法则是把所有的控制点当作未知数来直接求解，从而在采用 L-M 算法进行优化时，其雅可比矩阵的规模必然会特别大，收敛速度必然下降，并且随着影像数量的增加，其控制点的数量必然会大大增加，解算难度也会增大，所以会使得传统的全局配准的拼接方法耗时也大大增加。

通过上述分析可知，改进的全局配准的拼接方法可以解决累积误差的问题，在时间效率方面较之传统的全局配准的拼接方法有很大的提高；而在精度方面，它能够和传统的全局配准的拼接方法持平。这说明改进的全局配准拼接方法在保持了较高精度的前提下，其时间效率得到大大提高，证明本章方法的有效性。

6.3 基于最佳拼接线的影像融合

通过本章前面的几节的详细介绍，已经完成了无人机影像拼接的核心工作。但通过前面的实验，可以看出各个实验的拼接效果图中都存在明显的拼接缝，为了改善拼接效果，本节将详细介绍无人机影像的融合过程及实现。影像融合主要解决如下几个问题:首先,消除影像间出现的拼接"鬼影";其次,减小镜头畸变对拼接的影响;最后,消除影像间的曝光差异,实现无缝拼接。

6.3.1 影像融合技术概述

无人机影像的配准的精度决定了影像的拼接精度,而无人机影像的融合则决定了影像的视觉效果。利用无人机获取航拍影像时,要求无人机影像具有高重叠性。一般来说要求影像的航向重叠率保持在60%左右,旁向重叠率保持在35%左右[68]。所谓航向重叠率,是指航带内相邻的两张无人机影像的重叠率;旁向重叠率则是指相邻两个航带之间的重叠率。航带、航向重叠率过低,会使得影像之间的重叠区域太少,获取不到足够的同名控制点,不利于配准。航向、旁向重叠率过高,则会使得有效的覆盖区域太少,加大飞行作业量,并增加数据量。无人机在获取影像时是一直在朝前飞行,其飞行姿态极不稳定,必然会使得无人机影像存在光强和色彩的差异。若在拼接时,简单地将一幅影像直接覆盖在另一幅影像上,而不做任何融合处理,必然会使得拼接后的影像产生明显的接缝线,并且在拼接缝两边会出现局部错位。因此要在生成最终拼接图像结果之前去除光强和色彩的差异,使生成的拼接结果中看不到明显的拼接缝,这就是所谓的无缝融合[69]。未经融合的两张无人机影像的拼接效果如图6-10所示。

图6-10 未经融合的影像拼接效果图

从图6-10可以看出,在两张影像的重叠区域中,直接采用了第二张影像的灰度值,也就相当于将第二张影像直接覆盖在第一张影像之上,导致重叠区域的边缘出现了非常明显的接缝线。并且,由于接缝线位于远离影像中心的边缘区域,而远离中心的边缘区域的畸变是最为明显的,这就导致在接缝线两边会出现明显的错位,见图中红圈所指区域。为解决这个明显的接缝线问题,文献[30]使用了平均加权的融合方法来实现重叠区域的融合,文献[31]则采用了线性加权的融合方法对重叠区域进行处理。实际上,平均加权的融合方法是特殊的线性加权的融合方法,只是将重叠区域的两张影像的权重分别赋值为0.5。线性加权的融合方法主要对重叠区域做如下处理[30]:对于重叠区域内的一个像素点 $I(x, y)$,分别对应于第一张影像的像素点 $I_1(x_1, y_1)$ 和第二张影像的像素点 $I_2(x_2, y_2)$,并分别对这两个点赋予相关的权重系数 w_1 和 w_2,令 Y_t 为重叠区域的上边界,Y_b 为重叠区域的下边界,那么可得出式(6-30)。

$$I(x,y) = \begin{cases} I_1(x_1, y_1) & (x, y) \in I_1 \\ w_1 I_1(x_1, y_1) + w_2 I_2(x_2, y_2) & (x, y) \in (I_1 \cap I_2) \\ I_2(x_2, y_2) & (x, y) \in I_2 \end{cases}$$

$$\begin{cases} w_1 = \dfrac{Y_t - y}{Y_b - Y_t} \\ w_2 = \dfrac{y - Y_b}{Y_b - Y_t} \end{cases} \quad (6-30)$$

通过式(6-30),可以实现对两张影像的重叠区域进行加权融合,从而实现从第一张影像到第二张影像的平滑过渡,具体的融合效果见图6-11。

图6-11 线性加权融合方法的影像拼接效果图

从图 6-11 可以看出，线性加权的融合方法算法比较简单，运算速度很快。通过线性加权的融合方法在一定程度上解决了影像拼接缝的问题，但是在两张影像的重叠区域，出现了非常明显的"鬼影"，并且丧失了很多细节信息，在拼接缝两边局部存在非常明显的错位，拼接效果并不理想。导致这种结果出现的原因主要有三个：第一，线性加权的融合方法是假设重叠区域内的所有像素点都是完全正确匹配的，但是在实际的配准过程中，必然会存在一定的误差，这就使得对应的像素点并不是完全匹配，在进行重采样时所获取的灰度值并不一定准确，导致出现"鬼影"现象，从而使得图像变得模糊，丧失了很多的细节信息；第二，线性加权的融合方法的接缝线远离影像的中心，处于影像的边缘，而成像设备本身存在一定的畸变，靠近影像中心的像素点畸变很小，远离影像中心的边缘像素则畸变非常大，而线性加权融合方法的拼接缝，则处于影像的边缘，这必然会使得接缝线两边出现明显的局部错位；第三，线性加权的融合方法并没有完全消除影像之间的曝光差异。

为解决上述几个问题，很多学者做了许多研究，其中一种非常有效的方法是基于图切割的思想，寻找影像重叠区域中的一条不规则的拼接线，称之为最佳拼接线，该拼接线应尽量绕过明显线性地物，并尽量位于重叠区域的中间。在拼接的过程中，根据生成的最佳拼接线把重叠区域分割成不规则的两个区域，每个区域均只取一幅影像的数据，这样可以有效地解决线性加权融合方法无法解决的问题，进而实现无人机影像的无缝拼接。

通过上述分析，基于图切割的思想进行无人机影像融合的最关键的步骤就是如何寻找重叠区域的最佳拼接线。在文献[32]中，朱瑞辉等人采用迪杰斯特拉算法来搜寻最佳拼接线，并通过搜索出来的最佳拼接线进行拼接融合，但是该算法的空间和时间复杂度相对较高；在文献[33,34]中，方贤勇通过动态规划的思想来实现最佳拼接线的搜寻，该方法降低了时间和空间复杂度；在文献[35]中，Duplaquet M L 基于图切割的思想来实现最佳拼接线的搜索，拼接效果也有所改善；在文献[36]中，韩文超通过采用 A^* 算法来实现重叠区域最佳拼接线的搜索，并将它运用于无人机影像的拼接当中，取得了较好的效果。本章也将基于文献[36]的方法寻找最佳拼接线，并在此基础上对它进行改进，利用重叠区域中心对最佳拼接线的搜寻进行约束，以保障最佳拼接线尽可能地处于重叠区域的中间区域，从而减少由成像设备自身畸变带来的误差，找到最佳拼接线后利用多分辨率技术对重叠区域进行融合，从而实现无人机影像的无缝拼接。

6.3.2 基于最佳拼接线的多分辨率样条技术影像融合

要对重叠区域自动搜索最佳拼接线，首先需要对它定义一个检测准则，基于这个准则使得搜索出来的拼接线的代价最小。那么，最佳拼接线的搜索问题则变成求解代价函数的最小值问题。

1. 最佳拼接线检测准则

基于图切割的思想来进行无人机影像的融合，主要是通过搜索最佳拼接线将重叠区域分成不规则的两个区域，让分割的两个区域分别对应一幅原始影像，若最佳拼接线找得比较合适，那么合成之后的影像可完全去除"鬼影"。鉴于此，搜索到的最佳拼接线的好坏完全决定了影像最终拼接效果的优劣，那么，选择一个稳定的、鲁棒的最佳拼接线搜索准则就显得尤为重要。一般来说，最佳拼接线应该尽可能地满足如下条件[34][70]：在几何结构上，拼接线上各像素点对应到原始影像上几何差异相对较小；在颜色差异上，拼接线上各像素点对应到原始影像上颜色差异应为最小。文献[34]提出的拼接线搜寻准则为：

$$E(x,y) = E_{color}(x,y)^2 + E_{geomatric}(x,y) \quad (6-31)$$

式中，$E_{color}(x,y)$为重叠区域内每个像素点对应在两原始影像上对应像素的颜色差值；$E_{geomatric}(x,y)$则为重叠区域每个像素点对应在两原始影像上对应像素的几何结构差值，该几何结构差值是通过对两幅原始影像的重叠区域进行差值计算后，再利用改进的Sobel算子进行卷积后而得来的，改进的sobel梯度算子模板为：

$$S_x = \begin{bmatrix} -2 & 0 & 2 \\ -1 & 0 & 1 \\ -2 & 0 & 2 \end{bmatrix}, \quad S_y = \begin{bmatrix} -2 & -1 & -2 \\ 0 & 0 & 0 \\ 2 & 1 & 2 \end{bmatrix} \quad (6-32)$$

改进后的Sobel梯度算子增强了对角线方向上的四个相邻像素点之间的相关性。由于文献[34]的拼接线准则是需要根据配准关系计算重叠区域像素点对应到两张原始影像的像素，那么它寻找到的拼接线的优劣就与配准精度相关。通过本章前面章节的分析可知，利用本章算法进行配准的精度非常高。鉴于此，本章也将采用上述拼接线搜索准则。通过上述准则，对两幅影像的重叠区域逐像素进行计算后，重构一个扩展的准则矩阵，再基于此准则矩阵对重叠区域进行最佳拼接线的搜索，给定一个起点和一个终点，将准则矩阵各个元素看成是其消耗的代价，此时，最佳拼接线的搜索问题即被转换为两点之间的最优路径搜索问题。

2. 改进的最佳拼接线搜索方法

1) 无约束的最佳拼接线

本章将采用 A* 算法进行重叠区域最佳拼接线的搜索，A* 算法一般用来搜索最短路径，将重叠区域的两幅原始影像利用式（6-31）进行计算后，可以得到一个新的准则矩阵，我们将这个矩阵看成一个带权有向图[71]，其每个元素则可认为是一个节点，那么整个重叠区域所对应的矩阵即可看作是一个邻接矩阵，进而可以利用 A* 算法进行最佳拼接线的检测。A* 算法是采用一个估价函数来评估每个步骤的决策损耗[71]，从起始点 S 到目的地 E 的最短距离 SE 通过估价函数 f^* 来表示，即在任意一个节点 n 上，估价函数值 $f^*(n)$ 由两个部分组成：一部分是从节点 $S \rightarrow n$ 的最佳路径的实际耗费；另一部分是从节点 $n \rightarrow E$ 估计的一条最佳路径的预计耗费：

$$f^*(n) = g^*(n) + h^*(n) \quad (6-33)$$

而当节点 S 到节点 n 之间没有约束时，$f^*(s) = h^*(s)$ 即为其最佳路径的代价，故将估价函数 f 看作是 f^* 的一个估计，从而可得式（6-34）：

$$f(n) = g(n) + h(n) \quad (6-34)$$

式中，g 是 g^* 的估计；h 是 h^* 的估计。$g(n)$ 就是搜索树中从节点 S 到节点 n 这段路径所耗费的实际代价，$h(n)$ 则与启发信息相关，f 是根据需要找到一条最小代价路径的观点来估算节点的。所以节点 n 的估价函数值是由从起始节点 S 到节点 n 的代价再加上从节点 n 到达目标节点 E 的代价，假设起点为 S 沿着某条路线经过节点 n 到达目标点 E，那么可认为该方案的 SE 间的估计距离为 S 到 n 实际已经行走了的距离 H 加上用估价函数估计出的节点 n 到终点 E 的距离。A* 算法的详细介绍见文献[36]。A* 算法的伪代码如下：

（1）把 S 放入 OPEN 表，记 $f = h$，令 CLOSED 为空表。

（2）重复下列过程，直至找到目标节点止。若 OPEN 为空表，则宣告失败。

（3）选取 OPEN 表中未设置过的具有最小 f 值的节点为最佳节点 BESTNODE，并把它放入 CLOSED 表。

（4）若 BESTNODE 为一目标节点，则成功求得一解。

（5）若 BESTNODE 不是目标节点，则扩展之，产生后继节点 SUCCSSOR。

（6）对每个 SUCCSSOR 进行下列过程：

①建立从 SUCCSSOR 返回 BESTNODE 的指针；

②计算 $g(SUC) = g(BES) + g(BES, SUC)$；

③如果 SUCCSSOR ∈ OPEN，则称此节点为 OLD，并把它添至 BESTNODE 的后继节点表中。

④比较新旧路径代价。如果 g（SUC）＜g（OLD），则重新确定 OLD 的父辈节点为 BESTNODE，记下较小代价 g（OLD），并修正 f（OLD）值。

⑤若至 OLD 节点的代价较低或一样，则停止扩展节点。

⑥若 SUCCSSOR 不在 CLOSE 表中，则看它是否在 CLOSED 表中。

⑦若 SUCCSSOR 在 CLOSE 表中，则转向③。

⑧若 SUCCSSOR 既不在 OPEN 表中，又不在 CLOSED 表中，则把它放入 OPEN 表中，并添入 BESTNODE 后裔表，然后转向（7）。

⑨计算 f 值。

(7) GO LOOP。

利用 A*算法对两幅无人机影像重叠区域所对应的准则矩阵进行搜索后，所得到的处理效果见图 6-12。

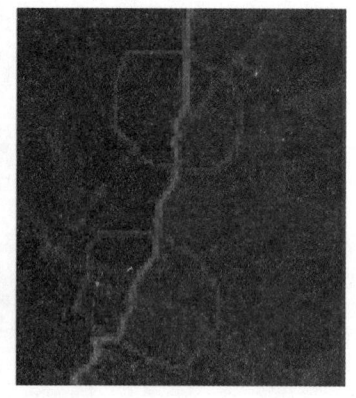

图 6-12　无约束的最佳拼接线

从图 6-12 中可以看出，基于最佳拼接线的融合方法解决了"鬼影"问题，也能够得到较好的融合效果，但是从图 6-12 中的红圈可以看出，无约束的最佳拼接线两边仍旧出现了错位，并且无约束的最佳拼接线绝大部分是出现在靠近无人机影像的边缘区域，而影像的边缘区域又是畸变最大的区域，这就使得在其在拼接的过程当中产生了图 6-12 中红圈所示的错位。为了减小镜头畸变给无人机影像处理所带来的不利影响，本章提出一种利用影像重叠区域中心对最佳拼接线的搜索进行约束的方法，以使得搜索出来的最佳拼接线可以稳定地处于重叠区域中间,从而可以减小镜头畸变在对无人机影像进行处理时产生的影响。

2) 重叠区域中心约束的最佳拼接线

根据 6.2 节计算出来的 Homography 矩阵,可以定位到相邻两张影像重叠区域的每个顶点,再基于这些顶点,选择最佳拼接线的起点和终点,并定位重叠区域的中心位置,而越是靠近影像中心区域的地方,其镜头畸变越小。为了保证最佳拼接线尽可能稳定地出现在重叠区域的中间区域,以尽量减少成像设备的畸变所带来的影响,本章提出一种通过重叠区域的中心对拼接线的搜寻进行约束的方法,在搜索整个重叠区域的拼接线时,将拼接线分成如图 6-13 所示的 AB、BC、CD、DE 四个部分。

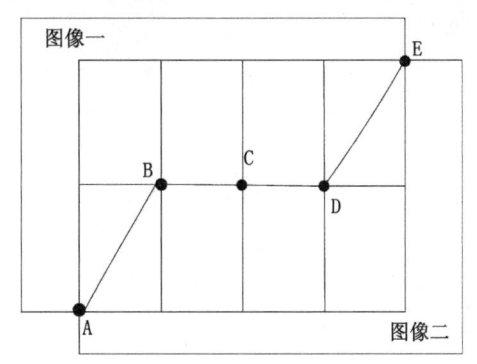

图 6-13 重叠区域中心的拼接线搜索约束

在图 6-13 中,浅蓝色节点即为各个关键节点,从左到右依次为图像边界交点 A、中心线拐点 B、重合区域几何中心 C、中心线拐点 D 和图像边界交点 E,其中起点 A 和终点 E 需通过 6.2 节所计算出来的每张影像的 Homography 矩阵进行定位。关键节点的求算,完全基于图像的几何关系。图像边界交点 A、E,可以通过两张图像的边界遍历,选择最佳的一对交点而得到;中心线拐点 B、D,可以分别通过图像边界交点 A、E 和重叠区域内的另一张图像顶点的角平分线的交点得到;重叠区域几何中心 C,即为重叠区域各个边界的中线的交点。它们的有序连线即为这一组影像的接缝线,以红色线段表示,分别为 AB、BC、CD、DE 四组。利用 A^* 算法进行最佳拼接线的搜索时,分别以 AB、BC、CD、DE 作为一对起点和终点,最后再将上述四组局部拼接线合并成为一组拼接线,从而得到整个重叠区域的最佳拼接线。基于重叠区域中心约束所得到的拼接效果如图 6-14 所示。

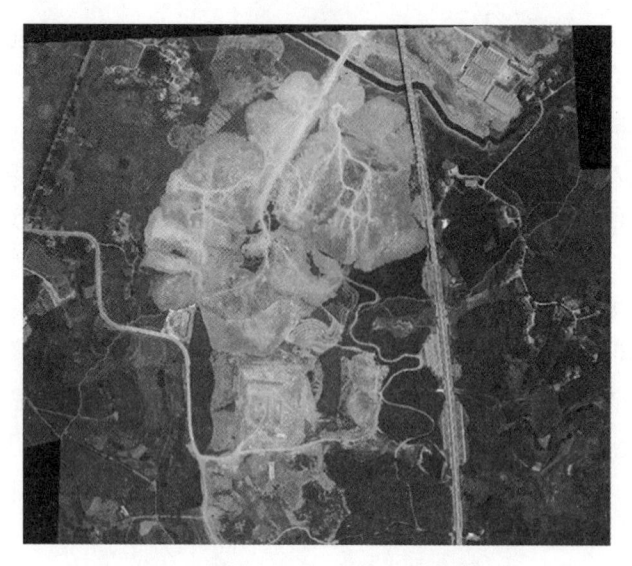

图 6-14　重叠区域中心约束的最佳拼接线

从图 6-14 可以看出，利用重叠区域中心对最佳拼接线的搜索进行约束，可以使得搜索到的最佳拼接线整体位于整个重叠区域的中间区域，保证整个拼接线以一个稳定的形状出现在重叠区域的中间，从而能有效地减小由于成像设备的畸变对拼接的影响。从图 6-14 可以看出，它没有出现图 6-12 红圈中那种明显的错位。并且，利用本章算法所搜索到的最佳拼接线能够较好地绕过线状地物，达到较好的拼接效果。但是，由于整个拼接后的影像被最佳拼接线分割成两部分，每个部分分别对应一张原始影像，这样虽然解决了"鬼影"问题，也减小了镜头畸变给拼接所带来的不利影响，但影像间曝光差异的问题仍旧未能解决。

3. 多分辨率样条技术图像融合

在前文中，虽然通过最佳拼接线的方法解决了"鬼影"问题和几何畸变的问题，也使得拼接效果有了较为明显的改进，但是并没有对最佳拼接线两边进行真正意义上的融合，故其在最佳拼接线两边仍旧会存在一定的拼接痕迹，这是由于影像间存在曝光差异所引起的，为了消除这些拼接痕迹，我们采用了文献[36]所提出的多分辨率样条法来对拼接线两边进行融合。该方法大体过程如下[36]。

（1）首先对两幅原始影像构建高斯金字塔，所有金字塔都是构建 6 层。

（2）再对基于最佳拼接线所生成的 mask 图像构建高斯金字塔，并进一步构建拉普拉斯金字塔。

（3）然后基于原始影像的高斯金字塔构建其拉普拉斯金字塔，拉普拉斯金字塔的构建过程主要是将上一层的高斯图像与扩展到与上一层图像相同大小的下一层高斯图像相减而得到。对于处在最顶层的拉普拉斯金字塔图像，则是将原始高斯影像的最高一层直接进行拷贝即可。对图像进行拉普拉斯金字塔分解后，图像的边缘及纹理都将被分解到各层空间频域上。

（4）当原始影像的拉普拉斯金字塔构成后，进一步根据 mask 图像的拉普拉斯金字塔来对两幅原始影像所生成的拉普拉斯金字塔进行逐层融合。

（5）最后再将所有分层融合的结果逐层向上扩展后全部相加，构成最终的融合结果，从而实现整个重叠区域的无缝拼接。

6.3.3 实验分析

针对拼接过程中存在的"鬼影"问题，本章利用最佳拼接线来对影像进行分割以消除"鬼影"；针对镜头畸变对拼接所产生的影响，提出利用影像重叠区域中心来对最佳拼接线进行约束，使其稳定地处于重叠区域中间，减小镜头畸变对拼接造成的影响；针对无人机影像间的曝光差异，采用多分辨率样条融合技术来消除。通过上述这些步骤，最终实现了无人机影像的无缝拼接。具体的实验效果见图 6-15。

（a）无约束的最佳拼接线

图 6-15 无人机影像的无缝拼接

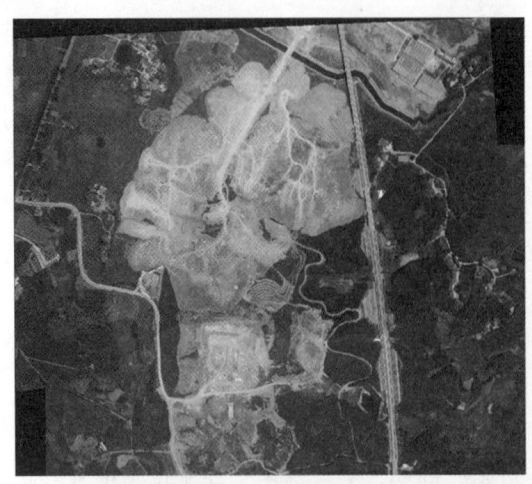

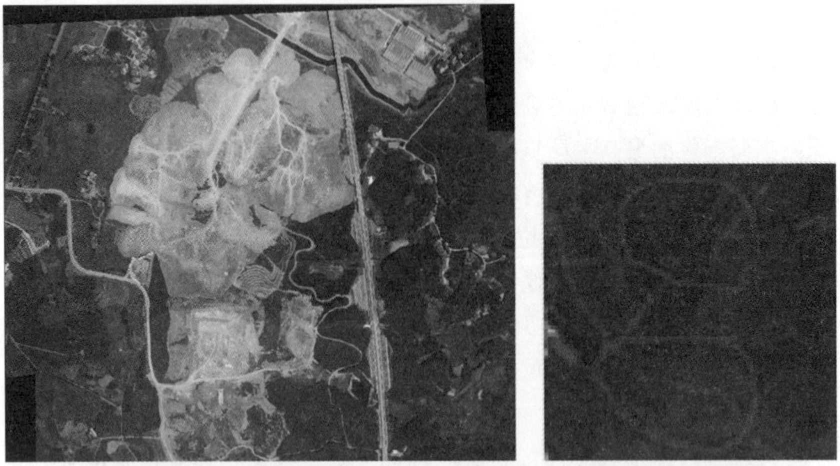

(b) 无约束的最佳拼接线拼接效果（两幅）

(c) 重叠区域中心约束的最佳拼接线（两幅）

图6-15 无人机影像的无缝拼接（续）

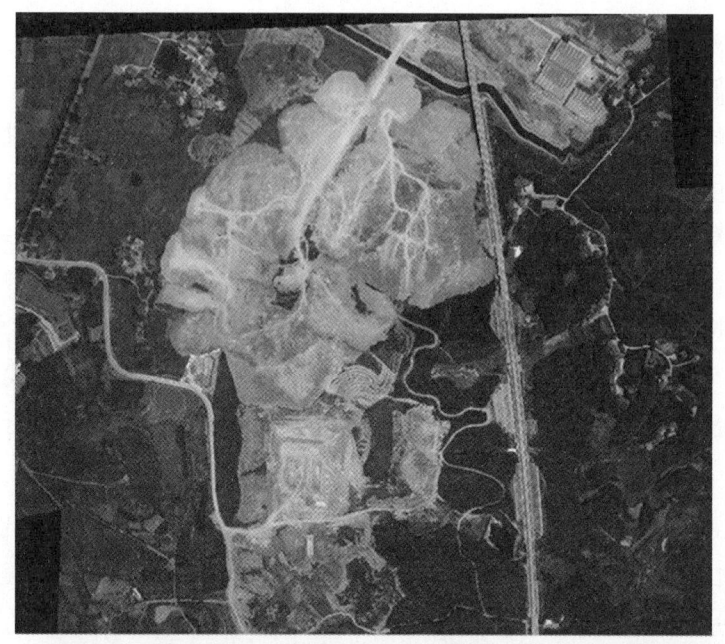

(d) 重叠区域中心约束的最佳拼接线的拼接效果（两幅）

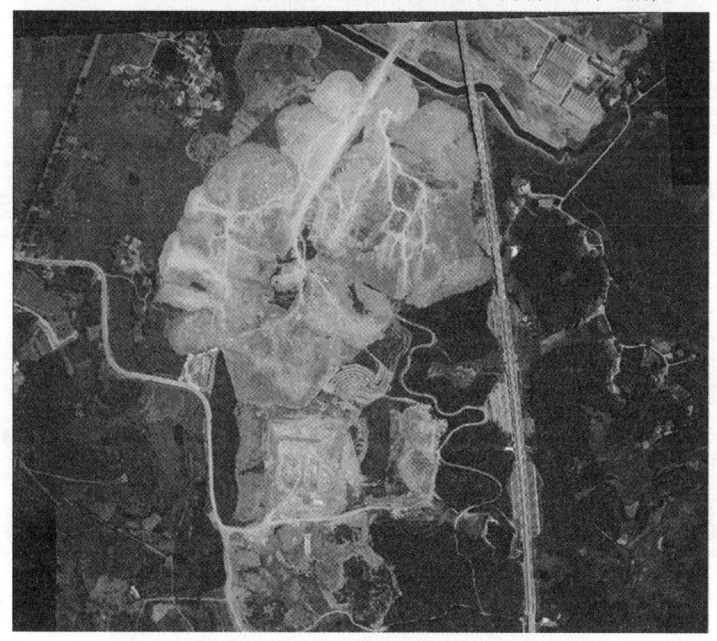

(e) 多分辨率样条技术图像融合效果（两幅）

图 6-15　无人机影像的无缝拼接（续）

从图 6-15（a）和 6-15（b）可以看出，在图 6-11 中出现的非常明显的"鬼影"已经不复存在，这说明无约束的最佳拼接线方法解决了"鬼影"问题。但是从图 6-15（b）中红线所圈的区域可以看出，拼接线两边仍旧存在明显的错位，且拼接线绝大部分都处于影像的边缘区域。正是由于拼接线处于边缘区域，才使得拼接线两边影像由于镜头畸变的影响而产生了非常明显的错位。对比图 6-15（b）红线所圈的区域，从图 6-15（c）和 6-15（d）可以看出，拼接处并没有出现明显的错位。这说明利用重叠区域中心来对最佳拼接线的搜索进行约束，可以有效地使拼接线处于重叠区域的中间位置，进而减小镜头畸变对拼接的影响。并且，利用本章算法所搜索到的最佳拼接线能够较好地绕过线状地物。通过对图 6-15（b）和图 6-15（d）进行比较可知，重叠区域中心约束的处理效果要明显比无约束的处理效果好，它消除了图 6-15（b）红圈区域由于镜头畸变所带来的错位。从图 6-15（e）可以看出，利用基于最佳拼接线的多分辨率样条技术对两幅影像进行融合后，拼接线两边实现了平滑过渡，不存在任何拼接缝，与图 6-15（d）相比，影像之间的曝光差异已经完全消除，真正实现了影像间的无缝拼接。

对于多幅影像，基于最佳拼接线的影像融合方法也能取得良好的效果。

（a） 未经融合的无人机影像拼接效果图（40 幅）

图 6-16 多幅无人机影响的无缝拼接

（b）基于最佳拼接线的多分辨率样条技术影像融合的效果图（40幅）

图6-16 多幅无人机影响的无缝拼接（续）

从图6-16（a）可以看出，未经融合的多幅无人机影像间存在着非常明显的曝光差异，拼接之后在拼接处有明显的拼接痕迹，视觉效果非常一般。而在图6-16（b）中，影像之间的拼接痕迹已经不复存在，曝光差异也完全消除，最佳拼接线两边均达到了良好的融合效果。可见，利用本章所采用的融合算法，可以真正实现无人机影像重叠区域的无缝拼接。

参考文献

[1] 崔红霞, 孙坚, 林宗坚. 无人机遥感设备的自动化控制系统 [J]. 测绘科学, 2004, 29（1）: 47-49.

[2] 毛家好. 无人机遥感影像快速无缝拼接 [D]. 成都: 电子科技大学, 2010.

[3] 冉柯柯, 王继成. 基于比值法图像拼接的等比例改进算法 [J]. 计算机技术与发展, 2010, 20（2）, 5-8.

[4] 刘冬梅. 图像拼接算法研究 [D]. 西安: 西安电子科技大学, 2008.

[5] 晁锐, 张科, 李言俊. 像素级多分辨率图像融合技术概述 [J]. 系统工程与电子技术, 2004（01）.

[6] 李柏林. 基于特征点图像拼接的配准算法研究 [D]. 天津: 天津大学, 2008.

[7] Hartley R, Gupta R. Linear pushbroom cameras. Third European Conference on Computer Vision. Stockholm, Sweden：[s. n.]，1994：555-566.

[8] 汪成为. 灵境（虚拟现实）技术的理论、实现及应用 [M]. 南宁：广西科学技术出版社，1996.

[9] 李志刚. 边界重叠图像的一种快速拼接算法 [J]. 计算机工程，2000，26（5），37-38.

[10] C. D. Kuglin, D. C. Mines. The Phase Correlation Image Alignment Method.

[11] Proceeding of IEEE International Conference on Cybernetics and Society，New York，1975，9，163-165.

[12] E. D. Castro, C. Morandi. Registration of translated and rotated images using finite Fourier transforms. IEEE Trans. On Pattern Analysis and Machine Intelligence，9（5），1987，700-703.

[13] S. Zokai, G. Wolberg. Image Registration Using Log-Polar Mappings for Recovery of Large-Scale Similarity and Projective Transformations. IEEE Trans. on Image Processing，14（10），10，2005，1422-1434.

[14] R. B. Srinivasa, B. N. Chatterji. An FFT-based technique for translation, rotation, and scale-invariant image registration. IEEE Trans. On Image Processing，8（5），9，1996，1266-1271.

[15] Harris C. G, Stephen M. A Combined Corner and Edge Detector. Proceedings of the Fourth Alvey Vision Conference，1988.

[16] 姚国标, 杨化超, 张磊. 宽基线立体影像 Harris-Laplace 特征的最小二乘匹配算法研究 [J]. 测绘科学，2011.

[17] Richard Szeliski. Video Mosaics for Virtual Environments. IEEE Computer graphics and applications，1996，16（2）：22-30.

[18] T Linderberg. Feature detection with automatic scale selection. International Journal of Computer Vision，1998，30（2）：79-116.

[19] David G. Lowe. Object recognition from local scale-invariant features. International Conference on Computer Vision，Corfu，Greece，1999，1150-1157.

[20] Peleg S, Rousso B. Mosaicing on adaptivemanifolds. IEEE transactions on PAMI（10）：1144-1154.

[21] K. Mikolajczyk, C. Schmid. Indexing based on scale invariant interest points. In ECCV, 2001, 525-531.

[22] David G. Lowe. Distinctive Image Feature from Scale-Invariant Key points. International Journal of computer Vision, 2004, 60 (2): 91-110.

[23] Daniel Wagner, Gerhard Reitmayr. Real-Time Detection and Tracking for Augmented Reality onMobile Phones. IEEE Transactions on Visualization and Computer Graphics, 2010, 355-368.

[24] 李晓明,郑链,胡占义.基于SIFT特征的遥感影像自动配准[J].遥感学报,2006,10(6):885-892.

[25] 杨占龙,郭宝龙,等.基于兴趣点伪泽尼克距的图像拼接[J].中国激光,2007,11(34),1548-1552.

[26] 吕金建.基于特征的多源遥感图像配准技术研究[D].长沙:国防科技大学,2008.

[27] 李德仁,郑肇葆.解析摄影测量学[M].北京:测绘出版社,1992.

[28] 王之卓.数字摄影测量[M].北京:测绘出版社,1979.

[29] 陈辉,龙爱群,等.由未标定手持相机拍摄的图片构造全景图[J].计算机学报,2009(2).

[30] Shum H Y, Szeliski R. Construction of panoramic image mosaics with global and local alignment. Systems and experiment 2000 (02).

[31] 李波.一种基于小波和区域的图像拼接方法[J].电子科技,2005(4),49-52.

[32] 朱瑞辉,万敏,范国滨.基于金字塔变换的图像融合方法[J].计算机仿真,2007,24(12),178-180.

[33] 方贤勇,潘志庚,徐丹.图像拼接的改进算法[J].计算机辅助设计与图形学学报,2003,15(11),1362-1365.

[34] 方贤勇,张明敏,潘志庚.基于图切割的图像拼接技术研究[J].中国图像图形学报,2007,12(12),2050-2056.

[35] Duplaquet M L. Building large image mosaics with invisible seamlines. Proceedings of SPIE Visual Information Processing VII, Orlando, USA, 1998, 369-377.

[36] 韩文超. 基于 POS 系统的无人机遥感图像拼接技术研究与实现 [D]. 南京：南京大学, 2011.

[37] PETER J. BURT, EDWARD H. A Multi-resolution Spline With Application to Image Mosaics. ACM Trans. Graphics, 2 (4), 1983, 217 - 236.

[38] 雷小群, 李芳芳, 肖本林. 一种基于改进 SIFT 算法的遥感影像配准方法 [J]. 测绘科学, 2010, 35 (5), 143 - 145.

[39] 周骥, 石教英, 赵友兵. 图像特征点匹配的强壮算法 [J]. 计算机辅助设计与图形学学报, 2006.

[40] Moravec. H. Rover visual obstacle avoidance. International Joint Conference on Artificial Intelligence, Vancouver, Canada, 1981, 785 - 790.

[41] Smith SM, Brady M. SUSAN-A new approach to low level image processing. International Jaurnal of Computer Vision, 1997, 23 (1).

[42] Chris Harris, Mike Stephens. A Combined Corner and Edge Detector. Proceedings of the 4th Alvey Vision Conference, 1988, 147 - 151.

[43] 谢东海, 詹总谦, 江万寿. 改进 Harris 算子用于点特征的精确定位 [J]. 测绘信息与工程, 2003.

[44] Jason Sanders, Edward Kandrot. CUDA by Example：An Introduction to General-PurposeGPU Programming. Tsinghua University Press, 2010.

[45] 赵改善. 地球物理高性能计算的新选择：GPU 计算技术 [J]. 勘探地球物理进展, 2007, 30 (5), 399 - 404.

[46] 杨云麟, 罗忠奎, 谭诗翰. 基于 GPU 的高速图像融合 [J]. 计算机工程与设计, 2010, 31 (22), 4870 - 4876.

[47] NVDIA Corporation. NVIDIA CUDA Compute Unified Device Architecture Programming Guide (Version 1.1), 2007.

[48] NVDIA. CUDA 编程指南 4.0 中文版, 2011.

[49] 年华. GPU 通用计算与基于 SIFT 特征的图像匹配并行算法研究 [D]. 西安：西安电子科技大学, 2010.

[50] 王雅萍. UAV 影像自动配准与拼接方法研究 [D]. 昆明：昆明理工大学, 2010.

[51] Dufournaud, Cordelia Schmid and Radu Horaud. Image matching with scale

adiustment. Computer Vision and Image Understanding, 2004, 93 (2), 175-194.

[52] 李竞超. 基于立体视觉的三维重建 [D]. 北京: 北京交通大学, 2010.

[53] 田文, 徐帆, 王宏远等. 基于 CUDA 的尺度不变特征变换快速算法 [J]. 计算机工程. 2010, 36 (4), 219-221.

[54] 雷小群, 李芳芳, 肖本林. 一种改进 SIFT 算法的遥感影像配准方法 [J]. 测绘科学, 2006, 26 (12), 115-117.

[55] S. Arya. Nearest neighbor searching and applications. Technical Report CAR-777, Center for Automation Research, University of Maryland, June 1995.

[56] 马颂德, 张正友. 计算机视觉: 计算理论与算法基础 [M]. 北京: 科学出版社, 1997.

[57] Martin A. Fischler and Robert C. Bolles. Random Sample Consensus: A Paradigm for Model fitting with Applications to Image Analysis and Automated Cartography. Graphics and Image Processing. 1981, 381-395.

[58] 杨占龙. 基于特征点的图像配准与拼接技术研究 [D]. 西安: 西安电子科技大学, 2008.

[59] Yalin Xiong, Turkowski, K. Registration, Calibration and Blending in Creating High Quality Panoramas. Applications of Computer Vision, 1998, 69-74.

[60] Barbara Zitová, Jan Flusser. Image registration methods: a survey. Image and Vision Computing, 2003, 977-1000.

[61] K. Madsen, H. B. Nielsen. Methods for Non-Linear Least Squares Problems. Informatics and Mathematics ModellingTechnical University of Denmark, 2004.

[62] 王腾蛟. 基于 Levenbeg-Marquardt 算法图像拼接研究 [D]. 长沙: 国防科学技术大学, 2009.

[63] Anubhav Agarwal, C. V. Jawahar, P. J. Narayanan. A Survey of Planar Homography Estimation Techniques. Centre for Visual Information Technology International Institute of Information Technology, 2005.

[64] Matei, B. and Meer, P. Optimal Rigid Motion Estimation and Performance Evaluation with Bootstrap. Computer Vision and Pattern Recognition, 1999.

[65] Ezio Malis, Manuel Vargas. Deeper understanding of the homography decompo-

sition for vision-based control. Department of Automation and Systems Engineering Universidad de Sevilla, 2007.

[66] Kourogi, M. and Kurata, T. REAL-TIME IMAGE MOSAICING FROM A VIDEO SEQUENCE. Image Processing, 1999.

[67] Manolis I. A. Lourakis. A Brief Description of the Algorithm Implemened by levmar. Institute of Computer Science Foundation for Research and Technology-Hellas, 2005.

[68] Pradit Mittrapiyanuruk. A Memo on How to Use the Algorithm for Refining Camera Calibration Parameters. Robot Vision Laboratory, Purdue University, 2004.

[69] 何敬, 李永树, 鲁恒等. 无人机影像的质量评定及几何处理研究 [J]. 测绘通报, 2010 (04), 22-24.

[70] 吴阳. 全景图拼接技术研究. 南京: 南京理工大学, 2005.

[71] 温红艳, 周建中. 遥感图像拼接算法改进 [J]. 电光与控制, 2009 (12), 34-37.

第 7 章 基于 GPU 的无人机图像快速处理

本章主要是把具有强大浮点计算和并行处理能力的 GPU 应用到无人机遥感图像配准和拼接处理过程中，并通过对算法的并行化改造，使其适用于 GPU 上高效执行，加快海量无人机遥感图像处理的速度。

7.1 GPU 与 CUDA 并行计算概述

2006 年，NVIDIA 公司就推出了采用统一渲染架构的 GPU，以流处理器的形式替代了传统 GPU 上分离的顶点渲染单元（Vertex Shader）和像素渲染单元（Pixel Shader），由统一的着色架构实现对资源的动态分配，打破了传统的分离式架构带来的性能瓶颈。一直以来 GPU 只是作为一个协处理器，只负责图像视频渲染，由于图像视频渲染的高度并行性，使得 GPU 可以通过增加处理单元和存储器控制单元的方式来提高处理能力和存储器带宽，而不像普通 CPU 那样通过复杂的逻辑控制单元和缓存单元来提高执行效率。GPU 与 CPU 的架构对比如图 7-1 所示。

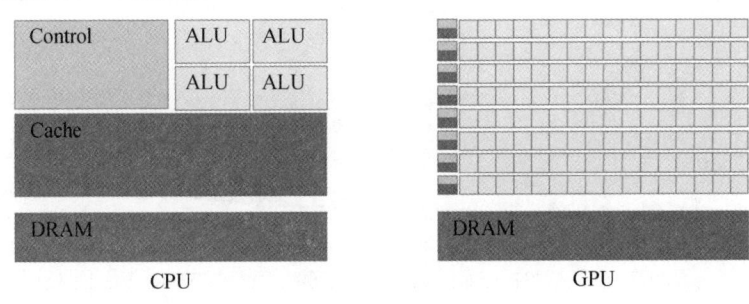

图 7-1 GPU 与 CPU 架构对比示意图

从图 7-1 可看出，CPU 由于要处理各种各样复杂的运算，里面必然涉及各种复杂的逻辑控制和分支预测，为了提高执行效率而使用了大量的缓存（Cache），而 GPU 上运行的计算相对简单，多为数据密集型计算，因此可以通过增加计算单元和提高存储带宽来实现。到目前为止，CPU 已经发展到双核甚至多核 CPU，但在一个时钟周期内 CPU 一个核心只能运行一个线程指令。CPU 的多线程机制是通过操作系统提供的 API（Application Programming Interface）来实现的，是一种软件粗粒度的多线程。当一个线程中断或等待所需资源时，操作系统预先保存当前线程上下文，并装载另一个线程上下文，正是这种多线程机制导致 CPU 上执行线程切换时需要很多时钟周期，代价很高。GPU 上是由硬件管理的轻量级线程，可以实现零开销的线程切换。在 GPU 上执行的大量线程，当一个线程访问存储资源或者是同步指令时，硬件线程管理单元就会激活另一个处于就绪状态的线程。如果线程中的执行指令需要较多时间，访问存储器时间较少，由于大量线程轻量级切换可以使对存储器的访问延迟得到很好的隐藏，而且线程越多，延迟隐藏越好，执行效率越高。正是由于上述差异，使得 GPU 在执行数据密集型计算时，其浮点计算能力远远超过同期 CPU。在存储资源上，显存颗粒直接固化在显卡板上，而 CPU 上除了缓存之外没有其他存储资源，CPU 对内存的访问要通过数据总线和地址总线来实现，这些都使得 GPU 上显存带宽要远高于 CPU 内存的带宽。

图 7-2 所示为目前 NVIDIA GPU 与 Intel CPU 的浮点计算、存储器带宽对比。

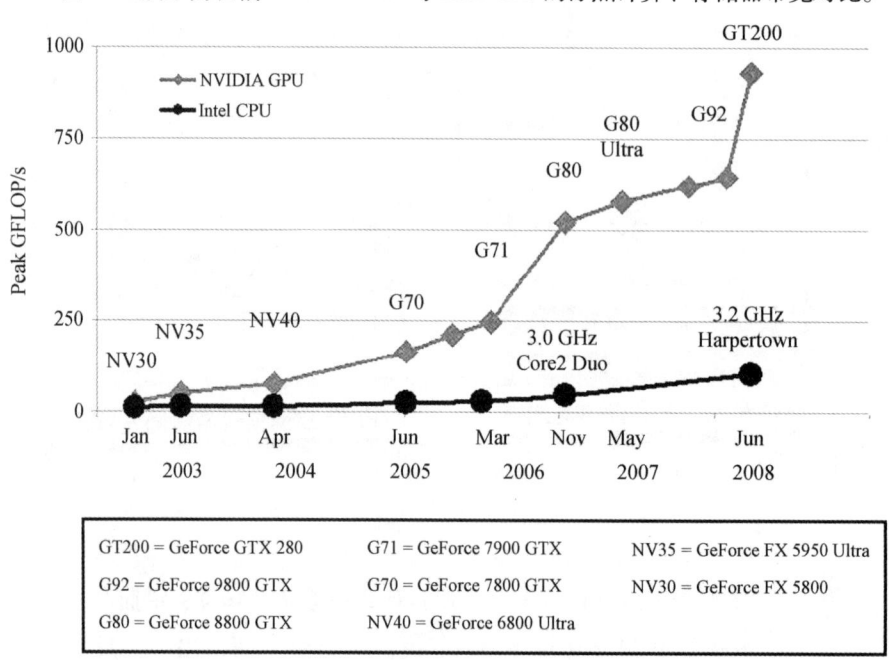

图 7-2　GPU 与 CPU 性能对比

第 7 章　基于 GPU 的无人机图像快速处理

图 7-2　GPU 与 CPU 性能对比（续）

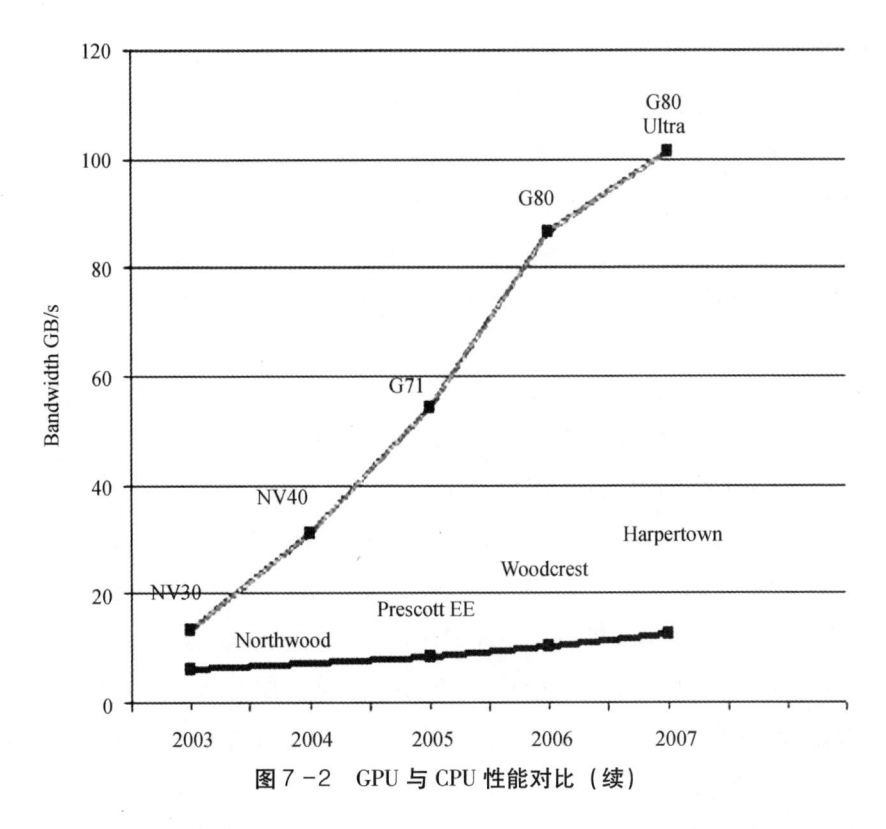

由于 GPU 性能的不断提高改进和可编程能力的不断发展完善，越来越多的人把它应用到其他领域[1][2]中去。

（1）数学计算。在 NVIDIA 官方发布的 CUDA 软件包中包含了基本线性代数函数库（Basic Linear Algebra SubPrograms，BLAS）和快速傅里叶变换函数库（Fast Furious Transform，FFT），可以用于向量、矩阵计算和 FFT 变换，为科研人员提供了方便。

（2）力学模拟。主要应用于流体力学、分子动力学模拟。

（3）图像处理。由于 GPU 具有强大的浮点计算和并行处理能力，业界许多人把 GPU 应用到图像视频处理中。Joaquin Franco 等人实现了基于 CUDA 的 2D 小波变换[3]；Juan Gomez-Luna 等人实现基于 CUDA 的并行化视频分割算法[4]；章拓等人实现的图像的超分辨率算法[5]，在图像超分辨率缩放后取得良好效果。在实际应用方面，美国的马萨诸塞州综合医院在 X 射线合成成像上使用基于 CUDA 的 GPU 进行 X 射线透视数据的图像重建，原来用 34 台 PC 组成的集群系统完成重建需要 20 多分钟，用 GPU 加速只需要 5 分钟即可完成。

在多媒体应用方面,已经有基于 GPU CUDA 实现的图像视频编解码、高清视频转换软件。Adobe 公司推出的 Flash 网页高清播放上也加入了对 CUDA 的支持。PhotoShop 是业界最常用、功能非常强大的图像处理软件,在 CS5 以后的版本里也加入了 GPU 加速的支持,通过 GPU 加速大大加快图像处理速度。

除了上述应用,GPU 还在能源探测[6]、科学计算[7]等方面得到越来越多的应用。

CUDA(Computer Unified Device Architecture,计算统一设备架构)是 NVIDIA 公司于 2007 年正式推出的第一种不需要图形学 API(Application Programming Interface,应用编程接口)就可以使用类 C 语言进行通用计算的开发环境和软件体系。传统上,GPU 被局限于处理图形渲染计算,在 CUDA 推出之前,NVIDIA 和 ATI(现在为 AMD)都推出了各自的 GPU 通用计算架构,之前的 GPU 通用计算即 GPGPU(General-purpose computing on graphics processing units),GPGPU 计算通常采用 CPU+GPU 异构模式,即由 CPU 负责执行复杂的逻辑和事务管理等不适于数据并行的计算,而 GPU 则是负责计算密集型的大规模数据并行计算。之前的 GPGPU 主要可编程单元是顶点着色单元和像素着色单元,在没有采用统一渲染架构的 GPU 中,两者在物理上是分离的。因此,在没有采用统一计算架构之前做 GPU 通用计算要求研究人员必须掌握一定的计算机图形学的知识,只能用汇编或高级着色器编程语言(如 GLSL、Cg、HLSL 等)编写 shader 程序,然后通过图形学 API(Direct3D、OpenGL)来执行,这样导致开发难度大,因此 GPGPU 未能得到广泛应用。NVIDIA 公司推出的 CUDA 正是考虑到传统 GPGPU 的上述弱点,对 GPU 软硬件做了很大的改变,使 CUDA 架构更适合 GPU 通用计算。主要改进有两方面:一是采用统一处理架构,可以更有效地利用过去分布在顶点着色器和像素着色器中的计算资源;二是引入片上共享存储器,支持随机写入和线程间通信。

经过最近三四年的大力推广,CUDA 在科学计算、商业应用都有了大量的应用。其全新的体系架构使得 GPU 有强大的浮点计算能力,于是成为 GPU 通用计算的首选,目前在科学计算、视频编解码、灾害预测及各种力学模拟中都有了很多应用,也取得了许多成果。

CUDA 是 NVIDIA 公司推出的 GPU 通用计算的开发环境,它是一个全新的系统架构，在 CUDA 里将 GPU 视为一数据并行计算的设备，可以对所进行的计算进行分配和管理。CUDA 使用 C 语言为基础，是 C 语言的扩展，因此大大降低了开发门槛，写出的程序用 NVCC 编译器编译后，可直接在 GPU 上运行。同时，CUDA 在驱动程序和函数库上都在不断完善扩充。在 CUDA 官方库中提供了 FFT（快速傅里叶变换）、BLAS（线性代数计算库），使得开发者在做大规模计算时更方便。

从 NVIDIA 公司官方说明上可看到 CUDA[26]有以下特性：

（1）统一的软硬件架构设计。

（2）GPU 内部实现了数据缓存和大规模线程管理。

（3）CUDA 程序采用标准 C 语言编写，并且支持一定的 C++ 语法。

（4）提供了 FFT 和 BLAS[26]标准数学库。

（5）一套完整的 CUDA 计算驱动程序。

（6）CUDA 驱动可以和 DirectX、OpenGL 进行交互操作。

（7）灵活的设备连接接口 SLI（Scalable Link Interface），可以实现多硬件核心并行计算。

（8）CUDA 是跨平台的，同时可以运行在 Linux 和 Windows 系统中。

新一代 GPU 都是往下兼容的，也就是说在 G80、G92 等老平台上编写的程序不用重新编译并可在新一代 GPU 上运行。同时，NVIDIA 免费提供 CUDA 开发工具、CUDA SDK、编程指南及各种不同的应用实例，大大方便了新手利用 CUDA 做 GPU 通用计算。

7.1.1 CUDA 软件架构

1. CUDA 软件栈

CUDA 软件堆栈由三层构成：设备驱动程序、应用程序编程接口（API）及其运行时两个较高级别的通用数学库，即 CUFFT（离散傅里叶变换）和 CUBLAS（线性代数计算库），如图 7-3 所示。

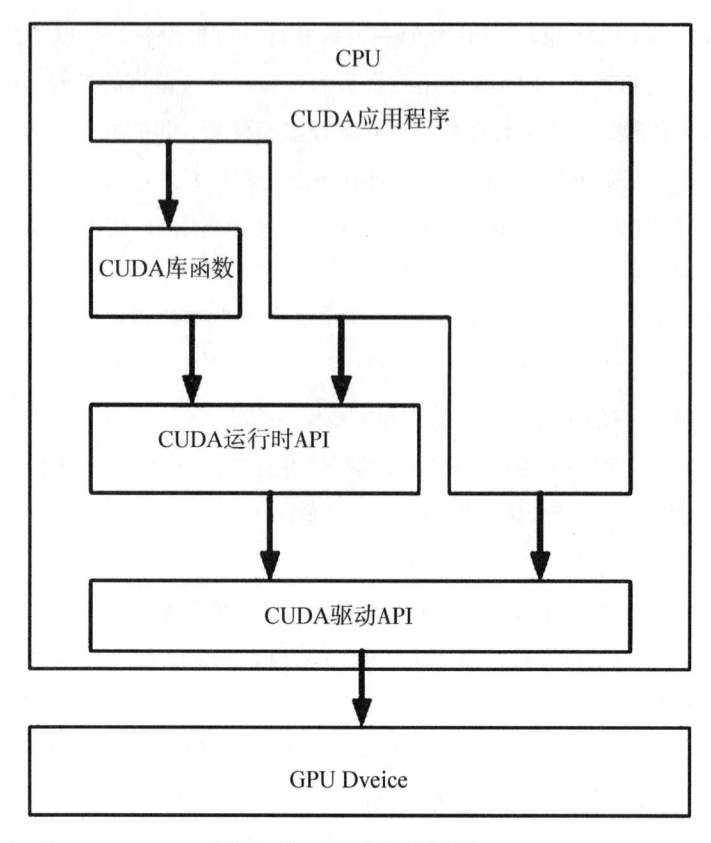

```
┌─────────────────────────────────────┐
│                CPU                  │
│  ┌───────────────────────────────┐  │
│  │       CUDA 应用程序           │  │
│  └──┬────────────────────────┬───┘  │
│     ▼                        │      │
│  ┌─────────┐                 │      │
│  │CUDA库函数│                │      │
│  └──┬──────┘                 │      │
│     ▼                        │      │
│  ┌───────────────────┐       │      │
│  │  CUDA 运行时 API  │       │      │
│  └──────┬────────────┘       │      │
│         ▼                    ▼      │
│  ┌───────────────────────────────┐  │
│  │        CUDA 驱动 API          │  │
│  └───────────────┬───────────────┘  │
└──────────────────┼──────────────────┘
                   ▼
         ┌───────────────────┐
         │    GPU Dveice     │
         └───────────────────┘
```

图 7 -3 CUDA 软件堆栈

2. CUDA 通用编程模式

在 CUDA 架构中, 程序可分为两个部分: 一是主机端 (Host), 二是设备端 (Device)。主机端运行在 CPU 上, 设备端 (Device) 则运行在 GPU 计算核心上。主机端运行的程序可以是 C、C + + 编写的, 而设备端运行的必须是 Kernel (核)。一般的 CUDA 计算流程是: 首先在主机端准备好待处理的数据, 在显存中分配存储空间, 然后把数据传送到显存中, 设备端执行计算, 待所有计算完成后把计算结果返回给主机端, 最后释放显存空间完成计算, 如图 7 - 4 所示。由于主机端不能直接管理 GPU 显存, 主机和设备端之间的数据传送必须通过调用 CUDA 运行时 API 来实现, 同时数据来回传送必须经过 PCI - Express 接口 (理论上 PCI - Express 接口带宽是双向 4GB/s), 如果经常性在主机 - 设备之间来回传送数据, 将占用大量时间, 大大降低 GPU 的执行效率, 因此要尽量避免这类操作。

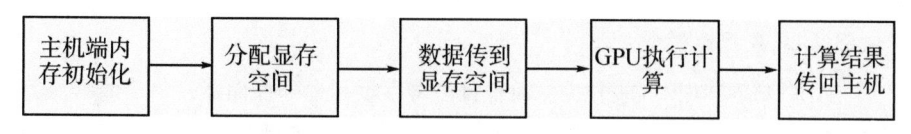

图7-4 CUDA程序执行流程

在 GPU 上的执行是以线程（Thread）为最小单位，多个线程（一般设为 16 的整数倍）组成一个线程块 Block，而多个线程块 Block 可以组成线程网格 Grid，每次在多处理器（Multi-Processor）以网格为执行单位执行运算，因此能实现大量线程并行运行。在这些众多的线程中，处于同一线程块 Block 内的线程可以完成线程间通信，不同线程块之间的线程无法通信，若要通信则要通过设置线程同步指令（Sycnthreads）来完成。CUDA 线程执行模型如图 7-5 所示。

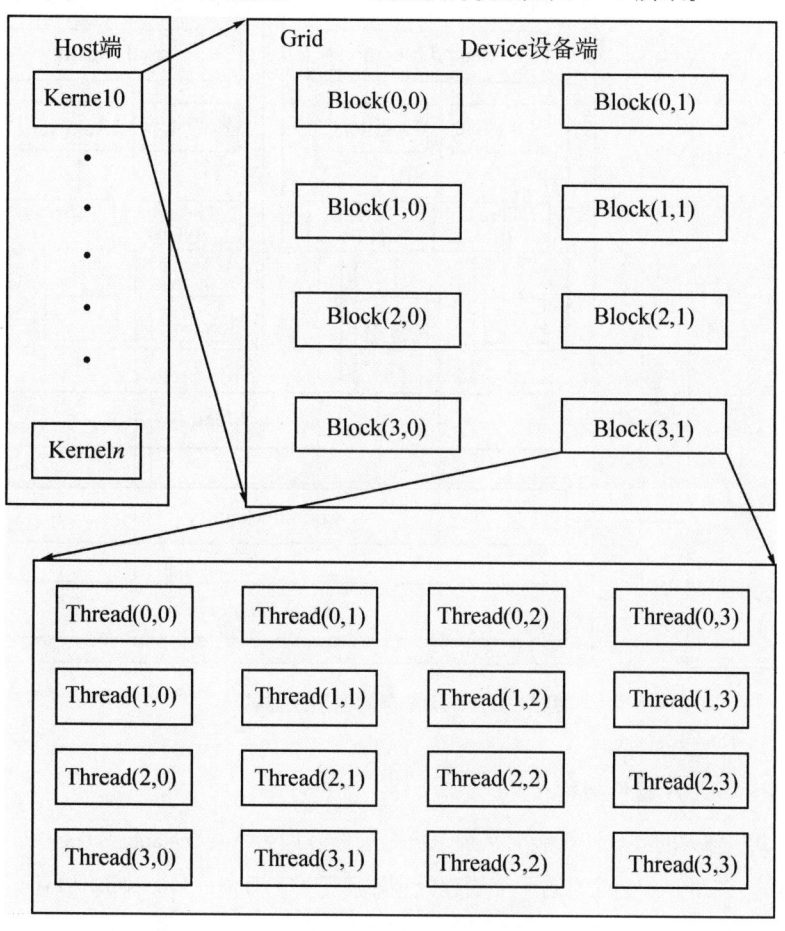

图7-5 CUDA线程执行模型

3. CUDA 存储模型

在 CUDA 架构下，每个线程拥有自己寄存器和局部存储器；每个线程块拥有一块共享存储器（Shared Memory）；每个网格中所有线程都可以访问同一块全局存储器（Global Memory）。此外，还有两类所有线程都能访问的只读存储器：常数存储器（Const Memory）和纹理存储器（Texture Memory）。在 CUDA 存储体系中，寄存器是延迟最小的，其次是片上的 Shared Memory，延迟最大的是 Local/Global Memory。具体内存模型见图 7-6（图中双向箭头表示线程能对该内存进行读/写操作，单向箭头表示线程对该内存进行只读操作）。

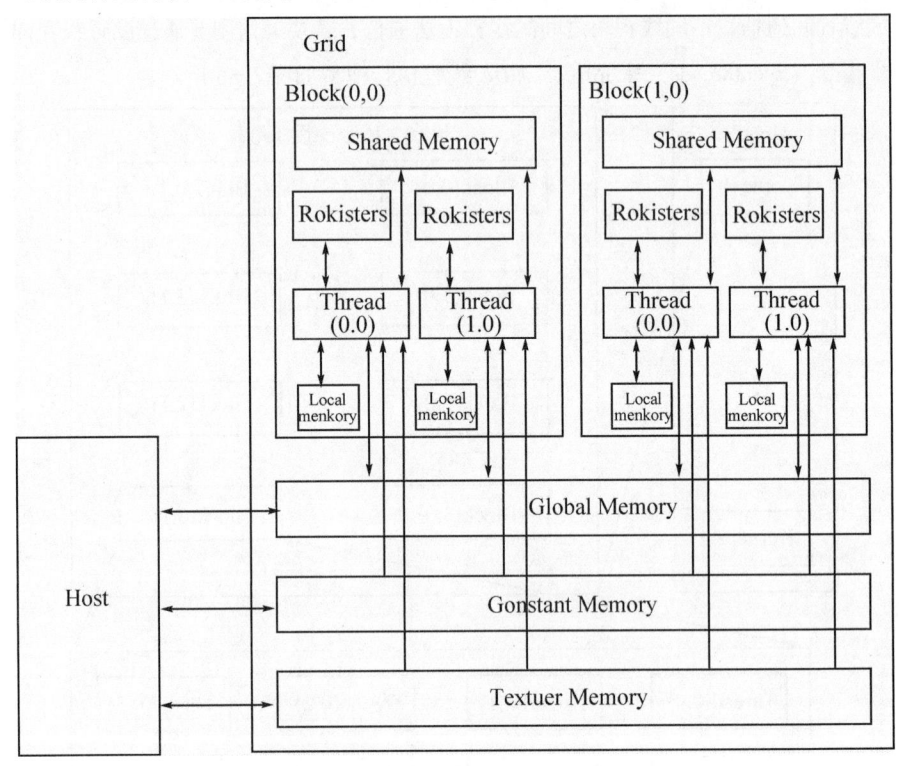

图 7-6 CUDA 存储器层次结构

7.1.2 CUDA 硬件架构

GPU 强大的浮点计算能力来源于流处理器阵列 SPA（Scalable Stream Processor Array）。在 SPA 中包含有若干个线程处理器簇 TPC（Thread Processing Cluster），在 G80 的 GPU 中有 8 个 TPC，每个 TPC 中有两个 SM（Streaming Multiprocessor）。每个 SM 相当于一个具有 8 路 SIMD（单指令多数据）的处理器，其指令宽度为 32（一

个 Warp）。每个 SM 相当于一个完整的处理器，拥有取指、译码、发射和执行单元，一个 SM 包括 8 个流处理器（SP，Streaming Processor）。GPU 上完成计算的主要是每个多处理器里的 8 个 32 位的算术逻辑单元 ALU（Arithmetic Logic Unit）和乘加单元 MAU（Multiply – Add Unit），这两单元能完成符合 IEEE 单精度浮点数运算（float 类型）和 32 位的整数运算。在计算能力为 1.0、1.1 的 GPU 中不能完成双精度浮点数运算，1.2 以后架构的 GPU 中增加了双精度计算单元。因此在使用以前的架构计算时要考虑结果误差大小。另外，每个多处理器还包含一个特殊功能单元 SFU（Special Function Unit），主要是执行超越函数、倒数、平方以及三角函数等比较特殊的计算。此外，每个多处理器还有 8192 个（计算能力 1.0、1.1 设备）或者 16384 个（计算能力为 1.2 或以上）寄存器，16KB 的共享缓存（Shared memory），8KB 的常数缓存以及 8~16KB 的纹理缓存。

图 7 – 7 所示为 CUDA 的硬件模式。

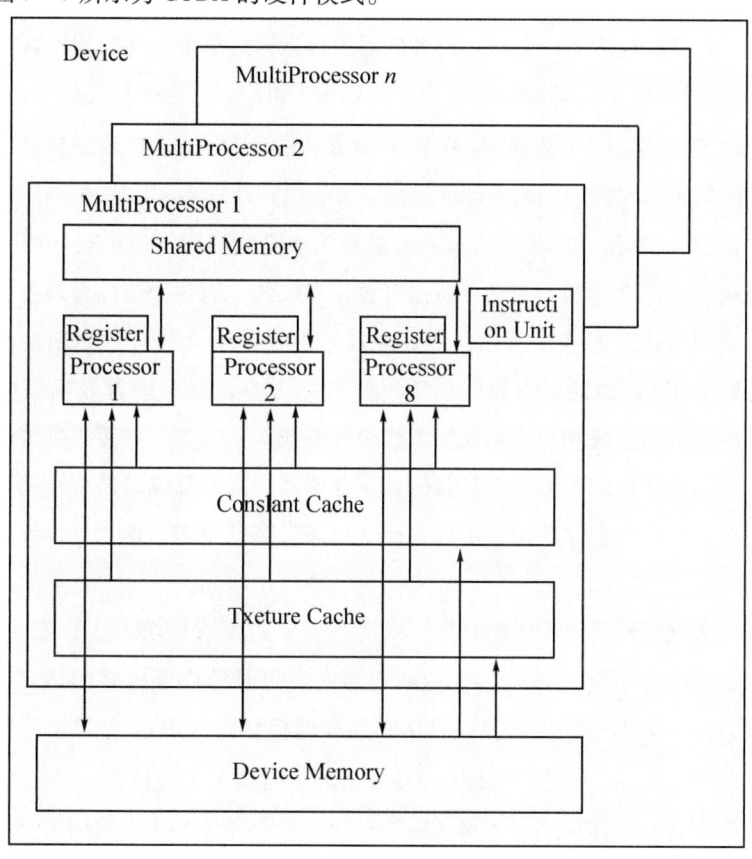

图 7 – 7 CUDA 的硬件模式

当主机上程序调用 CUDA Kernel 内核时，主机端通过 CUDA API 来启动内核（Launch Kernel），把设备端的二进制代码传给 GPU。设备端二进制代码主要包括线程的 Grid（网格）维度、Block（线程块）维度、每个 Block 使用的资源数量和要运行的指令等。执行前由分发单元 CTA（Collaborative Tread Arrays，协作线程阵列）完成任务的划分。通过 CTA 将线程网格中的所有线程块枚举分发到具有可执行能力的多处理器上，一个线程块中的所有线程使用同一块共享内存，因此一个线程块的线程被分配到一个多处理器上执行，而线程块内的线程则被发射到一个流处理器上执行。当线程块执行完时，CTA 在空闲多处理器上启动新的线程块。在目前的架构中每个多处理器最多能够同时执行 8 个线程块。可以注意到，在用 GPU 做通用计算时有大量的线程执行，每个线程块里的线程数目一般也超过一个多处理器中流处理器的数目，而一个多处理器中只有 8 个流处理器；同时，流处理器进行计算时需要时钟周期，存储器读/写访问则需要更多的时钟周期延迟，在 CUDA 架构里线程执行是以 Warp 为单位，一个 Warp 为 32 个线程，Half – Warp 是 16 个线程。流处理器在执行计算时至少需要 4 个时钟周期的时间，流处理器是 4D 处理器，因此在一次执行中至少需要 16 个线程（Half – Warp）才能有效地隐藏各种计算的反应时间。同时多处理器中的寄存器、共享存储器资源是有限的，而每个流处理器进行计算时每个线程的状态都直接保存在多处理器的寄存器中（任务过多则会扩展到共享存储器里），因此，如果线程块里线程数太少，则不能有效隐藏线程延迟，资源没得到有效利用；相反如果线程块里线程数太多，则需要更多的寄存器资源，如果寄存器资源不够就会向共享存储器、局部存储器甚至全局存储器发起请求，而这些存储器带宽依次要比寄存器带宽低很多，这就导致计算效率下降。

每个多处理器都有 16KB 的共享内存，主要用于线程块内线程之间通信。在硬件设计中为了使 Half – Warp 的线程能在最短时钟周期里完成访问，共享内存被划分为大小相等，能被同时访问的存储模块称为 Bank，每个存储模块的宽度固定为 32bit。如果在 Half – Warp 请求访问的多个地址位于同一个 Bank 中，就会出现存储体冲突（Bank Conflict）。所谓存储体冲突，是因为存储器模块在一个时刻无法响应多个请求，这些请求被串行处理，这样就导致存储器带宽下降很多。GPU 的存储空间主要是常规意义上的显存，是 Global Memory，在做 GPU 通用计算时数据都会被保存在 Global Memory 上，同理，若线程访问不合理也会出现 Bank Conflict。合理地利用好对 Global Memory 的合并访问，可以大大降低 Global Memory 的访问延迟。图 7-8、图 7-9 给出了两种不同的存储器访问方式。

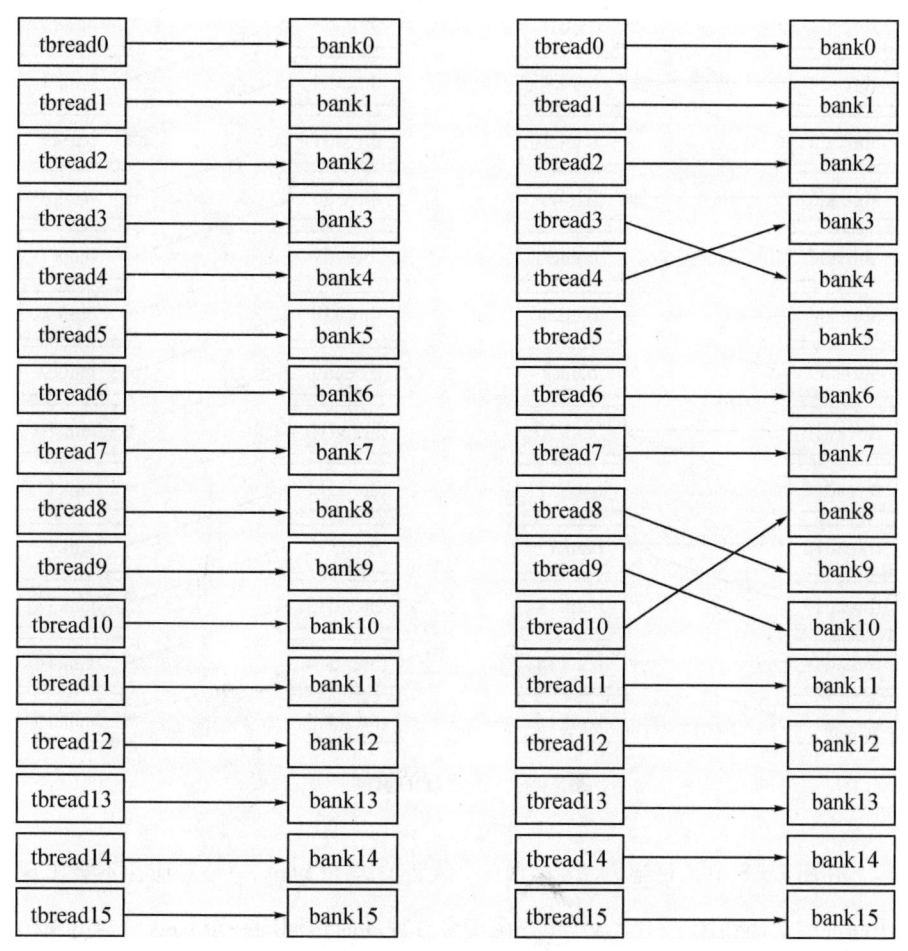

图 7-8　两种不存在访问冲突的访问模式

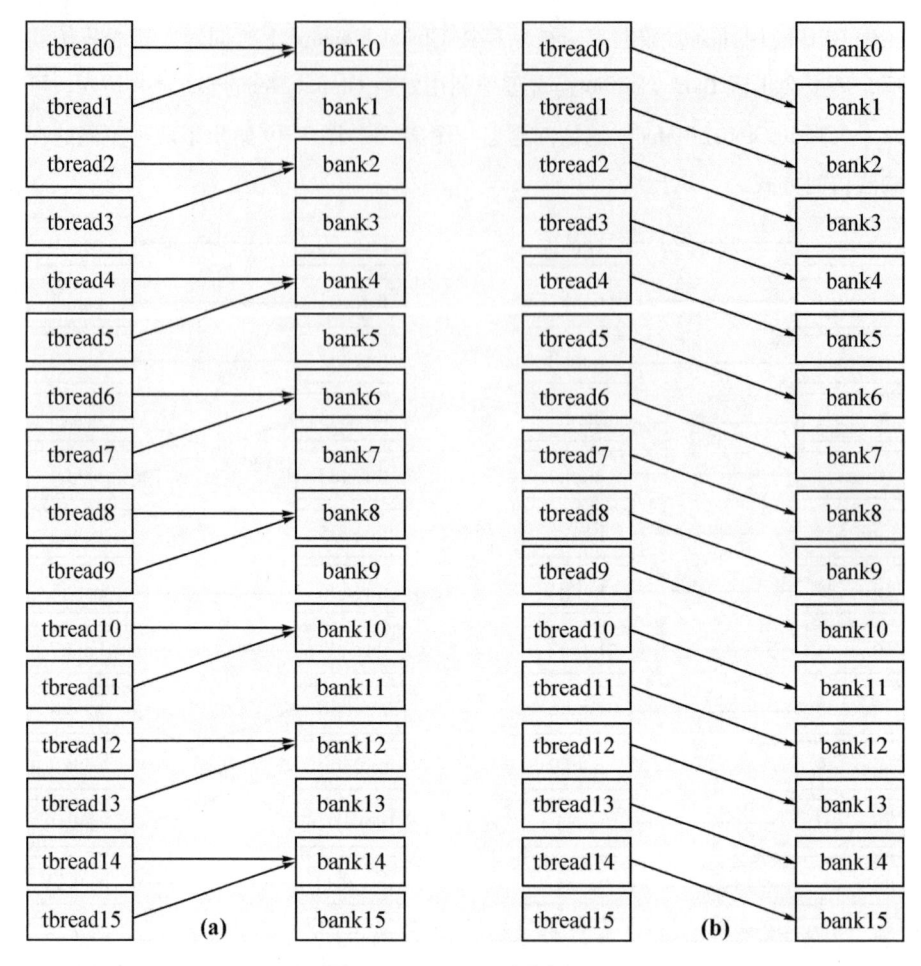

图 7-9 不合理的访问

在图 7-8 中，每半个 Warp（16 个线程）均与 bank 一一对应，不会出现访问冲突。而在图 7-9（a）中，由于多线程同时访问同一个 bank，会出现访问冲突；图 7-9（b）中，由于 Half-Warp 在访问 bank 时出现整体偏移，所以也会出现延时等待。

7.1.3 CUDA 与无人机图像处理

图像处理实质是处理图像像素矩阵，属于数据密集型计算。而 GPU 拥有强大的浮点计算能力（计算能力为 1.2 之前的不支持双精度浮点计算），同时即使存在一定误差，对图像处理的结果在视觉效果上也没什么影响。目前，已经有很多研究人员开展利用 GPU 来做图像处理、视频编解码以及视频压缩等方面的研究，取得了良好的加速效果。其中 Daniel Ruijters 等人实现了 GPU 的 B 样条插值[27]，Ing. Václav Šimek 等人用 GPU 实现 2D 小波变换[28]，Juan Gómez-Luna1 实现了 GPU 并行视频分割[4]，国内的有李军等实现 CUDA 图像去噪[29]，章拓等人实现了图像超分辨率算法[5]，还有实现图像直方图归一化等。

用 CUDA 做图像处理的一般流程如图 7-10 所示。

图 7-10 CUDA 做图像处理的一般流程

7.2 基于 CUDA 实现无人机遥感图像快速配准

在前面章节中介绍了图像配准主要有基于特征检测的匹配法和基于变换域的相位相关法，针对无人机成像特点，用角点检测法可能会出现角点检测不均或检测到角点很少等情况，影响图像配准精度，因此本章采用相位相关法做图像配准。由于本章研究对象是无人机航拍图像快速拼接，从实际应用出发，无人机航拍图像在同一航带上相邻的图像一般重叠度在 50%～80% 之间（重叠度大小和相机曝光时间间隔有关），并且没有放缩变换，可能存在正负 5～10 度的旋转偏移。根据以上特性考虑使用遍历搜索的相位相关法和极坐标变换的相位相关法实现无人机图像配准。

7.2.1 极坐标变换的相位相关法

为了验证极坐标变换的相位相关法是否适用于无人家遥感图像配准，做了以下试验。基于极坐标变换的相位相关法图像配准的基本步骤如下：

（1）对参考图像和待配准图像做 FFT 变换。

（2）把 FFT 变换得到的频谱信息由平面直角坐标系变换到极坐标系。

（3）对极坐标系下的频谱信息用相位相关法检测冲激函数峰值位置。

（4）由步骤（3）得到图像旋转角度，对待配准图像逆角度旋转，得到旋转后的图像。

（5）对步骤（4）得到的旋转图像与参考图像再次使用相位相关法，检测坐标平移参数。最后实现图像配准。

在极坐标系下,横轴表示极角,范围是 0°~360°,而纵轴表示极径,极径大小可由图像宽高决定。因此在坐标转换过程中对图像插值采样要求较高。为了保证图像插值重采样精度,采用一种改进的基于欧氏距离的图像插值法。

欧式距离插值法:插值采用向前映射法,即由旋转后坐标计算对应原图坐标,图 7-11 中 $p(x_1, y_1)$ 为待插值坐标。欧式距离插值法是通过计算插值点在对应原坐标中周围最近的四点的欧式距离作为插值权值来实现插值的。设 P 和 A、B、C、D 四点间的欧式距离分别为 P_1、P_2、P_3、P_4。

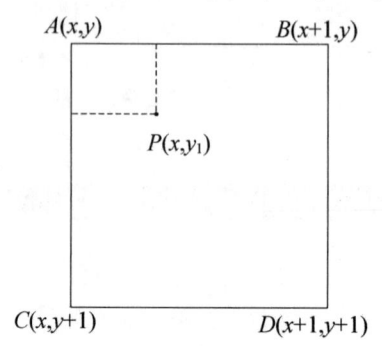

图 7-11 欧式距离插值示意图

$$P_1 = \sqrt{(x_1-x)^2 + (y_1-y)^2}$$
$$P_2 = \sqrt{(x_1-x-1)^2 + (y_1-y)^2}$$
$$P_3 = \sqrt{(x_1-x)^2 + (y_1-y-1)^2}$$
$$P_4 = \sqrt{(x_1-x-1)^2 + (y_1-y-1)^2} \quad (7-1)$$

设 $R = P_1 + P_2 + P_3 + P_4$,则权值可按以下确定:

$R_1 = P_1/R$;$R_2 = P_2/R$;$R_3 = P_3/R$;$R_4 = P_4/R$。设 P 点灰度值为 G,则:

$$G = R_1 * A + R_2 * B + R_3 * C + R_4 * D; \quad (7-2)$$

图 7-12 所示是对参考图像和待配准图像有 30°旋转,同时水平和垂直方向上平移的一组图像(重叠度为 70%)做的实验。在坐标变换中使用欧氏距离插值法对图像插值。

（a）参考图像　　　　　　　　　（b）待配准图像

图 7-12　图像配准实验图

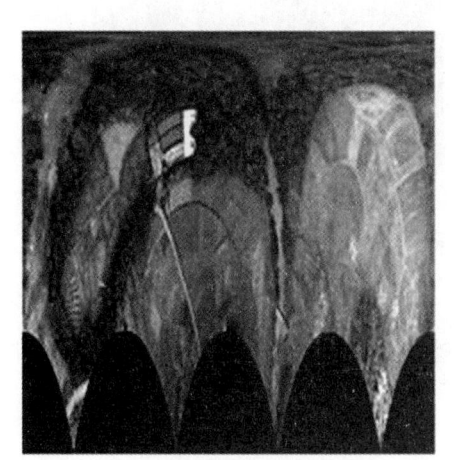

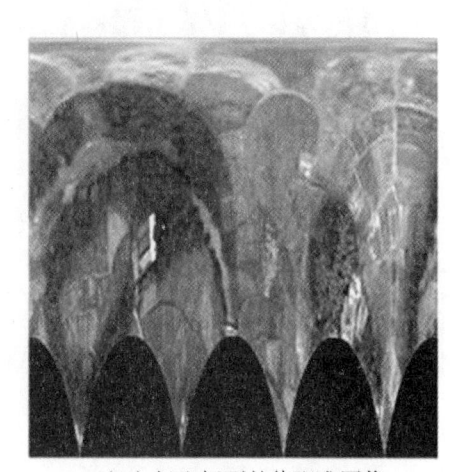

（a）极坐标下的参考图像　　　　　（b）极坐标下的待配准图像

图 7-13　图像极坐标变换

图 7-13 所示为极坐标系下的图像，其中横轴代表角度，纵轴代表极径，可以看出极径越大（图像上部）就越模糊。

(a) 参考图像傅里叶频谱　　　　(b) 待配准图像傅里叶频谱

图 7-14　图像 FFT 变换的频谱图

从图 7-14 中可看出图像旋转对应在频域也会产生相应角度旋转。

(a) 参考图像极坐标下的　　　　(b) 待配准图像极坐标下的
　　 傅里叶频谱　　　　　　　　　　 傅里叶频谱

图 7-15　极坐标下的图像 FFT 频谱

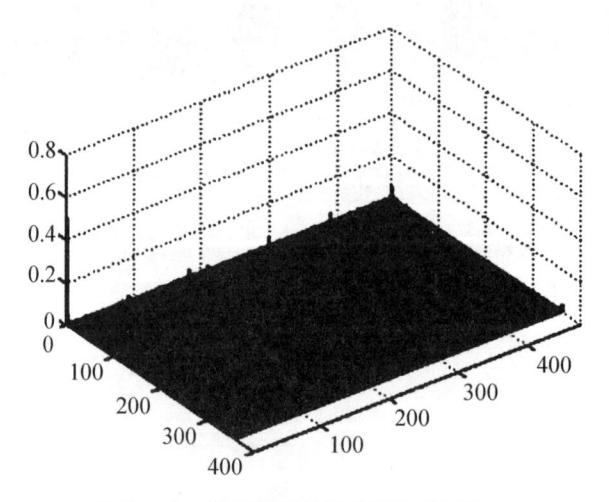

图 7-16　极坐标相位相关的冲激函数

从图 7-15 可看出图像频率域变换到极坐标后，产生了一定位移（如图 7-15 虚线框区域所示），而在极坐标系下横轴表示极角（角度范围是 0～360 度），因此，其位移也就表示出图像旋转角度（白色部分是由于图像从直角坐标变换到极坐标过程中图像宽高不等，对图像进行填充所致）。而从图 7-16 可以看出，极坐标相位相关能产生一些冲激函数，但是冲激函数峰值较小而且不明显。而造成上述结果的很大部分原因是图像频域信息在由平面直角坐标系转换到极坐标系时中心点选择的差异及不能很好地插值重采样导致较多频域信息丢失所致。

极坐标或对数极坐标相位相关法的弱点：无论是极坐标还是对数极坐标的相位相关法图像配准，都存在坐标变换过程，对于待配准图像与参考图像重叠度不是很大或待配准图像不是完全处于参考图像中的图像，用极坐标或对数极坐标相位相关法做配准，不能很好地得到旋转角度的冲激峰值，或者得到峰值但是由于在变换过程中信息损失，得到的角度不能精确到像素级的图像配准。

7.2.2 遍历搜索的相位相关法图像配准

鉴于极坐标或对数极坐标变换的相位相关法在无人机遥感图像配准上存在的不足，采用遍历搜索法实现图像配准。遍历搜索的相位相关法是指通过遍历图像最大旋转角度，每次对待配准图像按一定角度旋转，然后与参考图像相位相关得到图像间的交叉功率谱，在遍历完成后选出功率谱值最大者，其对应的旋转角度为待配准图像相对参考图像旋转的角度，冲激函数坐标位置则为图像平移量。

该方法由于需要遍历所有角度，计算量较大，但是由于整个过程中没其他变换，在做相位相关时不会出现图像信息丢失的情况，得到的图像配准参数准确度也很高，而 GPU 强大的浮点计算能力则可以满足计算量的需求，因此本章采用该方法实现图像快速配准。

7.2.3 CUDA 实现相位相关法配准

CUDA 实现遍历法搜索图像配准参数的步骤如图 7-17 所示：
（1）参考图和待配准图初始化，传入显存。
（2）对待配准图依次旋转，然后分别对旋转结果和参考图做 FFT 变换。
（3）计算图像之间的交叉功率谱，保存交叉功率谱的峰值及峰值所在坐标。
（4）遍历完成后查找交叉功率谱峰值最大值，其对应的旋转角度即图像的旋转角度，其峰值坐标即图像的平移参数。

(5) 得到旋转角度和平移参数后实现图像配准。

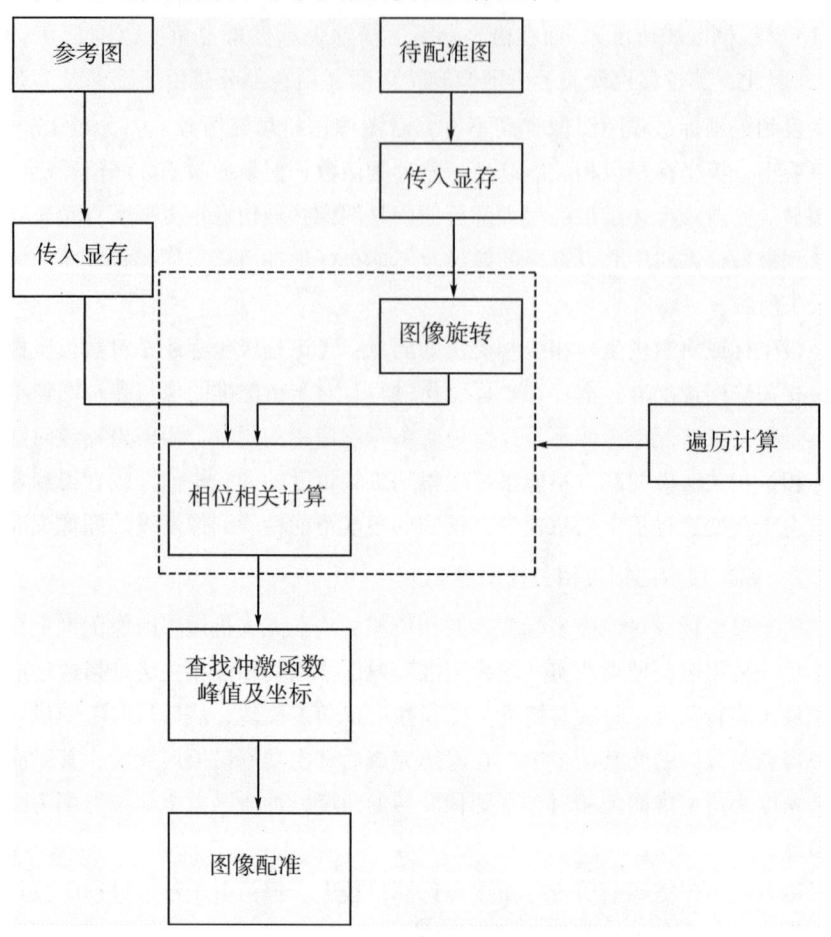

图 7-17 遍历的相位相关法图像配准

图 7-17 中，虚线框表示对待配准图像旋转，然后与参考图像做相位相关计算。

在 CUDA 的实现中主要包括对图像任意角度旋转（Image Rotate）函数、图像 FFT 变换及 IFFT 变换、交叉功率谱计算。

CUDA 实现的图像任意角度旋转线程划分为：一个线程对应旋转后图像的一个像素，每个线程块 Block 为 (16, 16) 共 256 个线程；网格 Grid 的大小根据图像分辨率大小来分配。

图 7-18 所示为 CUDA 线程拓扑。

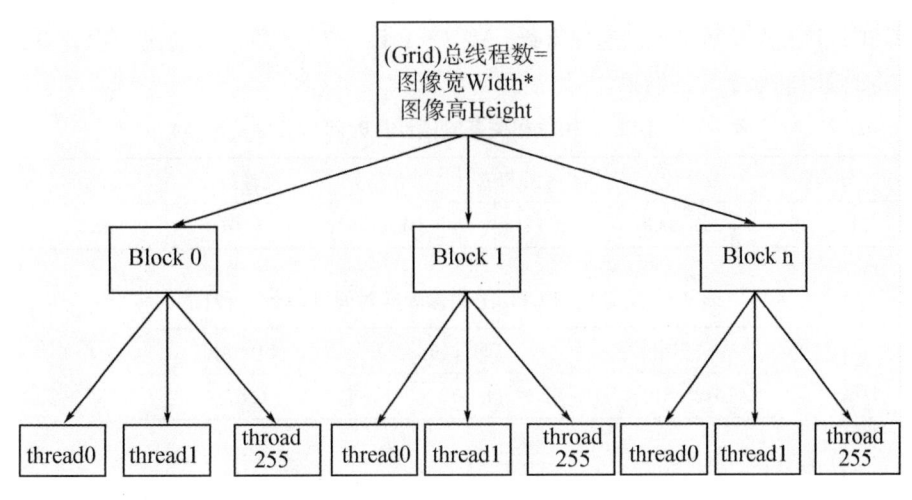

图 7-18 CUDA 线程拓扑

图像 FFT 及 IFFT 计算直接调用 CUFFT 库函数即可，具体调用方式如下。

```
cufftHandle plan1, plan, iplan;
cufftSafeCall (cufftPlan2d (&plan1, complex_ width, complex_ height,
                CUFFT_ C2C));
cufftSafeCall (cufftExecC2C (plan1, (cufftComplex *) fill_ refer_ value,
                (cufftComplex *) fill_ refer_ value, CUFFT_ FORWARD));
```

cufftHandle 申明做 FFT 的句柄（Handle），cufftPlan 为定义句柄，而 cufftExeC2C 是在定义的 Handle 上执行 CUFFT 计算。CUFFT 可以执行一维、二维或者三维的 FFT 计算，执行方式也有复数到复数、复数到实数、实数到复数等多种方式。

在交叉功率谱的计算中，包括对 FFT 的结果取复共轭、交叉功率谱的归一化操作，为了提高执行效率，分别设计单独 Kernel 函数来实现。

CPU 的实现：调用 Opencv 函数实现图像旋转插值，FFT 计算则调用 FFTW 函数库实现。

7.2.4 实验结果分析与性能优化

在本实验中，参考图和待配准图像分辨率为（512，512），待配准图旋转 3 度，在水平和垂直上的平移参数为（106，42.5）。CPU 上计算得到的图像旋转角度为 3 度，水平和垂直平移参数为（106，42），而 CUDA 计算得到的图像旋转角度为 3 度，水平和垂直平移参数为（106，42），可见无论是 CPU 还是

GPU，其配准参数结果已达像素级。表 7-1 和表 7-2 所示是通过十次计算，对处理时间取平均的结果。

表 7-1　GPU 上相位相关各阶段计算时间（单位：毫秒）

分辨率	数据传入	参考图 FFT	相位相关	图像拼接	总时间
(512，512)	265.6008	5.1412	358.0646	34.9700	673

表 7-2　CPU 与 GPU 上图像配准时间（单位：秒）

分辨率	CPU 时间	CUDA 时间
(512，512)	10	0.673

性能分析如下。

（1）图像旋转插值是图像相位相关计算的耗时部分，旋转插值是向前映射，即由计算旋转后的坐标对应在原图中的坐标，然后由原图坐标最近的四个坐标（四个像素）完成对旋转后像素的插值。在原始版本中的图像旋转 Kernel 中直接访问原图像四个像素值，存在如下两个方面问题。

①后向映射原图像中的坐标存在较大随机性，因为原图像的四个像素数据不在同一连续的显存地址中，导致最后每个线程访问周围四个像素数据时出现 Bank Conflict，极大影响效率，如图 7-19 所示。

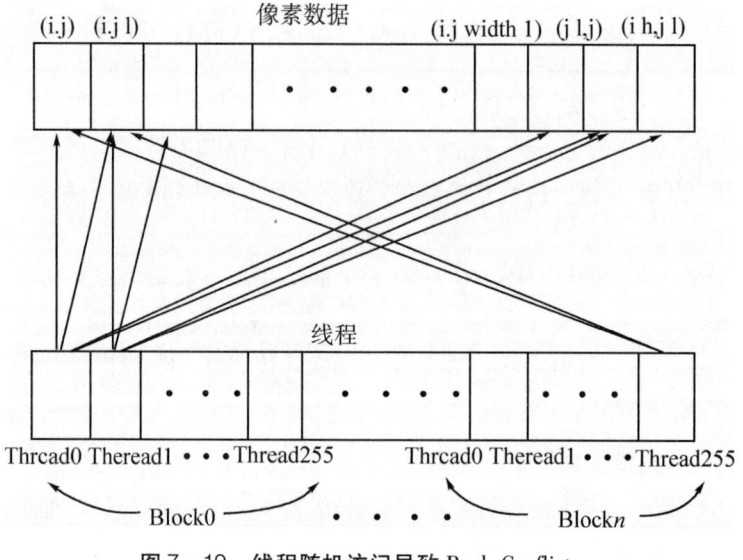

图 7-19　线程随机访问导致 Bank Conflict

②像素数据存在 Global Memory，大规模线程对 Global Memory 访问耗费很多时钟周期，这也极大影响计算效率。

针对图像旋转插值 Kernel 的特性，插值时需要的是相近的四个像素，局部性较好，这样可以利用 Texture Memory 的 Cache 功能，局部性越高则对 Global Memory 的访问次数减少的越多，能够很好地优化程序性能。

Texture Memory 的申明使用如下：

```
texRef. addressMode［0］= cudaAddressModeWrap；
texRef. addressMode［1］= cudaAddressModeWrap；
texRef. filterMode = cudaFilterModeLinear；
texRef. normalized = false；
cutilSafeCall（cudaBindTextureToArray（texRef，cuArray，channelDesc））；
texture < float4，2，cudaReadModeElementType > texRef；
```

Kernel 核里通过 Tex2D（）指令来拾取数据。

(2) 在交叉功率谱归一化计算中没充分利用 Shared Memory。在每个线程块中引入 Shared Memory 变量，在线程块的每个线程计算前，把该线程块每个线程计算所需的原数据复制到 Shared Memory 中，在复制完成后用同步指令保证数据复制的完整性。在后面的计算中直接使用 Shared Memory 中的数据。

(3) 用 CUDA 内建的快速指令集替代通用数学指令集。

进行优化后处理时间与未优化时对比见表 7-3 和图 7-20。相关参考图如图 7-21～图 7-23 所示。

表 7-3　CUDA 优化前后对比（单位：毫秒）

版本	数据传入	参考图 FFT	相位相关	图像配准	总时间
CUDA1	277.5880	5.1308	363.0446	35.1651	688
CUDA2	264.4931	5.4232	278.4887	34.0639	593

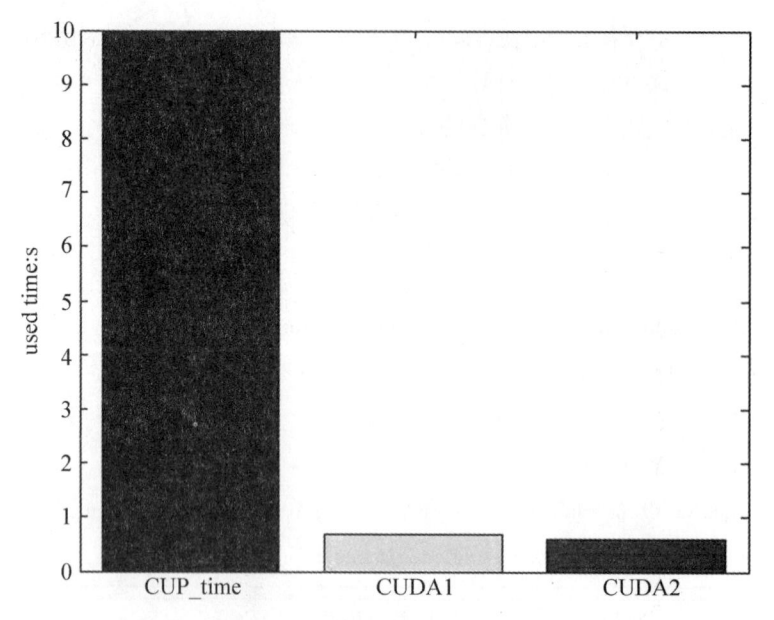

图7-20　CPU与GPU实现相位相关法图像配准时间

图7-21　参考图

第7章 基于GPU的无人机图像快速处理

图 7-22 待配准图

图 7-23 配准图像

本次实验执行平台配置如表 7-4 所示。

表 7-4　执行平台

CPU	Intel Core2（TM）T6400 2Ghz Intel Core2（TM）T6400 2Ghz
显卡	Nvidia 9600MGT
主内存	3GB
编译器	Visual Studio 2005 + Opencv + FFTW + Nvcc

注：NVIDIA GeForce 9600MGT 有 4 个多处理器，共 32 个流处理器，运行频率为 1.5Ghz，1024MB GDDR2 显存，计算能力为 1.1。

在不同分辨率情况下 CPU 与 CUDA 执行配准的时间如表 7-5 所示。

表 7-5　不同分辨率下 CPU、GPU 执行时间（单位：秒）

分辨率	CPU	CUDA1	CUDA2
(256, 256)	2.3	0.78	0.73
(512, 512)	8.9	1.28	1.04
(768, 768)	15.4	1.52	1.24

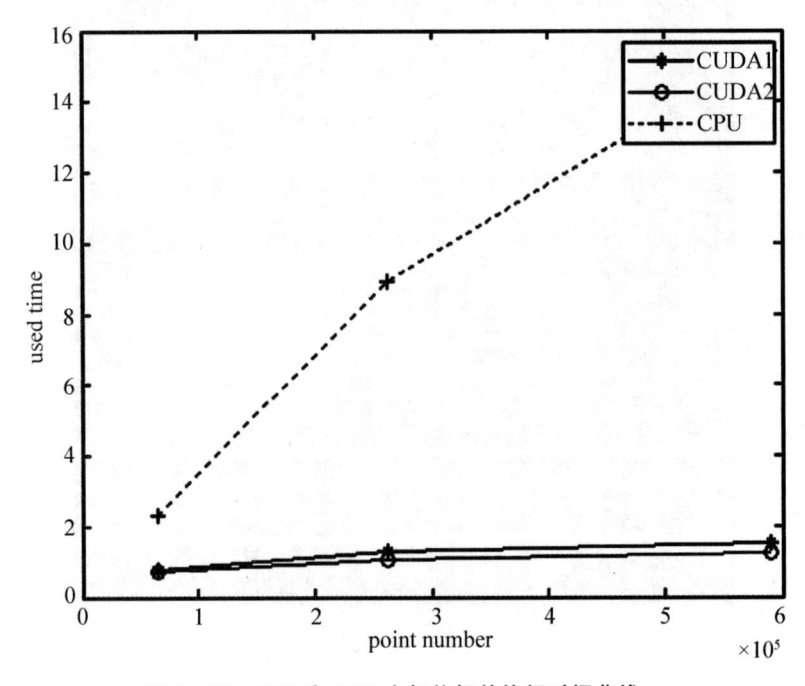

图 7-24　CPU 和 GPU 上相位相关执行时间曲线

从图 7-24 可以看出，随着图像分辨率的提升，CPU 上的执行时间呈接近线性上升的趋势，在曲线图上表现为曲线较陡，而在 GPU 上得益于 CUDA 软硬件架构的优势，在 GPU 上并行执行大规模线程，在数据计算密集的运算上有很高的执行效率，这表现为随着图像分辨率的提升，其处理时间上升很平缓。而在 CUDA2 中充分利用了纹理缓存的优势，相对于 CUDA1 有更高的访存效率，提高了处理速度。

7.3 基于 CUDA 实现无人机图像融合

图像融合是图像拼接的最后一个步骤，做拼接的两幅或多幅图像由于成像时间、成像镜头、以及曝光时间长短等因素，导致在重叠区上有较明显的灰度、色彩差异，配准后的图像若不做融合处理，则会在图像的重叠区与非重叠区的边缘因灰度或色彩过渡不均匀而出现明显的拼接缝。进行图像融合处理就是要尽量消除拼接后出现的拼接缝，使色彩或灰度过渡均匀，便于后续视觉分析或图像信息提取。

图像融合质量的高低取决于融合策略或融合算子。好的融合策略或融合算子一般来说要满足以下两方面条件：

(1) 能很好地消除重叠区与非重叠区之间的拼接缝，能使图像平滑过渡。

(2) 融合后的图像要尽可能保留原图像的信息。

融合策略的好坏直接影响图像拼接的质量。目前使用较多的融合方法有：加权平均法、多分辨率融合法。

7.3.1 加权平均法

加权平均法[30]是用一个"帽状函数"来加权相融合的两幅图像重叠区对应的像素点，把加权结果赋给融合后图像。该函数在图像中心处贡献最大，而在边缘处则最小。对于融合图像在每幅图像上的采样权重分布是这样定义的：离图像中心越近的像素对融合后的结果贡献越大。由于该权值函数呈三角形状，也称为帽状函数。

基于"帽状函数"的加权平均法定义如下：

$$G(x,y) = \frac{\sum_k w(x,y) f_k(x,y)}{\sum_k w(x,y,k)} \quad (7-3)$$

$$w(x,y,k) = \left(1 - \left|\frac{x}{width_k} - \frac{1}{2}\right|\right) \times \left(1 - \left|\frac{y}{height_k} - \frac{1}{2}\right|\right) \quad (7-4)$$

式中，$f_k(x,y)$ 表示第 k 幅待融合的图像；$width_k$、$height_k$ 分别表示第 k 幅待融合的图像的宽和高。帽子函数 $w(x)$ 如图 7-25 所示。

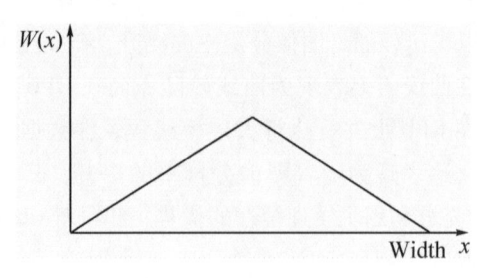

图 7-25 帽子函数

该方法采用加权平均思想,能在一定程度上消除明显的拼接缝,但是加权后导致在拼接缝边缘变得模糊。

7.3.2 多分辨率融合法

多分辨率融合法是到目前为止,融合效果较好的方法。它把待融合的图像通过多分辨率技术分解到不同分辨率的频率域上,在不同分辨率上对图像重叠区边界附近做加权平均,最后通过多分辨率逆变换把图像汇总成与原图像尺度相当的融合图像。而多分辨率处理技术主要是金字塔变换,常用的金字塔变换有高斯-拉普拉斯金字塔和小波金字塔。由于高斯-拉普拉斯金字塔算法较为简单,易于 GPU 并行计算实现,所以本章采用了基于高斯-拉普拉斯金字塔实现图像多分辨率融合。

图像处理的金字塔方法(Pyramid)是由 Burt 和 Adelson[31][32]最先提出的,开始主要用于图像压缩和机器视觉特性研究。其基本的原理是:通过金字塔分解把原图像分解为呈一序列不同空间分辨率的子图像,在相邻的两层子图像之间,上层子图像的宽和高都是相邻下层的 1/2,这样就形成一个下大上小呈金字塔形的图像序列,如图 7-26 所示。然后对每层金字塔子图像分别量化、编码来实现图像压缩。图像金字塔变换也被用于图像处理和机器视觉中做多分辨分析。用图像的金字塔分解,可以通过不同分辨率大小来分析图像中目标物,金字塔分解后图像呈下大上小形状,对金字塔上层(低分辨率)处理可对图像总体把握,金字塔下层(高分辨率)可用于分析图像细节。这样通过对低分辨率、金字塔上层分析得到的信息逐层往下指导下层较高分辨率子层进行分析,可达到在没有增加较多计算量的情况下提高或改善处理效果。图像高斯金字塔分解类似于低通滤波过程,因此高斯金字塔能反映出图像整体信息,而拉普拉斯金字塔是由相邻两层的高斯金字塔,下层高斯金字塔减去进行提升采样后的上层高斯金字塔来得到,类似于带通滤波过程,拉普拉斯金字塔可以提取出图像的一些重要特征(比如图像边缘、纹理等)。

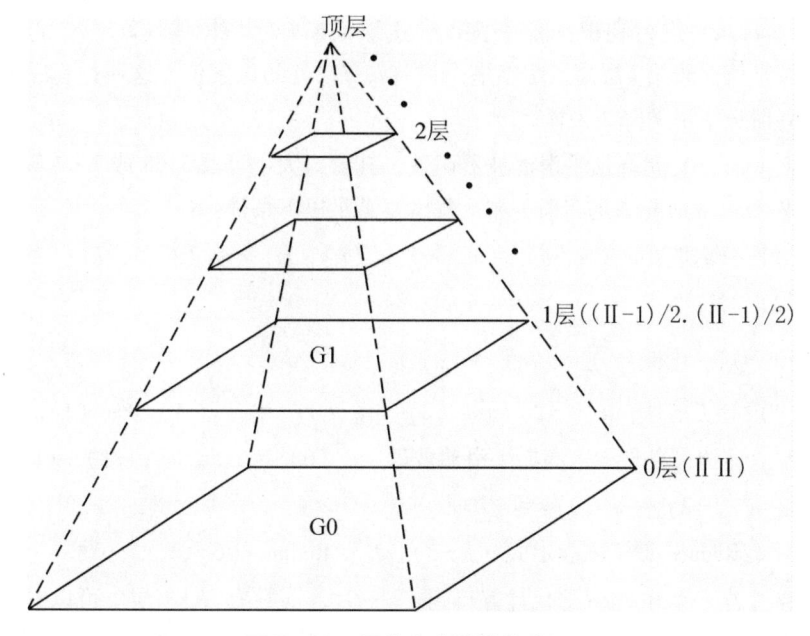

第 7 章 基于 GPU 的无人机图像快速处理

图 7-26 图像金字塔的构成

基于高斯、拉普拉斯金字塔的图像分解与重建的主要步骤是：(1) 图像高斯金字塔分解；(2) 高斯金字塔生成拉普拉斯金字塔；(3) 由拉普拉斯金字塔重构图像。

7.3.3 图像高斯金字塔分解

要生成呈金字塔形的图像序列，就要对原始图像进行亚采样，而仅仅通过亚采样来减少图像的尺寸会丢失很多信息。高斯金字塔是通过先对图像用高斯平滑滤波器平滑处理，然后对平滑结果做隔行隔列采样来得到的，也正是这一过程用到了高斯平滑滤波器，所以称为高斯金字塔。

假设原图像为 G_0，分辨率大小为 (N, M)，G_0 作为高斯金字塔的底层（第 0 层），高斯金字塔第 l 层为 G_l。第 l 层高斯金字塔 G_l 的构造过程如下：从第 0 层开始，对每层高斯金字塔图像 G_l 与具有低通特性的高斯平滑滤波器做卷积，然后对卷积结果做隔行隔列采样得到上一层图像 G_l：

$$G_l(i, j) = \sum_{m=-2}^{2} \sum_{n=-2}^{2} W(m, n) G_{l-1}(2i+m, 2j+n) \qquad (7-5)$$

式中，$0 < l \leqslant N$；$0 < i \leqslant \text{Width}$；$0 < j \leqslant \text{height}$。

其中 N 是金字塔顶层；Width 是第 l 层金字塔图像的宽；Height 是第 l 层金字塔图像的高。式 (7-5) 可以这样描述：第 $l-1$ 层高斯金字塔图像与窗函

数 $W(m, n)$ 进行卷积，然后把第 $l-1$ 层高斯金字塔图像 $(2i+m, 2j+n)$ 处的像素值赋给第 l 层高斯金字塔图像 (i, j) 处的像素值，这一过程完成对上层高斯金字塔的降 2 采样。

$W(m, n)$ 是高斯平滑滤波器函数，其窗口大小可取 $5×5$ 或 $7×7$ 等。$W(m, n)$ 要满足高斯分布，具体要满足以下条件：

(1) 分离性：$w(m, n) = w(m)w(n), m, n \in (3, 5, 7)$；

(2) 对称性：$w(-n) = w(n)$；

(3) 归一化性：$\sum_{n=-2}^{2} w(n) = 1$；

(4) 等贡献性：$w(-2) + w(2) + w(0) = w(-1) + w(1)$。

按上述约束条件构造高斯平滑滤波器：$w(0) = 2/5, w(-1) = w(1) = 1/4, w(-2) = w(2) = 1/20$。

引入 Reduce 算子来表示式 (7-5)：$G_l = \text{Reduce}(G_{l-1})$。

经过若干次 Reduce 迭代计算得到 $G_0 \cdots G_N$，层数有 $N+1$ 层。可以看出高斯金字塔包括一系列高斯低通滤波图像，截止频率从上一层到下一层是以因子 2 逐渐增加。由于加倍的变化使得只需很少的几层就可以跨越很宽的频率范围。

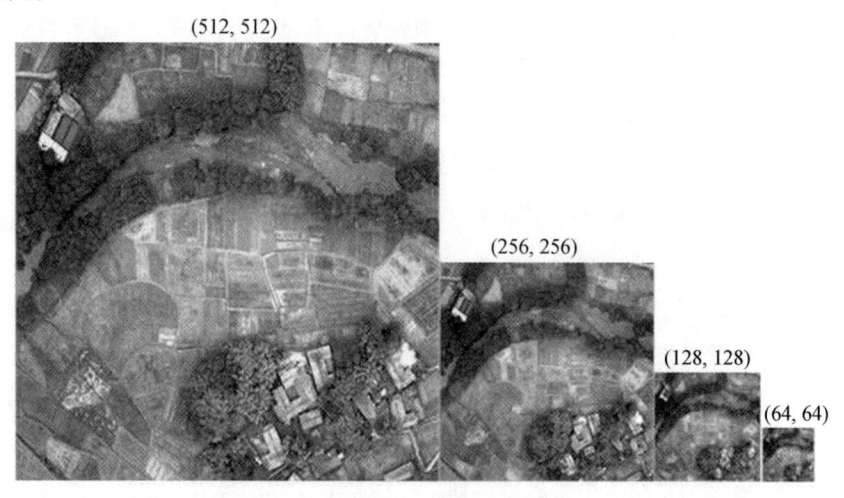

图 7-27 高斯金字塔分解

图 7-27 所示是一幅分辨率为 (512, 512) 的图像进行 4 级高斯金字塔分解的例子。从金字塔底层到顶层，上层图像的大小依次为下层图像大小的 1/4。越往上层，图像越模糊，最顶层反映了图像最粗尺度。图 7-28 所示是图

像金字塔分解过程。

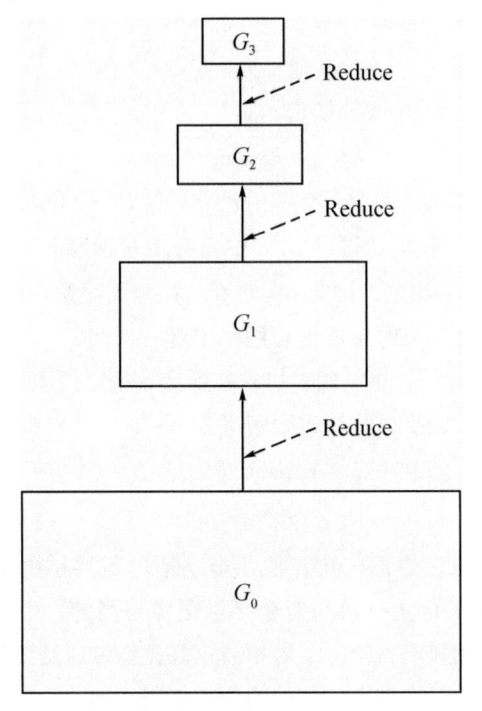

图 7-28　图像高斯金字塔分解过程

7.3.4　拉普拉斯金字塔建立

拉普拉斯金字塔是通过对相邻两层高斯金字塔图像相减近似得到。而相邻两层高斯金字塔图像大小不一，因此要先对较高层的高斯金字塔做提升采样（隔行隔列添加像素），得到与低层高斯金字塔相同大小的图像。如果直接对图像做提升采样，得到的下层图像会有明显的块效应。在此使用前面提到的高斯平滑滤波器对提升采样后的图像做卷积。这一过程可用下式表示：

$$G_{l,1}(i,j) = 4\sum_{m=-2}^{2}\sum_{n=-2}^{2} W(m,n) G'_l\left(\frac{i+m}{2},\frac{j+n}{2}\right) \quad (7-6)$$

式（7-6）把 $G'_l\left(\frac{i+m}{2},\frac{j+n}{2}\right)$ 处的像素值赋给提升采样后的 $G_{l,1}(i,j)$。其中 G'_l 是这样得到的：G'_l 是 G_l 扩大后的结果，而 G'_l 是 G_l 的四倍大小，对应在像素上为 G_l 的一个像素对应 G'_l 中为四个像素，即四对一的关系。若 G'_l 中的像素在 G_l 中有对应，则用 G_l 对应的像素值赋给 G'_l，若没有对应则把像素值设为 0，如下表示：

$$G'_l\left(\frac{i+m}{2},\frac{j+n}{2}\right) = \begin{cases} G_l\left(\frac{i+m}{2},\frac{j+n}{2}\right), & \left(\frac{i+m}{2},\frac{j+n}{2}\right) \text{都为整数} \\ 0, & \text{其他} \end{cases} \quad (7-7)$$

对上述过程引入 Expand 算子表示：

$$G_{l,1} = \text{Expand}(G_l) \quad (7-8)$$

Expand 算子正好和 Reduce 算子相反，从式（7-7）和式（7-8）可以看出 $G_{l,1}$ 是 G_l 进行提升采样（得到 G'_l，中间有像素值赋 0），然后对 G'_l 通过式（7-4）平滑后得到的结果，因此 $G_{l,1}$ 和 G_{l-1} 尺寸大小是一样的，但 $G_{l,1}$ 要少很多信息。拉普拉斯金字塔的生成正是用到了这一特性。

假设 LP_0，LP_1，$\cdots$，LP_N 代表拉普拉斯金字塔每层图像。

对相邻两层高斯金字塔相减过程定义如下：

$$\begin{cases} LP_l = G_l - \text{Expand}(G_{l+1}), & 0 < l < N \\ LP_N = G_N, & l = N \end{cases} \quad (7-9)$$

从式（7-9）可以看出，拉普拉斯金字塔的每层是由相应层的高斯金字塔图像减去 Expand 后的上一层高斯金字塔图像得到的。由于高斯金字塔是一系列的低通图像，相邻层高斯金字塔相减正好类似带通滤波的过程，所以拉普拉斯金字塔是包含一系列带通滤波的图像。正因为如此，拉普拉斯金字塔能够反映出图像的边缘、纹理等信息。

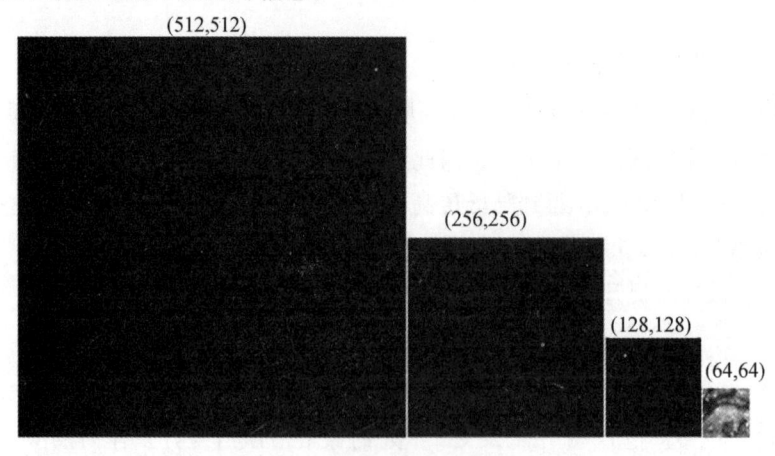

图 7-29 拉普拉斯金字塔

图 7-29 所示是由图 7-27 所示的高斯金字塔生成拉普拉斯金字塔。可看出拉普拉斯金字塔顶层与高斯金字塔顶层一样，而其他层次则是在不同分辨率上反映出图像的边缘、纹理等信息。图 7-30 所示为拉普拉斯金字塔的生成。

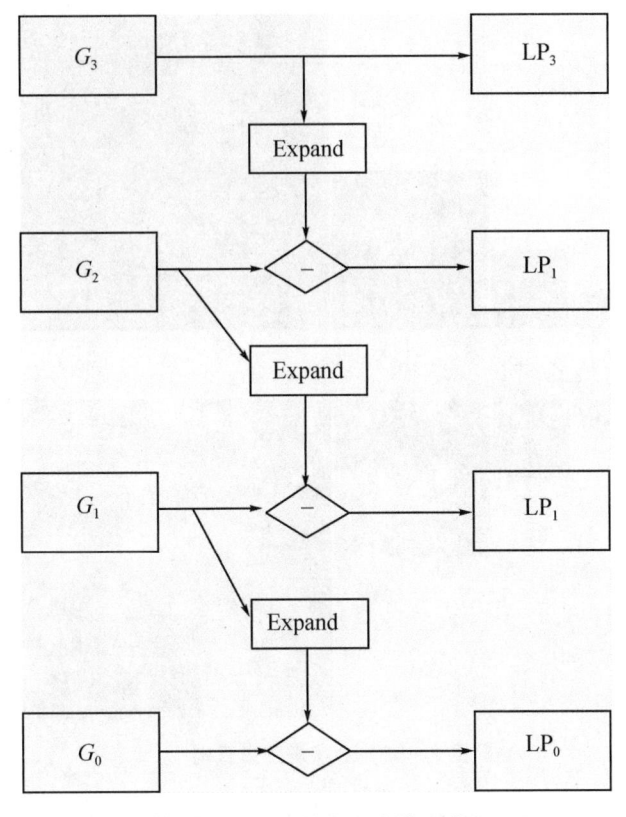

第 7 章 基于 GPU 的无人机图像快速处理

图 7-30 拉普拉斯金字塔生成

7.3.5 金字塔图像重构

由拉普拉斯金字塔重构图像的过程是拉普拉斯金字塔分解的逆过程，其表示如下：

$$\begin{cases} G_l = \text{LP}_l + \text{Expand}(G_{l+1}), & 0 < l < N \\ G_N = \text{LP}_N, & l = N \end{cases} \tag{7-10}$$

把式 (7-10) 改写如下：

$$G_0 = \sum_{l=0}^{N} \text{LP}_l \tag{7-11}$$

重构过程就是从拉普拉斯金字塔最顶层开始，依次用上层拉普拉斯金字塔做 Expand 运算，然后与下层拉普拉斯金字塔叠加，一直到最底层，最后得到原始图像。图 7-31 所示是由图像拉普拉斯金字塔重构原图的例子。正是由于金字塔分解及重构特性，使得拉普拉斯金字塔经常被用于图像信息融合，如图 7-31 所示。

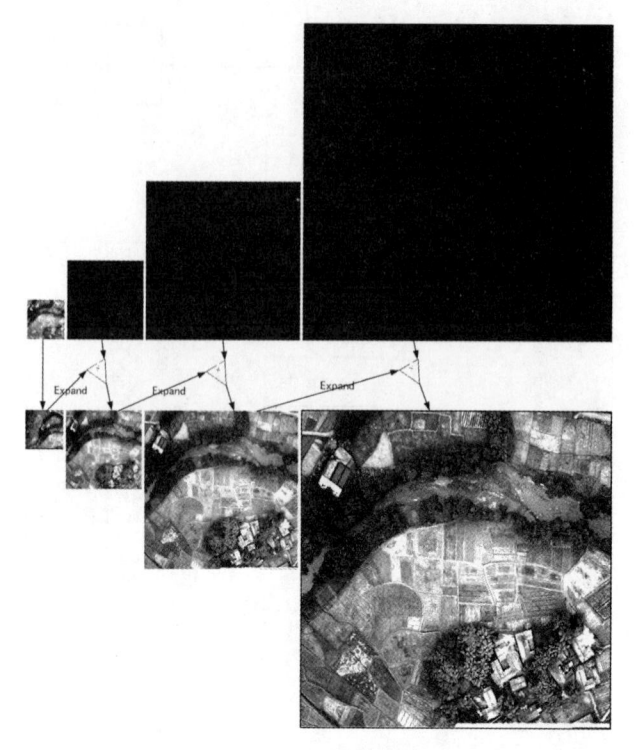

图 7 -31　金字塔图像重构

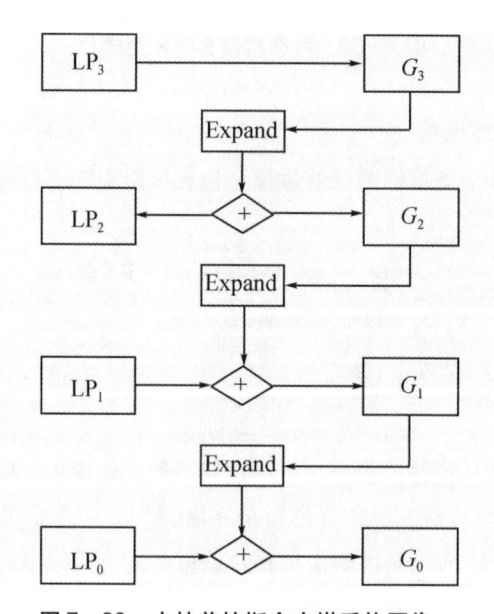

图 7 -32　由拉普拉斯金字塔重构图像

7.3.6 基于拉普拉斯金字塔分解的图像多分辨率融合

基于拉普拉斯金字塔的图像多分辨率融合方法是把已配准的原始图像通过拉普拉斯金字塔形分解，把图像分解到具有不同分辨率和不同频带的分解层上，在不同的分解层上分别采用不同的融合算子进行融合处理，可以很好地把来自不同图像的特征和细节融合在一起，达到更好的融合效果。

图 7-33 所示是基于拉普拉斯塔形变换的图像多分辨率融合方案。假设图像 A 和图像 B 是配准的图像，图像 M 为融合后的图像。其融合步骤如下：

（1）对配准的图像 A 和 B 做金字塔变换，生成一定层数的拉普拉斯金字塔。

（2）对不同层次上的拉普拉斯金字塔图像采取不同的融合规则进行融合处理，生成相应层次的拉普拉斯金字塔。

（3）进行逆塔形变换，生成融合图像。

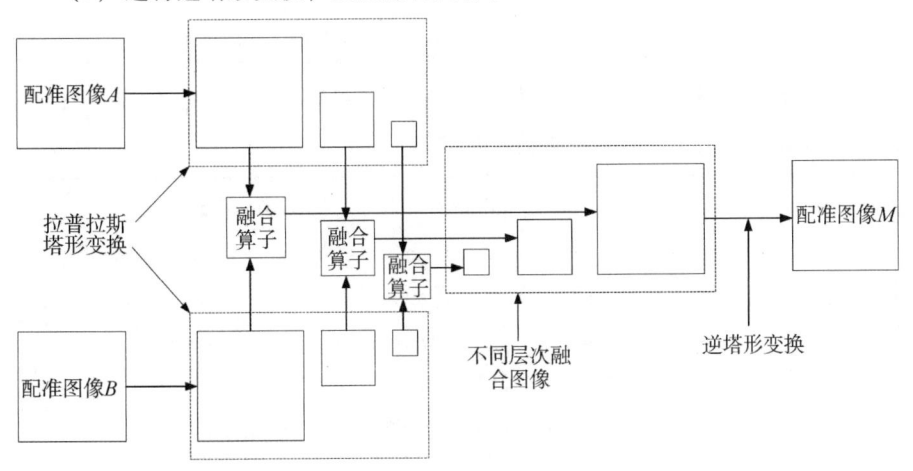

图 7-33　基于拉普拉斯金字塔的多分辨率图像融合

上述介绍的是基于拉普拉斯塔形变换的图像融合，把图像分解到不同层次上，对不同层次采取不同融合策略，因此与一般的图像融合并无本质的区别。基于拉普拉斯金字塔的图像多分辨率融合在图像融合规则上可采用常规的灰度值选大、加权平均法或渐入渐出法等。

下面介绍图像融合在 GPU 上的实现。本节分别在 GPU 上实现加权平均法的图像融合和金字塔分解的图像多分辨率融合。加权平均法较为简单，在这主要介绍多分辨率融合的实现。

GPU 上的图像多分辨率快速融合步骤如下：

（1）分别对输入已配准的图像进行金字塔变换（Reduce 算子），生成一定层数的高斯金字塔。

（2）分别对各自相邻层高斯金字塔的上一层图像做 Expand 运算，然后用下层高斯金字塔图像与 Expand 的结果相减，得到相应的拉普拉斯金字塔图像。

（3）对相对应的拉普拉斯金字塔图像做融合处理，生成对应层次融合图像。

（4）对融合图像逆塔形变换，最后生成融合图像。

根据拉普拉斯金字塔的生成步骤，分别设计 CUDA Kernel 函数实现金字塔分解。

其中高斯金字塔分解函数如下。

```
__global__ void reduce (uchar *lGaussianDataSrc, uchar *rGaussianDataSrc,
                        uchar *lGaussianDataDst, uchar *rGaussianDataDst,
                        size_t strideSrc, size_t strideDst, int srcWidth,
                        int srcHeight, int dstWidth, int dstHeight)
```

该函数实现图像与高斯平滑滤波器卷积计算和对图像的隔行隔列降采样。由高斯金字塔生成拉普拉斯金字塔函数如下。

```
__global__ void expand_and_minus (uchar *lGaussianDataSrcH,
                                   uchar *rGaussianDataSrcH, uchar *lGaussianDataSrcL,
                                   uchar *rGaussianDataSrcL, uchar *lLaplacianDataDst,
                                   uchar *rLaplacianDataDst, size_t strideSrc,
                                   size_t strideDst, int srcWidth,
                                   int srcHeight, int dstWidth, int dstHeight)
```

该函数实现对相邻层高斯金字塔图像上层的 Expand 变换，然后做减法计算，最后用高斯平滑滤波器实现平滑滤波，得到相应层的拉普拉斯金字塔图像。

图像融合函数如下。

```
__global__ void Image_Collapse (uchar *left_data, uchar *right_data,
                                 uchar *coll_data, float threshold,
                                 size_t s_stride, size_t c_stride,
                                 int s_w, int s_h, int c_w, int c_h)
```

该函数实现对相应层拉普拉斯金字塔图像融合处理。

塔形逆变换函数如下。

```
__ global __ void expand_ and_ add (uchar * d_ lGaussianDataSrcH,
                    uchar * lLaplacianDataL, uchar * lResultDataDst,
                    size_ t strideSrc, size_ t strideDst, int srcWidth,
                    int srcHeight, int ResultWidth, int ResultHeight)
```

该函数实现图像逆金字塔变换，迭代生成最终的融合图像。

在任务的划分上每个线程处理一个像素，每个线程块可设为 128 或 256 个线程。由于图像在计算机内存中是以二维矩阵形式存储，通过数组下标形式访问，在 CUDA Kernel 函数里对图像数据的访问转化为一维形式访问，即以行主形式访问。在本实验里处理的图像数据位深均为 8 位，因此传到以 Uchar 类型指针所指向的显存空间中，保证图像数据不出错。

图 7-34 所示是对两幅黑白框棋盘图分别做加权平均融合和多分辨率融合的结果。

(a)

(b)

(c)多分辨率融合结果

(d)加权平均的融合区域   (d)多分辨率的融合区域

图 7-34　两种方法融合结果对比

在图 7-34 中，(a)(b) 分别是原图，(c) 是融合图，(d)(e) 分别是从加权融合、多分辨率融合结果图中截取出来的重叠区部分，从图 7-34 (d)(e) 可以看出加权平均法融合结果边缘比较模糊，丢失了较多细节信息；而多分辨率融合法融合结果细节信息保留得较完好，图像比较清晰，过渡区也很平滑。

图 7-35 所示是对无人机图像做多分辨率融合的结果。

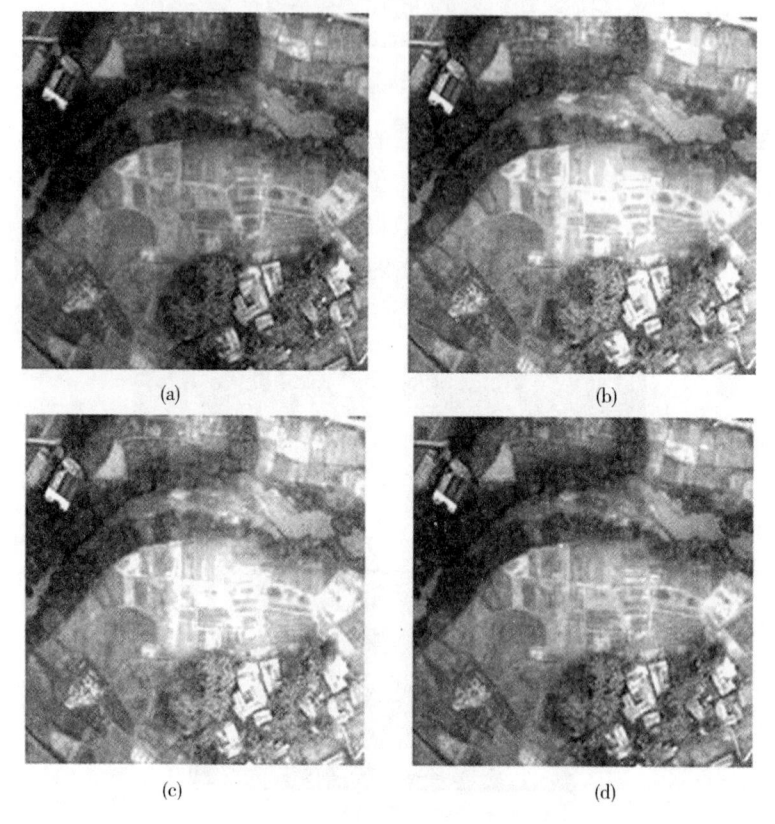

图 7-35　不同的融合方法的融合结果

表 7-6　两种融合方法的计算时间（单位：毫秒）

GPU 上加权融合时间	15
GPU 多分辨率融合时间	253

图 7-35 (a)(b) 是原图，其中 (a) 的左侧亮度较暗、较模糊，(b) 的右侧亮度较大，也做了模糊处理；(c) 和 (d) 分别是加权平均法、金字塔多分辨率融合的结果。可看出图 7-35 (d) 中的多分辨率融合法得到的融合

结果整体过渡较平滑、细节信息丰富。多分辨率融合其中涉及图像的多分辨率分解与重构,因此计算量比普通的加权平均法大,这在融合处理时间上可以体现出来。

参考文献

[1] NVIDIA Website. http://developer.nvidia.com/

[2] 吴恩华. 图形处理器用于通用计算的技术、现状及其挑战 [J]. 软件学报. 2004, 15 (10): 1493 - 1504.

[3] Joaquin Franco, Gregorio Bernabe, etc. A Parallel Implementation of the 2D Wavelet Transform Using CUDA. Parallel Distributed and Network-based Processing, 2009, 40: 111 - 118.

[4] Juan Gomez-Luna, Jose Maria Gonzalez-Linares. Parallelization of a Video Segmentation Algorithm on CUDA-Enabled Graphics Processing Units. Euro-Par 2009 Parallel Processing, 2009: 924 - 935.

[5] 章拓,王知衍. 基于 GPU 的实时超分辨率算法实现 [J]. 电脑与电信,2009, (03).

[6] 赵改善. 地球物理高性能计算的新选择:GPU 计算技术 [J]. 勘探地球物理进展, 2007, (10).

[7] Using GPUs to Accelerate Complex Applications. www.mathworks.com/programs/techkits/cudaWhitepaper.zip.

[8] R. Szeliski. Video mosaics for virtual environments. IEEE Computer Graphics and Applications, 1996, 16 (2), 3: 22 - 30.

[9] S. Peleg, B. Rousso. Mosaicing on Adaptive Manifolds. IEEE Trans. on Pattern and machine intelligence, 2000, 22 (10), 10: 1144 - 1154.

[10] S. Gumustekin, R. W. Hall. Mosaic image generation on a flattened Gaussian sphere. Proceedings 3rd IEEE Workshop on Applications of Computer Vision, 1996, 12: 50 - 55.

[11] S. Gumustekin, R. W. Hall. Image registration and mosaicing using a self-calibrating camera. In Proceedings of International Conference on mage Processing, 1998, 10, 1: 818 - 822.

[12] H. Y. Shum, R. Szeliski. Panoramic image mosaics. Technical Report MSR-TR-97-23. Microsoft research, 1997: 4 - 20.

[13] R. Szeliski, H. Y. Shum. Creating Full View Panoramic Image Mosaics and

Environment Maps. In Proc. of ACM SIGGRAPH, 1997: 251-258.

[14] C. D. Kuglin, D. C. Mines. The Phase Correlation Image Alignment Method. Proceedings of IEEE International Conference on Cybernetics and Society, New York, 1975, 9: 163-165.

[15] E. D. Castro, C. Morandi. Registration of translated and rotated images using finite Fourier transforms. IEEE Trans. on Pattern Analysis and Machine Intelligence, 1987, 9 (5): 700-703.

[16] B. Srinivasa Reddy, B. N Chatterji. An FFT-Based Technique for Translation, Rotation, and Scale-Invariant Image Registration. IEEE Transactions on Image Processing, 1996, 5 (8): 1266-1271.

[17] Harris C. G and Stephens M. J. A combined corner and edge detector. Proceedings of the Fourth Alvey Vision Conference. Manchester, U. K, 1988: 147-151.

[18] Smith S. M and Brady J. M. SUSAN-a new approach to low level image processing. International Journal of Computer Vision, 1997, 23 (1): 45-78.

[19] Lowe D. G. Object recognition from local scale-invariant features. The Proceedings of the 7th IEEE International Conference on Computer Vision. Corfu, Greece, 1999, 2: 1150-1157.

[20] Lowe D. G, Distinctive Image features from scale-invariant keypoints. International Journal Computer Vision. November 2004, 60 (2) . 90-100.

[21] Ranade S. , Rosenfeld A. Point pattern matching by relaxation. Pattern Recognition, 1980, 12 (4): 269-275.

[22] Goshtasby A. , Stockman G. Point pattern matching using convex hull edges. IEEE Transactions on Systems, Man, and Cybernetics, 1985, 15 (5): 631-637.

[23] Fischler M. A, Bolles R. C. Random sample consensus: a paradigm for model fitting with applications to image analysis and automated cartography. Comm. Of the ACM, 1981, 24 (6): 381-395.

[24] Daily M. I. , Farr T. , Elachi C. Geologic interpretation from composited radar and Landsat imagery. Photogrammetric Engineering and Remote Sensing, 1979, 45 (8): 1109-1116.

[25] Laner D. T. , Todd W. J. Land cover mapping with merged landsat RBV and

MSS stereoscopic images. In: Proc. Of the ASP Fall Technical Conference. San Franciso, 1981, 680-689.

[26] NVIDIA. NVIDIA CUDA Computer Unified Device Architecture Programming guide. version 2.0. 2008-7.

[27] Daniel Ruijters. Efficient GPU-Based Texture Interpolation using Uniform B-Splines. Journal Of Graphics Tools, 2009. 2: 61-69.

[28] Ing. Václav Šimek. GPU Acceleration of 2D-DWT Image Compression in Matlab with CUDA. Second UKSIM European Symposium on Computer Modeling and Simulation, 2008: 274-277.

[29] 李军, 李艳辉, 陈双平. CUDA 架构下的快速图像去噪 [J]. 计算机工程与应用. 2009, 45 (11).

[30] Szeliski R. Shum H. Y. Creating Full View Panoramic Image Mosaics and Environment Maps. In Proc. of ACM SIGGRAPH, 1997: 251-258.

[31] Burt P. J. Fast filter transforms for image processing. Computer Graphics and Image Processing, 1981, 16: 20-51.

[32] Burt P. J, and Adelson E. H. The Laplacian pyramid as a compact image code. IEEE Trans. Commun, 1983, 31 (4): 532-540.

[33] 刘贵喜. 多传感器图像融合方法研究 [D]. 西安: 西安电子科技大学, 2001. 1.

[34] Qin-sheng Chen, Michel Defrise. Symmetric Phase-Only Matched filtering of Fourier-Mellin Transforms for Image Registration and Recognition. IEEE Transactions on Pattern analysis and Machine Intelligence, 1994, 16 (12): 1156-1168.

[35] 尚政国. 多分辨率分析及其在图像处理中的应用研究 [D]. 哈尔滨: 哈尔滨工程大学, 2008. 3.

[36] Sain-Zee Ueng, Melvin Lathara. CUDA-Lite: Reducing GPU Programming Complexity. Springer-Verlag Berlin Heidelberg, 2008: 1-15.

[37] 桂叶晨, 冯前进, 等. 基于 CUDA 的双三次 B 样条缩放方法 [J]. 计算机工程与应用, 2009, 45 (1).

[38] 杨志义, 朱娅婷, 蒲勇. 基于统一计算设备架构技术的并行图像处理研究 [J]. 计算机测量与控制, 2009, 17 (4).

[39] 宋晓丽, 王庆. 基于 GPGPU 的数字图像并行化预处理 [J]. 计算机测

量与控制,2009.17(6).

[40] 李忠新,茅耀斌. 基于对数极坐标映射的图像拼接方法[J]. 中国图像图形学报,2005,10(1):59-63.

[41] 强赞霞,彭嘉雄,王洪群. 基于傅里叶变换的遥感图像配准算法[J]. 红外与激光工程,2004,33(4):385-387.

[42] 谢东海,詹总谦,江万寿. 改进Harris算子用于点特征的精确定位[J]. 测绘信息与工程,2003,28(2):22-23.

[43] 葛永新,杨丹,张小洪. 基于特征点对齐度的图像配准方法[J]. 电子与信息学报,2007,29(2):425-428.

[44] 杨翠. 图像融合与配准方法研究[D]. 西安:西安电子科技大学,2008.4.

第8章 面向对象的无人机遥感图像信息提取

前面章节介绍了无人机遥感数据处理技术，而面对海量无人机高分辨率遥感影像，如何快速、高效地提取定量信息，成为无人机低空遥感应用的关键技术问题之一。本章围绕无人机高分辨率遥感数据的灾害信息定量提取，介绍面向对象技术、多尺度分割算法、最有尺度模型构建和基于支持向量机的无人机遥感图像信息提取等内容。

8.1 面向对象技术概述

8.1.1 面向对象分割的含义

面向对象方法最大的特点是后面的"操作"都是以"影像对象"为基本的操作单元，而非传统方法的像元。如图8-1（b）所示即为图8-1（a）对象化后的结果。经过初步分割的"影像对象"包含了以下几种信息：光谱信息、纹理、位置、大小、形状、紧致性、光滑度等。还可以自定义其他信息，如对象之间的拓扑关系，从而有可能实现地理信息系统中的空间分析。同样的影像在不增加外来信息的情况下用面向对象的分析方法可以提取到更多的信息，从而增加了分类的依据，提高分类的精度，使分类结果更自然、更真实、更清晰、更加接近目视判别的结果。

（a）对象化前影像　　　　　　（b）对象化后的影像

图8-1　影像对象示意图

由于每块影像内所包含的信息要比单个像素所包含的信息多，大多数不同的影像对象是依据其颜色、形状、纹理所构成区域进行测算读取的，更多信息也可通过影像对象的网状结构来进行归纳分类或合并。这种类型特征的重要例子是给定了类和子对象数量相关边界的邻里对象。

8.1.2 面向对象技术的特点

传统的分类和提取方法主要是基于像素的、统计与人工解译相结合的方法。这种方法不仅精度低、效率低、劳动强度大，且过分依赖于人工解译分析，并在很大程度上不具备重复性。以单个像素为单位的常规信息提取技术过于着眼于局部而忽略了附近整片图斑的几何结构情况，从而严重制约了信息提取的精度。一些商业化的遥感图像处理软件，虽然提供了简单的影像分类和信息提取方法，但所基于分类方法非常粗糙，不仅效率低，而且也难以达到实用的要求和精度。

面向对象的影像分析技术是基于对象的理念对影像的空间信息、光谱信息、纹理信息和形状信息等方面的信息进行提取，最终进行影像的识别和分类。面向对象的遥感影像分析方法首先根据尺度参数、局部区域纹理信息以及形状和光谱信息自动将影像分为若干内部均匀的小区域，这些小区域称为影像对象，然后可以根据需要合并影像对象为尺度更大的对象层。对象层之间的连接方式以层次结构的方式进行。每个影像对象都知道它的相邻对象、子对象以及父对象，通过垂直连接对象，可以访问尺度、纹理、形状和空间位置等属性。影像最小单元为单一的对象，所有后续的分类工作基于影像对象进行分类，它可以充分利用对象信息（色调、形状、纹理、层次）、类间信息（与邻近对象、子对象、父对象的相关特征），从而分类结果可以避免斑点噪声。该方法大大提高了不同空间分辨率数据的自动识别精度，有效地满足了地学科研和工程应用的需求。

相比以像元为单位分类方法面向对象的方法具有以下几个优点：

(1) 面向对象的方法具有很好的整体性。因为它可以充分利用形状（如长度、边缘个数等）和拓扑特征（邻近、对象结构等）等信息，可以保持地物目标的整体性。

(2) 更智能化。面向对象的方法近乎模拟人的认知过程。可以利用的信息和人脑认知过程所利用的信息基本一致。

(3) 分类精度更高。面向对象的影像分析法可以根据相邻对象的类别限定本对象可能所属的类别，分类中可以利用层次与邻接参数使分类更准确且易于描述。由于对象具有明确的等级与相邻关系，子类可以继承父类的类别描述函数，不但减少了类别间的混叠，而且基于一次解译结果可以制作多种不同详细程度的专题图[15]。

8.1.3 遥感中的尺度问题

尺度是一个抽象的概念,当说一个项目是在多大空间范围上进行的,此时的"空间范围"就是指空间尺度。通常把现象随着尺度变化而变化称为尺度效应。在同一个空间参考系中,大尺度数据在空间上占有较大的空间范围,在时间上表现为相对较长的时间间隔,在属性上反映过程和现象的整体、抽象、轮廓趋势;相反,小尺度数据在空间上占的空间范围较小,在时间上表现为较短的时间间隔,在属性上则反映地学过程的详细、具体的内容。不同尺度的数据体现为不同的特点,在具体的专题应用中应根据任务与现象性质选择相应的尺度进行观察与研究[16]。

由于存在尺度效应,专题研究中往往会指定某现象在某尺度下的规律是怎样的。针对遥感影像分析,由于地物类别多种多样,且同一地物在不同影像分辨率下所占的像元多少不一样,这就要求我们对不同地物的提取时采用不同的尺度,这就是遥感中的尺度问题。例如,通过研究原始影像分辨率为 50cm 的对象均值方差与分割尺度之间的关系曲线图,得到不同地物具有不同的最优分割尺度的结论。

8.1.4 多尺度影像分割技术

多尺度分割是为提取影像对象而开发的一种分割算法,它是基于像素值和对象形状来共同描述。它可以提取原始同质影像对象的任意空间大小,尤其在局部对比中被考虑到。通过这种技术,可以理解遥感影像对象如何在不同的尺度域之间相互作用,从而反映影像中地表物体的固有形态。因为对于遥感影像信息提取,我们关注的是实际地物,无人机在执行灾害信息拍摄时往往具有针对性,然而影像上往往包含多种地物而且相对复杂,所以在每一次的影像分割任务都有其特定的尺度,但如果针对每种灾害分别研究分割算法,虽然有效但耗费时间,而多尺度分割算法可以解决上述困难,可以研究出相对通用的算法来解决不同地物分割要求。

多尺度分割是依据一定的规则按照一定的尺度对遥感影像自动地分割成大小不同的小区域的过程,图 8-2 说明了多尺度分割过程。可以看出多尺度分割在本质上说是基于区域的分割方法,算法将像素点通过不断合并形成图像对象(区域);在每次合并中,较小的邻接对象合并为更大的对象。多尺度分割的合并规则在分割过程中充分考虑区域内部相似度和区域之间的特征的差异性,设定一定的合并规则和停止合并规则来完成分割。

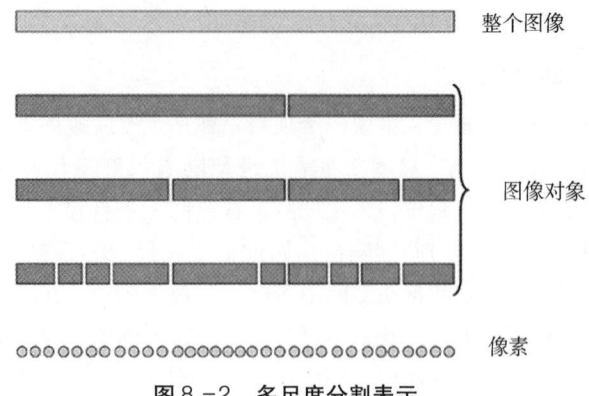

图 8-2 多尺度分割表示

多尺度分割方法的设计一般遵守以下规则：
（1）影像对象内部的平均异质性最小；
（2）影像对象之间的平均同质性应该最大；
（3）影像对象的生成应当依赖于尺度的选择；
（4）影像对象的相关属性的提取也是基于一定尺度得到的。

多尺度分割的特点就是能够综合不同尺度的图像信息。它考虑了地表实体格局或过程的多层次，克服数据源的固定尺度，采用多尺度影像对象的层次网络结构揭示地表特征的等级关系。在对象生成过程中同时将这些影像对象按等级结构连接，从而综合不同尺度的图像信息并把精细尺度的精确性与粗糙尺度的易分割性这对矛盾完美地统一起来。影像对象的层次网络中不同尺度对象的尺寸大小有差异，但大尺度对象与小尺度对象一样为原始像元的聚合，只是聚合阈值大小不一样，而呈现不同的像元组合特征，因此大尺度的影像对象中并没有损失原始像元的信息。在自然界中几乎所有的现象都不同程度地具有尺度效应，面向对象的综合不同尺度信息的特性使得我们解决多现象对应多尺度的问题更为简单。以人类为例，人眼对某些现象或过程的观察和测量也往往是在不同尺度上进行的。所以，我们采用多尺度理论来描述、分析这些现象或过程，才能够更全面地刻画这些现象或过程的本质特征。影像对象的层次网络允许影像信息在不同的尺度同时被表达，通过定义不同尺度对象之间的拓扑联系，更多的信息可以从影像数据中抽取出来。

可以看出，多尺度分割一方面依赖于异质性原则的建立，不同的异质性原则导致不同的合并动作的发生；另一方面依赖尺度，尺度作为尺度因子，是决定最终分割的整体效果，尺度大则分割区域整体平均面积较大，反之较小，图8-2演示了尺度在分割过程中的作用，不同的分割算法中尺度的具体定义也不同，因此尺度的取值也是不定的，但合并规则与尺度共同决定每次迭代中当前区域和它的邻接区域是合适还是不合适，图 8-3 很好地解释了这个问题，合并过程中的具体细节是需要考虑的问题，比如区域如何更新，当然停止合并原则也必须在算法中明确给出。另外在实际过程中，发现数据结构的建立对分割的影响也较大。

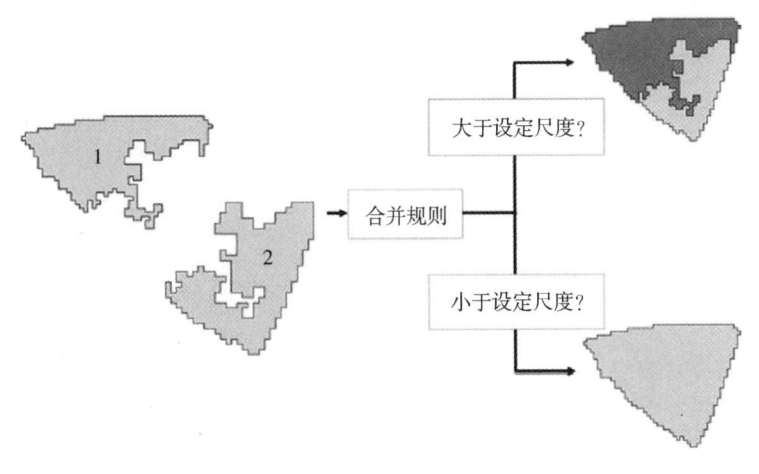

图 8-3 尺度在分割中作用

另外，为了体现平均性，图像内的像素点或者区域需要被以相同的概率考虑进合并过程，也就是说每个区域都对平均异质性做了一定贡献，这也是多尺度分割需要考虑的问题。

多尺度分割在分割效果上呈现金字塔结构，如图 8-4 所示。

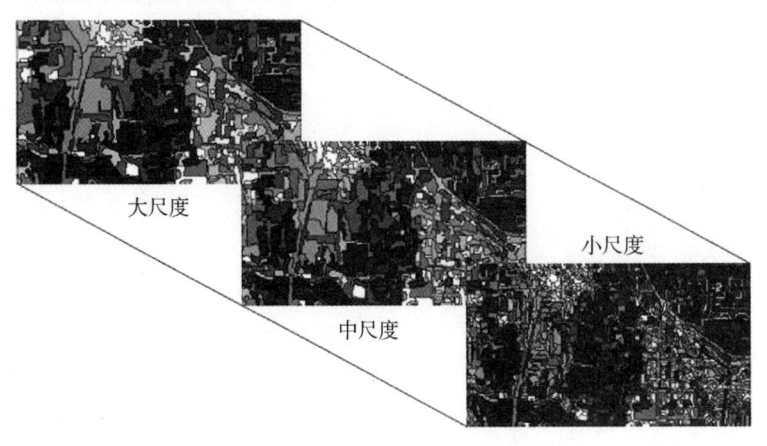

图 8-4 不同尺度的分割图

8.2 改进基于纹理连续的多尺度分割算法

8.2.1 技术路线

本算法设计目的如下：

(1) 高效性。分割后产生的结果（图像对象）是一种高质量的广泛的解决方法，表现出良好的分离性。

(2) 通用性。算法可以针对各种栅格数据格式的影像进行分割。尽管本章主要针对 RGB 彩色影像，但由于在算法中引入了 GDAL 开源栅格空间数据转换库，通过选择三个波段，并转换到 BMP 格式，实现了算法的通用性。

(3) 多尺度。一般在一张影像上，感兴趣的多种地物对象会以不同的尺度出现，提取有意义的地物对象成了尺度选择的问题。因此，算法产生的图像对象的尺度应该适应图像信息提取过程本身对于尺度的要求。

(4) 可重复性。在任何时候，设置同样参数分割结果不改变。

基于上述思想，设计基于纹理连续的多尺度分割算法，算法的主要过程如下：

(1) 先对图像进行过分割，形成具有高度光谱同质性的封闭区域。

(2) 设计了区域纹理快速计算方法；然后根据区域纹理连续性判断原则，以选择当前区域的纹理连续性邻接区域，使得纹理不连续的区域不参加合并。

(3) 借鉴 Baatz 等人提出的异质性函数，设计了新的目标函数，并对相关参数进行改进，以进行基于光谱和形状的区域合并，在区域搜索策略上使用抖动矩阵，在合并中进行局部双向最佳匹配合并，再通过设置尺度因子形成多尺度的分割结果。

具体的技术路线如图 8-5 所示。

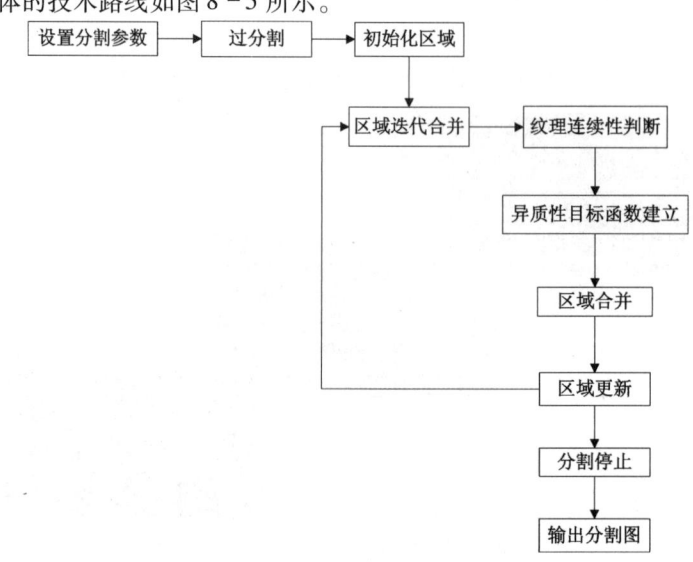

图 8-5 多尺度分割算法技术路线

8.2.2 过分割

分水岭变换对影像中微弱边缘（图像中的噪声、物体表面细微的灰度变化）响应很敏感，产生细小区域。本章利用分水岭变换这一特点，形成过分割后的封闭区域，以利于之后的区域操作。而且初始分割的对象为像素点，区域面积非常小，形状、纹理等特征表现不明显，因此仅利用图像上的光谱信息就足以正确完成初始分割。

分水岭算法基本实现算法有基于拓扑学分水岭、基于形态学分水岭、基于浸水模拟分水岭和基于降水模拟分水岭等，最常用的就是 Soille 和 Vincent 在1991年提出的模拟浸没的算法，该算法分割结果效果好、速度快，具有较强的实用性，算法包括2个部分：排序和泛洪，具体的算法描述如图8-6所示。

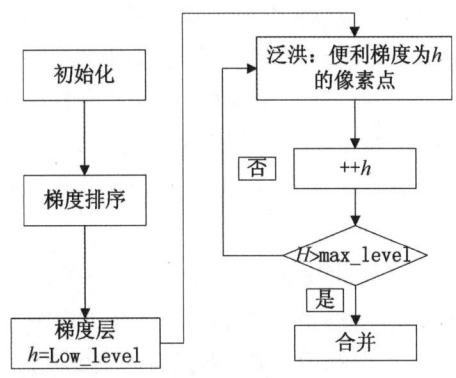

图 8-6 分水岭算法流程

分割结果如图8-7和表8-1所示。

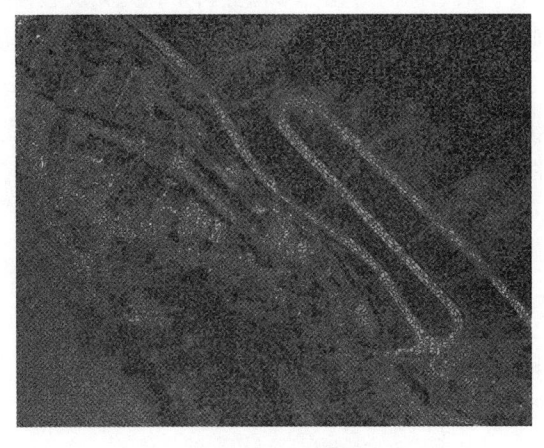

图 8-7 分水岭初始分割

表 8-1 分水岭分割结果统计

花费时间	3.484s
分割区域个数	96162

从分割结果看，该算法计算迅速，且没有损失边缘信息，形成了远小于要提取地物的小区域，满足了过分割的要求，便于下一步的合并。

8.2.3 纹理连续性计算

1. 纹理特征参数

纹理是高分辨率影像中重要的信息，它是由影像地物表面粗糙度产生的特征强度变化构成，反映了图像灰度性质及它们之间的空间关系。许多研究结果表明，原始影像在光谱基础上加上纹理信息可以提高影像分析的精确性。因此本算法首先对分割区域进行纹理连续性判断，如果两个邻接区域是纹理连续性区域，则可以进行下一步的计算，这样可以避免出现错误区域合并的情况，而且在后续分析如合并及分类中减少了计算量。

过分割后形成了形状不规则的小区域，针对这些小区域纹理计算，本章选择灰度共生矩阵（GLCM）。

Haralick 等提出的灰度共生矩阵是目前公认的一种提取纹理特征的有效方法，其定义为：对于给定的方向 q 和距离为 d，在方向为 q 的直线上，一个像元点灰度值为 i，另一个与其相距 d，像元点的灰度值为 j 的点对出现的频数即为灰度共生矩阵第 (i,j) 个单元的值。在基于像素的影像分析中，灰度共生矩阵统计量可以由一个选定的窗口（如 3×3，5×5 等）在整幅图像上滑动计算得到的；而在一般的面向对象的影像分析中，先完成影像分割，然后由影像对象计算得到纹理特征。得到灰度共生矩阵一般会再进行二次统计得到纹理特征，如均值（Mean）、方差（Vaniance）、协同性（Homogeneity）、对比度（Contrast）、相异性（Dissimilarity）、信息熵（Entropy）、能量（SecondMoment）和相关性（Conrrelation）等，具体计算公式如下。

（1）能量。

$$\text{Asm} = \sum_{i,j=0}^{L-1} P_d^2(i,j) \qquad (8-1)$$

Asm 用来衡量纹理的粗细程度和灰度分布均匀性。当影像区域中的灰度分布比较均匀，Asm 值就比较大。

（2）对比度。

$$\text{Con} = \sum_{n=0}^{L-1} n^2 \sum_{i,j=0}^{L-1} P_d(i,j) \qquad (8-2)$$

Con 用来衡量图像区域的清晰度和纹理沟纹深浅的程度。纹理沟纹越深，其对比度越大。

（3）相关性。

$$\text{Rel} = \sum_{i,j=0}^{L-1} \frac{P_d(i,j)(i-\mu_i)(j-\mu_j)}{|\delta_1 \delta_2|} \quad (8-3)$$

Rel 用来衡量图像区域中像元灰度在一定方向上的相似程度。

（4）熵。

$$\text{Ent} = -\sum_{i,j=0}^{L-1} P_d(i,j) \log(P_d(i,j)) \quad (8-4)$$

Ent 用来衡量影像区域中所具有的总的信息量。图像复杂度越大，熵值也越大。

（5）同质性。

$$\text{Hom} = \sum_{i,j=0}^{L-1} \frac{1}{1+(i-j)^2} P_d(i,j) \quad (8-5)$$

Hom 用来衡量影像区域匀调性。

（6）相异性。

$$\text{Dis} = \sum_{i,j=0}^{L-1} P_d(i,j) |i-j| \quad (8-6)$$

Dis 用来衡量影像区域的局部反差，局部反差越大，相异性越大。

（7）均值。

$$\text{Mean} = \frac{1}{n^2} \sum_{i,j=0}^{L-1} P_d(i,j) \quad (8-7)$$

Mean 是对灰度共生矩阵的平均表达。

式中，N 表示共生矩阵的灰度级数；i 表示共生矩阵的行数；j 表示列数；$P_d(i,j)$ 表示在距离 d 确定归一化的共生矩阵元素值，公式为：

$$P_d(i,j) = \frac{c_{i,j}}{\sum_{i,j=0}^{L-1} c_{i,j}} \quad (8-8)$$

式中，$c_{i,j}$ 为矩阵中元素 (i,j) 的值。

2. 纹理特征选择与快速计算

由于在进行区域合并前，要进行纹理相似性度量，所以在选择纹理特征时，选择最能够体现纹理相似性的特征进行提取。

能量（Asm）和同质性（Hom）两个特征均反映了局部纹理的均匀性变化，取值都在 [0, 1]，均在接近 1 时表示区域是均匀的，因此可以对两个特征相加取平均值，这样得到的最终结果取值范围仍在 [0, 1]，以此作为区域纹理相似性度量的依据，计算方法为：

$$R_{\text{texture}} = \frac{\text{Asm}(0°+45°+90°+135°) + \text{Hom}(0°+45°+90°+135°)}{8}$$

(8-9)

从式（8-9）看出，每个纹理特征一般选取0°、45°、90°、135°四个方向的值，算法选择了能量和同质性两个纹理特征，生成了8维的向量，对这些值进行加权平均，其结果仍在[0,1]内。

由于在整个分割过程中，可能面对成千上万次的纹理判断，每次对当前区域和其邻接区域进行区域纹理计算，运算量巨大，耗时太长，而且在现有硬件水平难以支撑，因为设计了如图8-8所示的快速计算方法。

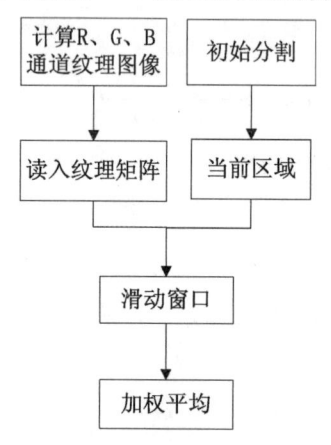

图8-8 区域纹理特征计算方法

因为计算纹理图像，不受分割的限制，可以在分割之前就计算好，而传统方法会造成大量的重复性计算，造成了不必要的开销。在过分割的区域初始化中，将每个区域位置投影到纹理图像中加权平均得到当前区域纹理，在迭代合并过程中，采用式（8-10）进行计算，将复杂的不规则区域纹理计算转化为简单的二次统计，从而大大减少了计算量。

$$R_{1,2_{\text{texture}}} = \frac{R_{1_{\text{size}}} \cdot R_{1_{\text{texture}}} + R_{2_{\text{size}}} \cdot R_{2_{\text{texture}}}}{R_{1_{\text{size}}} + R_{2_{\text{size}}}}$$

(8-10)

我们设计的纹理连续的准则为：

$$R_{1,2_{\text{texture}}} \geq t$$

(8-11)

当两个区域纹理不小于设定的纹理阈值时，则这两个区域为纹理连续区域。

3. 纹理计算实验

(1) 选择步长为 2, 窗口为 8×8。进行 GLCM 特征计算, 得到 4 个不同方向的同质性和能量的纹理图像, 部分结果见图 8-9。

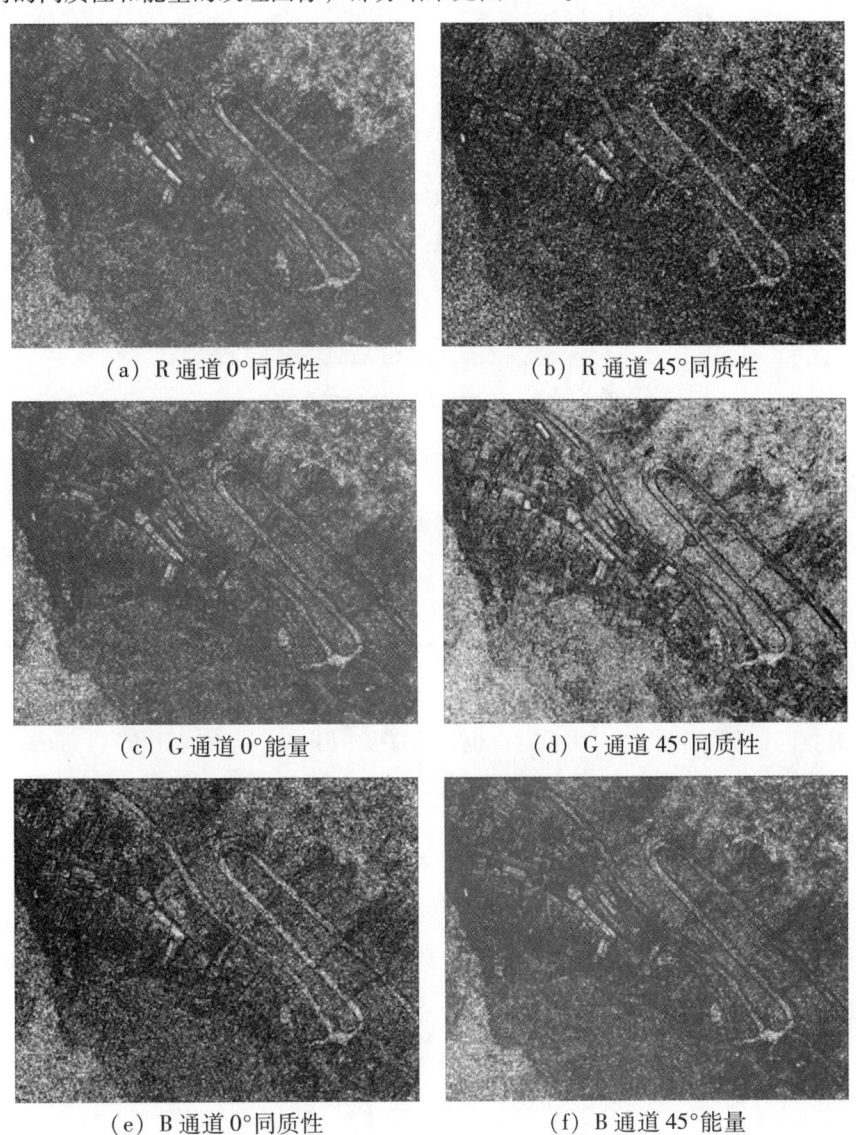

(a) R 通道 0°同质性　　(b) R 通道 45°同质性

(c) G 通道 0°能量　　(d) G 通道 45°同质性

(e) B 通道 0°同质性　　(f) B 通道 45°能量

图 8-9　不同通道不同方向纹理特征提取

在实际分割过程中, 经过对三个通道 4 个方向上的两个纹理特征进行加权平均, 得到其特征矩阵, 一般保存为文本文件, 然后在分割中将其加载进内存，但为便于展示，我们把它转化为图像进行标示（如图 8-10 所示）。

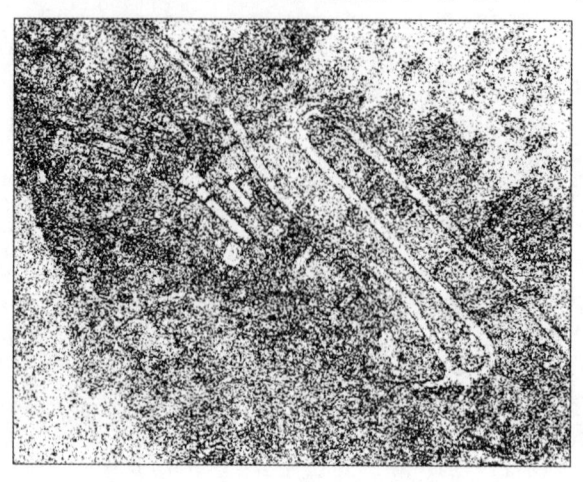

图 8-10　经过加权后的纹理影像

对计算时间的统计见表 8-2。

表 8-2　纹理特征计算时间

角度（°）	0°	45°	90°	135°	加权平均
计算时间（s）	48.31	49.06	46.13	50.43	8.05

而在实际分割过程中，针对每个区域按照表 8-2 的方法随机选择一区域，计算其与四邻域的纹理，作为对比也提取了熵（Entroy）和对比度（Contrast）纹理特征，实验结果如图 8-11 所示。

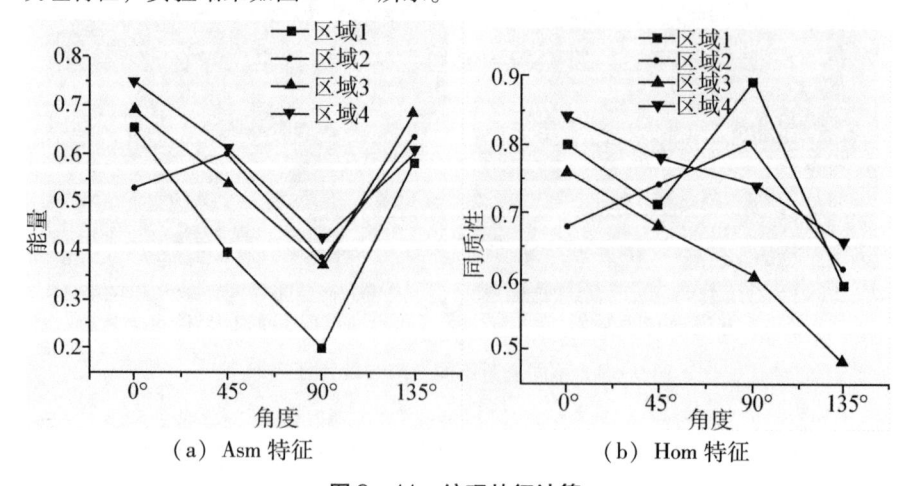

(a) Asm 特征　　(b) Hom 特征

图 8-11　纹理特征计算

(c) Ent 特征   (d) Con 特征

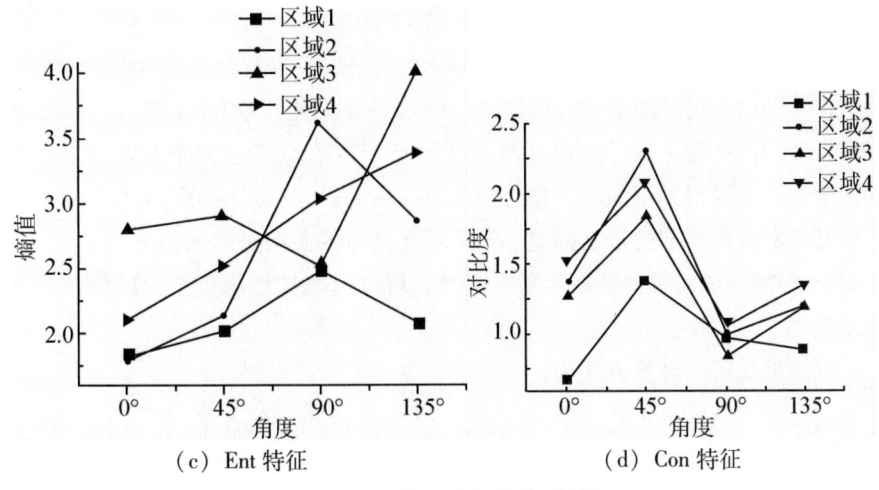

图 8-11 纹理特征计算（续）

从图 8-11 可以看出能量、同质性均小于 1；而另外两种特征值均大于 1。因此，选择能量和同质性进行加权作为纹理相似性标准是合适的。

（2）针对传统计算区域纹理方法和本章设计的纹理计算方法，在时间上做了实验，结果如表 8-3 所示。

表 8-3 纹理计算时间对比

时间 图像 方法	831×1080	1663×2160	3327×4321
传统方法	1.34h	2.96h	5.83h
本文设计方法	2.63min	3.89min	4.36min

从表 8-3 可以看出，本章采用方法明显节省了计算时间。

8.2.4 区域异质性函数建立

根据图像分割遵循同一区域的异质性尽量小、不同区域异质性尽量大的原则，本章建立了新的合并规则：当两个区域各自的异质性之和与二区域预合并后的异质性比值小于设定的尺度因子时，即将两个区域合并。用 $F(R_a, R_b)$ 表示区域 R_a、R_b 的异质性度量函数，则 $F(R_a, R_a)$ 表示区域 R_a 的异质性度量函数，合并区域的目标判断函数：

$$O = \frac{F(R_a + R_a) + F(R_b + R_b)}{F(R_a + R_b)} \qquad (8-12)$$

并将 O 与尺度因子 SP 比较，其中 SP $\in$ (0, 1)。

尺度因子是一个抽象的概念，而对于本算法，可以看出通过给出目标判断函数，从而给出尺度因子的具体概念，即对邻接区域异质性之和与预合并区域异质性比值的度量。通过给定不同尺度因子 SP，在分割过程中对合并进行不同的限制，从而得到不同的影像对象大小，在宏观上形成不同尺度的效果。

其中异质性函数的建立借鉴了当前国际流行的面向对象图像分割软件 eCgointion 中的区域异质性度量函数。当然，可以选取其他函数作为区域异质性的度量。

区域异质距离计算方法为：

$$F(R_a, R_b) = w_{color} \cdot h_{color} + w_{shape} \cdot h_{shape} \qquad (8-13)$$

式中，w_{color} 表示光谱特征用户自定义权重；w_{shape} 表示形状特征用户自定义权重，且 $w_{color} + w_{shape} = 1$。

$$h_{color} = n_{mg} \sum_{k=1}^{m} w_k s_k^{mg} / m \qquad (8-14)$$

h_{color} 表示区域 $R_a \cup R_b$ 的光谱异质性；m 表示波段数，本章取 $m = 3$；n_{mg} 表示区域所含的像素点数（即是区域面积）；w_k 表示每个波段的权重，这里都取 1；s_k^{mg} 表示第 k 个波段区域 a、b 的光谱标准差；三个通道的均值为：

$$C = \frac{1}{n} \sum_{i=1}^{n} c_i \qquad (8-15)$$

标准差：

$$S = \sqrt{\frac{1}{n-1} \sum_{i=1}^{n} (c_i - C)^2} \qquad (8-16)$$

在实际计算中，我们对标准差进行了简化计算，代数变换过程如下：

$$\begin{aligned}
\sum_{i=1}^{n}(c_i - C)^2 &= \sum_{i=1}^{n}(c_i^2 - 2c_i C + C^2) \\
&= \sum_{i=1}^{n} c_i^2 - 2C \sum_{i=1}^{n} c_i + nC^2 \\
&= \sum_{i=1}^{n} c_i^2 - 2nC^2 + nC^2 \\
&= \sum_{i=1}^{n} c_i^2 - nC^2
\end{aligned}$$

因此

$$S = \sqrt{\frac{1}{n-1}\left(\sum_{i=1}^{n} c_i^2 - nC^2\right)} \qquad (8-17)$$

这种简化将使得在具体计算过程计算量得到大大减少，只为在建立数据结构时只需记录每个区域的灰度值和与灰度平方和即可。

$$h_{shape} = w_{cpt} \cdot h_{cpt} + (1 - w_{cpt}) \cdot h_{smooth} \qquad (8-18)$$

表示区域 $R_a \cup R_b$ 的形状异质性，其中 w_{cpt} 为区域紧凑度的用户自定义权值，取值为 $[0,1]$。

$$h_{cpt} = l_{mg}/\sqrt{n_{mg}} \qquad (8-19)$$

为区域的紧凑度（区域像素聚合程度，越小越紧凑），其中 l_{mg} 为区域周长，即为边界像素数之和。

$$h_{smooth} = n_{mg} l_{mg}/b_{mg} \qquad (8-20)$$

为光滑度（区域边界平滑程度，越小越平滑）；b_{mg} 被定义为最短可能边长，在这里用最小内接矩形的周长代替。

8.2.5 区域合并过程

1. 区域初始化

算法中对于分水岭变换生成的 M 个区域的图像，在 C++ 下建立了高效的数据结构——class Region，在分割过程中区域个数将会减少相应面积会增大。在分水岭过分割后，将每个封闭区域视为一个独立的区域，每个区域用一个特定的区域标号表示，同一个区域内像素值的标号是一致的，作为一个整体在当前迭代合并中使用，因此没有必要再直接访问区域内实际的像素，而是访问区域的相关信息，这样就减少了大量不必要的运算开销。比如，对于每个区域，区域面积、均值、纹理、邻接区域表作为区域的成员变量被存储起来并被反复访问。具体的数据结构如下：

```
class Region
{
public：
unsigned int size；//区域面积
float *addition；//每层区域灰度值之和
float *sSum；//每层像素灰度值平方和
vector<NP> NPList；//合并队列
int perim；//周长
int bestp；//最佳合并的邻接区域标号
int p；//父区域标号
float interdif；//异质性
float texture；//区域纹理
float localVar；//局部方差
```

CRect ＊norbox；//区域边界框

vector＜float＞attlist；//区域属性表

float InterDiff（int d，float ws，float wc）；//计算异质性

boolisChecked；//区域是否被检测过

｝；

表8-4所示为图像标号简单表示。

表8-4　图像标号简单表示

		列			
		0	1	2	3
行	0	0	1	2	3
	1	4	5	6	7
	2	8	9	10	11

当两个区域合并后，两个父区域的 NP 集被用来有效更新区域对。满足条件将要被合并的两区域形成新区域的 NP 集，并删除原来的 NP 集。比如，考虑一个 3×4 的图像。假设 NP 集中的每个节点可以写为 region_ label（pair_ label）。区域 6 的 NP 集表示为：

$NP_6 = 2（2）\to 5（5）\to 7（7）\to 10（10）$。

因为决定区域合并的有两个条件：

（1）区域与邻接区域的纹理在一定范围内；

（2）区域与邻接区域的共同异质性和单独异质性比值在设定尺度因子内。

设计纹理的连续性计算在 8.2.3 节进行了详细说明，设计异质性计算在 8.2.4 节进行了详细说明。在初始化时，便对分水岭变换后的每个区域按照 class Region 内的相关变量进行初始化，其中 Region.size 就是区域像素个数；Region.addition 为区域每层的像素值的和；Region.sSum 为每层像素灰度值平方和；Region.perim 由两区域边界像素的和计算得到；Region.norbox 外接矩形通过行、列扫描获得；Region.localVar 和 Region.texture 分别由提前生成的局部方差矩阵和局部纹理矩阵计算得到；Region.attlist 用于分割完成后统计区域特征；Region.Checked 为 -1（即未被检测过）。

对区域的邻接区域对进行初始化时，pInd 指的是此数据结构唯一标号；rInd 指的是当前邻接区域标号。NP.bl 计算方法：边界像素点同时属于两个区域，把这些特征的像素点相加即可。同时，根据式（8-9）计算两个区域的

纹理相似性（保存在 NP.fc [1]），根据式（8-12）建立的目标函数计算异质性的值（保存在 NP.fc [2]）。

如果 NP.fc [1] 不小于纹理阈值 t，则正常计算当前 NP.fc [2]，否则赋值为无穷大；以 NP.fc [2] 为键值对 NPList 进行排序；同时将邻接区域对 NPList 内最小的 NP.fc [2] 所在的邻接区域编号（NP.pInd）赋给当前区域的最佳合并区域标号（Region.best）。

8.4.5.2 区域合并与更新

分布式区域合并策略：因为多尺度分割要求达到平均异质性最小，所以需要使所有区域在每次迭代中以同样的方式参与合并。这里其实可以采用随机选择某个区域的方法，但是这样会导致分割结果不再具有可重复性。基于这样的想法，我们采用基于 Bayer 抖动矩阵的启发式搜索的策略，将每个区域标号对应一个伪随机值。Bayer 抖动矩阵基本原理是先以一个 2×2 的矩阵 $M_1 = \begin{bmatrix} 0 & 2 \\ 3 & 1 \end{bmatrix}$ 开始，然后通过递归公式 $M_{n+1} = \begin{bmatrix} 4M_n & 4M_n+2U_n \\ 4M_n+3U_n & 4M_n+U_n \end{bmatrix}$ 迭代计算，其中 M_n 与 U_n 均是 $2^n\times2^n$ 的矩阵，U_n 为单位矩阵。根据这个算法，将区域标号进行扩展后进行按照递归公式进行计算就可以得到一组新的抖动矩阵。

然后进行合并操作，在合并时我们采用局部双向最佳匹配合并方法，以深度优先搜寻进行区域遍历，如果当前区域 Region [p].Checked = -1，可以分为下面几种情况：

（1）$NP_p.f[1] < t$，则 region[p].checked = -1，进行下次迭代。

（2）$\begin{cases} NP_p.f[1] \geq t \\ NP_p(q).f[2] < NP_q(best).f[2] \end{cases}$，则 region [p].checked = -1，进行下次迭代。

（3）如果 $\begin{cases} NP_p.f[1] \geq t \\ NP_p(q).f[2] > NP_q(best).f[2] \end{cases}$，则以 q 为当前区域进行搜索。

（4）如果 $\begin{cases} NP_p.f[1] \geq t \\ NP_p(q).f[2] == NP_q(best).f[2] \end{cases}$，则进行区域合并，同时进行区域更新：

① 比较当前区域标号 p 和邻接区域标号 q 的数值，取二者最小值赋给 p 和 q（假设 p 小），region [p] 作为新的区域。

②同时更新区域 region [p] 和 region [q] 的信息，如 Region. size 为原来两个区域面积和；Region. addition 为原来两个区域每层的灰度值和；Region. sSum 为原来两个区域每层的灰度值平方和；Region. perim 为原来两个区域周长和减去公共边界；Region. norbox 通过比较原来两区域外接矩形相关值获取；Region. localVar 和 Region. texture 分别由提前生成的局部方差矩阵和局部纹理矩阵公式：

$$x_{\text{merge}} = \frac{x_1 \cdot \text{size}_1 + x_2 \cdot \text{size}_2}{\text{size}_1 + \text{size}_2} \quad (8-21)$$

得到。

③从区域 p 的邻接表中移除 NP_p；

④从区域 q 的临界表中移除 NP_q；

⑤对于每一个 $\text{NP}_p(n)$（$n=0,1,2,3$），进行以下操作：

a. 对 NP_p 的每个 rInd 和 pInd 进行重新标记。

b. 按式（8-20）计算 $\text{NP}_p(n)$ 的纹理相似性 fc [1]，按式（8-21）修改异质性 fc [2]，同时修改 $\text{NP}_p(n)$ 的 fc [1] 和 fc [2]。

c. 对于 $\text{NP}_p(n)$ 如果 fc [1] $\geq t$，则正常计算当前 fc [2]，否则赋值为无穷大；对 fc [2] 进行升序排序；同时将最小的 fc [2] 所在的邻接区域编号（NP. pInd）赋给当前区域的最佳合并区域标号（Region. best）；以同样的方法更新区域 n 的邻接表 $\text{NP}_{n,p}$。

d. 接着以当前这个合并后的新区域重新进行区域合并和更新的相关迭代。

3. 停止合并

当所有的区域都不满足式（8-11）或者式（8-12）则停止合并，输出分割图，扫描整个图像区域，将处在公共边界上的像素掩膜为边界点（自己设置颜色），显示分割结果。

8.2.6 算法各因子分析

1. 多尺度因子效果分析

在本章研究中，获取不同的尺度是重点，为了验证算法的有效性，设置纹理阈值 $t=0.2$，光谱权值 $s=0.8$，紧致度权值 $c=0.5$，然后设置不同的尺度因子 SP 进行分割。图 8-12 所示为不同尺度图像区域个数的统计。

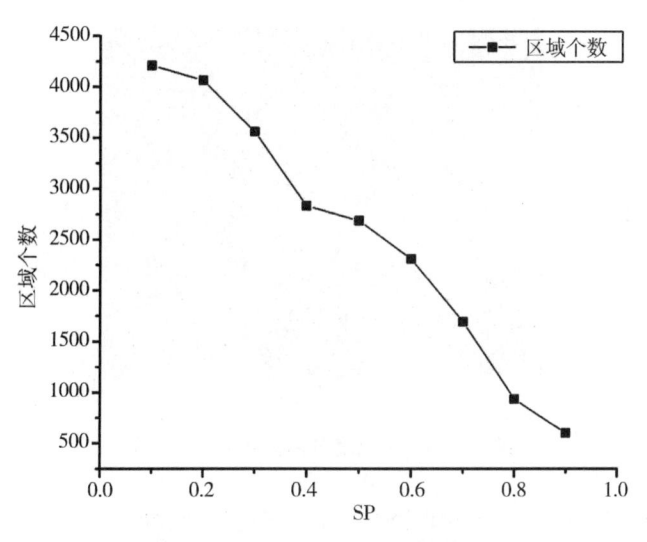

图 8-12 尺度对分割区域个数的影响

（a）SP = 0.1

（b）SP = 0.4

图 8-13 多尺度分割效果分析

(c) SP = 0.7

图 8-13　多尺度分割效果分析（续）

从图 8-12 中看出尺度因子 SP 越小形成的区域数目越多，尺度因子 SP 越大形成的区域数目越少。图 8-13 所示为不同尺度下的分割影像图，可以看出尺度因子 SP 设置越小，所得到的影像对象整体看起来也就越小；尺度因子 SP 设置越大，所得到的影像对象整体看起来也就越大。这里就体现了尺度因子对于分割结果的影响。

对于同一遥感影像，可以进行任意指定不同尺度因子的多尺度分割，从而得到最佳的分割结果，在对应的尺度分割结果上进行相应的信息提取，可以大大提高影响分析效率。

由于设置的各个参数不同会形成不同的分割结果，本章对纹理因子和光谱因子变化对分割结果影响做了研究。

2. 纹理因子在多尺度分割中的影响分析

在对纹理因子进行分析时，可采用区域一致性作为依据，一致性越大越好。图 8-14 所示是研究纹理因子 t 变化对分割区域内部均匀性的影响，参数设置 $t \in (0, 1)$，SP = 0.2；$s = 0.5$；$c = 0.5$；区域内部一致性在 (0, 1) 变化，可以看到通过增加纹理阈值，可以使分割后的区域一致性均值下降，显示了改进算法的必要性；另外在 $t = 0.9$ 左右区域一致性均值取得最小值，但从区域个数变化来看，因为纹理因子限制过大，导致参加合并的区域变少，最终分割区域个数过多，显得过于破碎，因此纹理因子不宜设置过大。在 (0.2, 0.4) 范围内，没有此缺点，在这个范围内取值较合适。

(a) 内部一致性变化

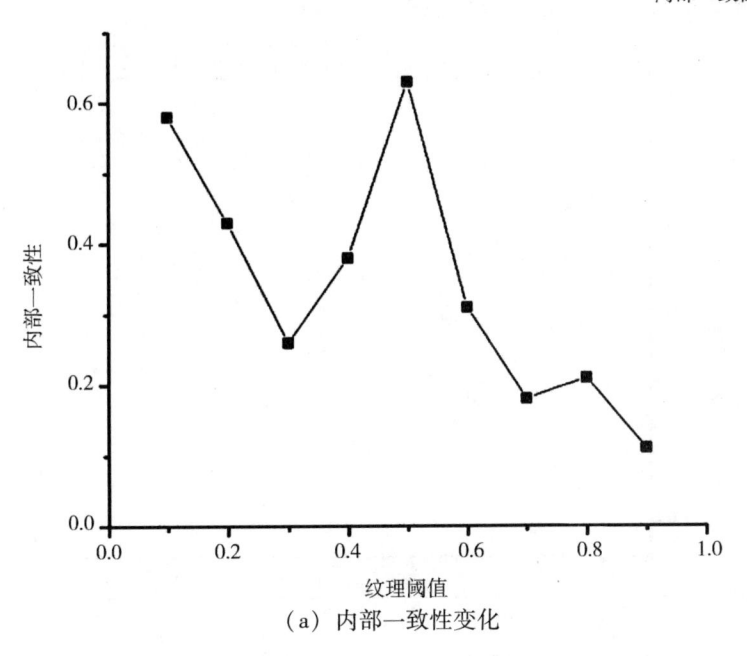

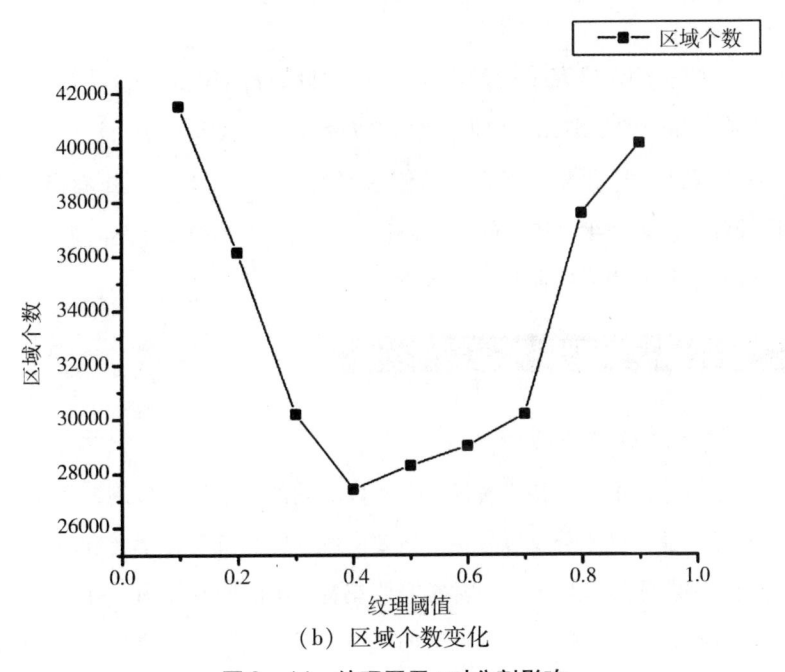

(b) 区域个数变化

图 8-14 纹理因子 t 对分割影响

3. 光谱和形状因子异质性权值分析

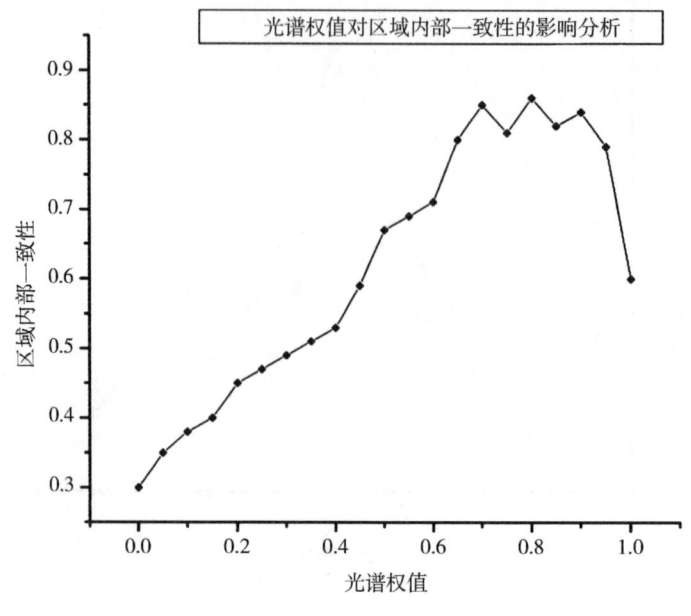

图 8-15　光谱因子 t 对分割影响

同样，图 8-15 研究了光谱因子 s 对分割结果的影响，可以看出在（0，0.8）区域内部一致性随光谱权值的增大而增大，在（0.6，0.9）区域内表现较好。一般来说对于光学影像，光谱信息占主导，从图 8-15 可看出 s 取 0.8 左右比较合适。紧致度 c 描述的是对象边界"紧"的程度，c 越大对象的面积与最符合其形状的矩形的面积比越接近。

8.3　最优尺度模型构建与结果分析

8.3.1　最优尺度模型构建

由于分割过程中，对特定影像，需要以不同的尺度进行分割，而如何获取最佳分割尺度是多尺度分割算法一个重要问题，国内外很多学者利用反复试验和不断探索来获取最佳尺度，但常常需要花费大量时间和精力，并通过目视进行确定，带有很大主观性。最佳尺度的直观表现是真实地物边界和实际分割对象边界的吻合程度，这是分割要达到的最理想的效果。因此，有必要进行定量计算最佳尺度的研究，很多研究者开始设计最优分割的模型或算法来进行最优尺度的研究，如局部方差法、最大面积法、矢量指数法等。

本章采用了采用局部方差法（Local Variance）来对每次分割结果进行评价。局部方差法是由 woodcock 和 Strahler 提出的，通过用 3×3 滑动窗口计算。根据他们的解释，如果区域适合地物大小，与对象的相似度将下降，局部方差将增大。针对面向对象分割的评价，已经有研究人员开始利用 LV 进行最佳尺度的获取，如 Drăguţ 在 eCognition 软件环境下采用 LV 作为评价因子，实现了最佳尺度的确定。利用局部方差并结合 LV 的这种特点，当随着尺度增大，分割区域的 LV 值不再增加时，该尺度即为最佳尺度。但由于本章提出分割算法具有多个参数，所以设计了最佳尺度的评价流程。由于局部方差仍然可以提前进行计算并存储起来，可在分割过程中针对不同区域进行调用然后加权计算得到。计算公式如下：

$$LV = \frac{\sum_{i=1}^{comps} lv_i \cdot area_i}{\sum_{i=1}^{comps} area_i} \quad (8-22)$$

式中，lv_i 为区域局部方差；$area_i$ 为区域面积；comps 为区域数目。

具体的计算方法如下：

（1）首先设定最小尺度 min SP，尺度步长 step。

（2）以 min SP 初始化 SP_1。

（3）在尺度 SP_1 下进行完成分割，同时计算局部方差 LV（1）。

（4）在尺度 SP_1 影像分割基础上，增大尺度 SP_1 + step；继续进行区域合并，完成新的分割，计算新的局部方法 LV（2）。

（5）如果 LV（2）- LV（1）> 0，则将当前尺度加上 step，进入步骤（3）进行迭代计算。

（6）输出最佳尺度 SP_{opt} = SP - step，完成寻优。

具体的技术流程图见图 8-16。

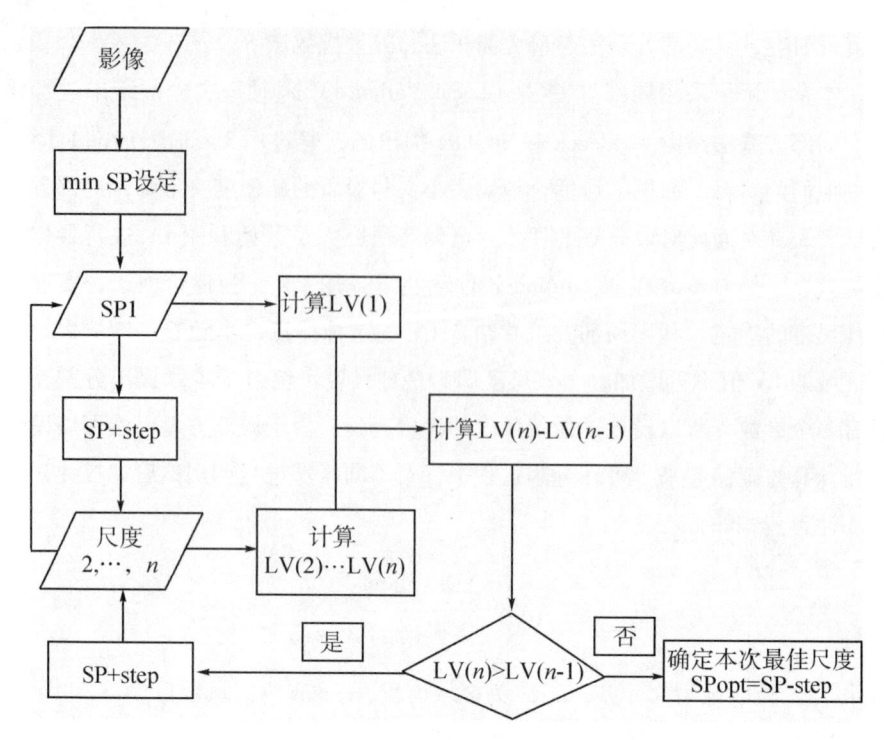

图 8-16 最佳尺度计算模型

前面已经对纹理阈值、光谱权值和紧致度权值进行了分析，在此我们采用 $t=0.2$，$s=0.8$，$c=0.6$，设定 $\min SP=0.2$，$step=0.05$，然后执行最佳尺度流程，分析结果如图 8-17 所示。

从图 8-17 可以看出，影像在 $SP_{opt}=0.8$ 时，分割结果如图 8-18 所示。

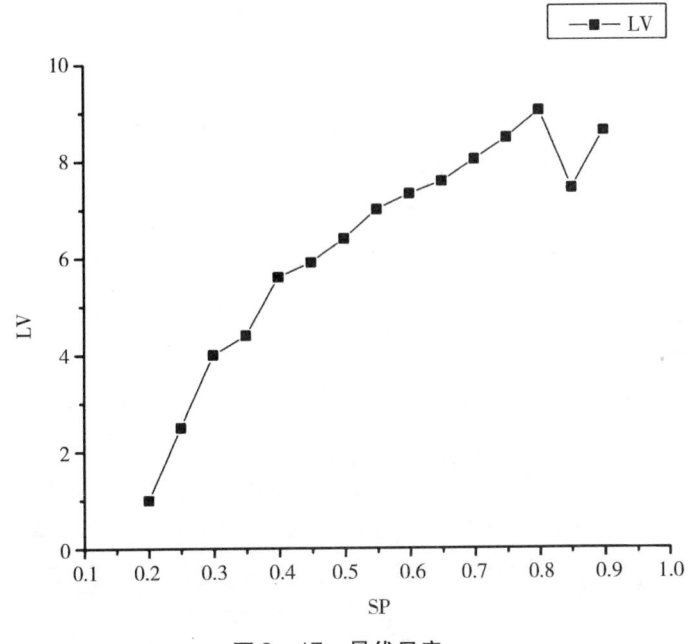

图 8-17 最优尺度

图 8-18 分割结果

8.3.2 分割算法对比评价

常用的分割评价方法有：

（1）通过目视说明；

（2）通过对比分割之后的区域个数来说明分割效果；

（3）拿已分割图像与一个标准分割图像进行比较。

我们针对三种评价方法都做了实验。

1. 目视说明

在图像分割中，仅仅将图像划分为同质性区域是不够的，还必须控制正确的边界，并避免出现过于琐碎的区域。目视说明是一个有效的评价方法，因为人类的眼睛是对于分割效果的评价是强壮和经验丰富的。即便分割结果再好，如果人眼看来不好，那是说明不了问题的。因此我们采取本章提出的分割算法与基于改进的加权聚合分割算法进行目视比较，该算法将影像转化为图（Graph）后，基于割集准则对 Graph 进行由粗到细的分割，然后依据设置的特征值属性进行分裂，通过自适应细化形成最优分割。

实验源图像见图 8-19，基于改进的加权聚合分割算法分割结果见图 8-20。

图 8-19 无人机源影像

第8章　面向对象的无人机遥感图像信息提取

图 8-20　分割结果

从目视来看，分割结果中有一些地块边界没有被很好分割出来。

本章利用基于纹理相似的多尺度分割算法，进行最佳尺度分割，确定分割参数为 $t=0.2$，$SP_{opt}=0.6$，$s=0.55$，$c=0.7$，分割结果见图8-21。

通过目视观察，可以看出本章分割效果基本把地物的明显轮廓很好地分割出来了，在地块边界比图 8-20 所示分割效果好，在同样完成最优分割条件下，表明本算法最有尺度模型的优越性。

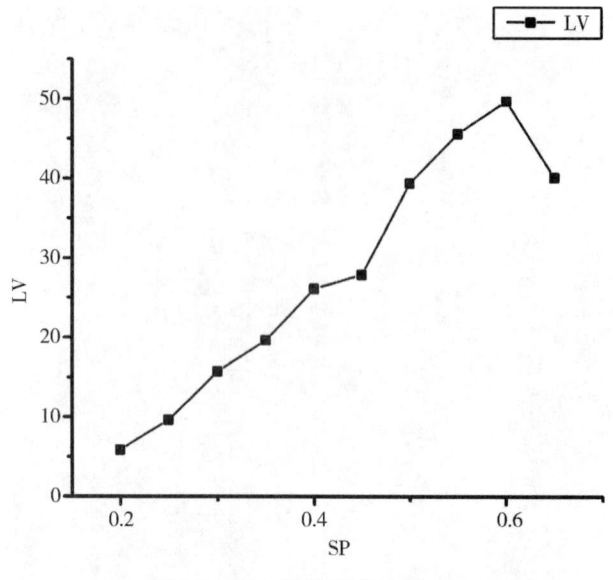

图 8-21　最佳尺度计算

图 8-22　本章算法分割结果

2. 分割区域个数比较

Haralick 和 Shapiro 讨论了分割效果的评定标准，邻接区域应该在一定程度上明显区分出来，同时它们不应该包含太多破碎小区域，它们的边界应该尽量简单而不失完整性，因此区域个数的统计就成为一个很直观的量化方法。

我们将本章分割算法与融合光谱和空间信息的图像分割合并算法进行对

比，该分割算法利用不同地物区域颜色散度差异性较大的原理，建立了基于颜色散度的区域合并停止规则，分割源图像见图8-23，分割结果见图8-24。

因为源图像表现出红色区域过多，利用前章所用红色边界表示会影响目视效果，所以改为二值图像显示，并读入前三个波段进行分割，利用本章算法进行最佳尺度分割（见图8-26），分割参数 $t = 0.2$，$SP_{opt} = 0.5$，$s = 0.8$，$c = 0.6$，分割结果见图8-25。

图8-23 源图像　　　　图8-24 融合光谱和空间信息分割结果图

图8-25 本章分割结果图　　　　图8-26 最佳尺度计算

分割区域个数对比见表8-5。

表 8-5 分割区域个数对比

分割算法	分割区域个数
融合光谱和空间信息的图像分割	349
本文分割	306

从表 8-5 可以看出，在分割出有效地界的基础上，利用本章提出的分割算法进行分割，分割结果的区域个数远小于融合光谱和空间信息分割结果，从而在一定程度上显示了本章算法的有效性。

3. 定量分析

为了定量地检验分割结果的精度，本章采用 Marcal 等提出针对多尺度分割的评价方法：通过计算 Hammoude、Rand、Jaccard、Corrected_Rand 和矩阵等全局平均系数来衡量分割结果。

Hammoude 矩阵计算方法为：

$$H = \frac{\#(x \cup y) - \#(x \cap y)}{\#(x \cup y)} \quad (8-23)$$

式中，x、y 表示两个对应的图像分割区域；# 表示得到像素的个数。

如果 $H=1$ 表示两个部分没有相交，也就是完全不相似；$H=0$ 表示两个区域完全相同。因此，H 的值衡量了两个分割结果的相似性。

外部相似矩阵通过检查所有像素的标号得到。每个像素有两个标号：$X(i)$ 和 $Y(i)$，相对于 X、Y 分割区域来说，二者是对应的两个图像区域。

剩余三个系数需要由以下四个参数计算得到：

$$a = \#\{(i,j), X(i) = X(j), Y(i) = Y(j)\} \quad (8-24)$$

$$b = \#\{(i,j), X(i) = X(j), Y(i) \neq Y(j)\} \quad (8-25)$$

$$c = \#\{(i,j), X(i) \neq X(j), Y(i) = Y(j)\} \quad (8-26)$$

$$d = \#\{(i,j), X(i) \neq X(j), Y(i) \neq Y(j)\} \quad (8-27)$$

$a+b+c+d=$ 所选图像区域像素总和。

Rand 系数计算方法为：

$$R = \frac{a+d}{a+b+c+d} \quad (8-28)$$

Jaccard 系数计算方法为：

$$J = \frac{a}{a+b+c+d} \quad (8-29)$$

R、J 范围都为 (0, 1)，1 表示完全匹配。

Corrected_Rand 系数计算方法为:

$$\mathrm{CR} = \frac{R - R_{\exp}}{R_{\max} - R_{\exp}}, \quad CR \in (0, 1) \qquad (8-30)$$

式中,$R_{\exp}$ 为 R 的期望;$R_{\max}$ 为 R 的最大可能值。

首先同时对原图部分区域进行手动分割,并将三种分割的结果分别与手动分割结果进行比较。

图 8-27 所示为 ENVI EX 下分割结果,scale = 80,merge_level = 90。图 8-28 所示为 eCognition 下的分割结果,参数设置 scale = 120,s = 0.8。

图 8-27 ENVI EX 分割效果

图 8-28 eCognition 分割效果

评价结果如表 8-6 所示。

表 8-6　分割精度统计

评价指数	Rand	Jaccard	Corrected_Rand	Hammoud
本文分割算法	0.9498	0.9623	0.9347	0.0025
ENVI EX	0.8072	0.9085	0.8936	0.0209
eCognition	0.9063	0.9748	0.9865	0.0130

从表 8-6 可以看出，对于高分辨率无人机遥感影像，本章提出的分割算法相对于在 ENVI EX 和 eCognition 下的分割算法，得到的分割数目最少，而且通过其他四个系数的对比发现，本章所提出的分割算法明显优于 ENVI EX 中的分割算法，而 Rand、Hammound 两个参数优于 eCognition 软件。

8.4　分割对象特征的提取与分析

针对无人机高分辨率影像的面向对象分析方法与传统的分析方法根本不同在于分类的依据不再是像素，而是经多尺度分割后的影像对象。多尺度分割是面向对象信息提取的一个中间过程，其目的是为了最终的分类，而为了取得良好的分类效果，有必要寻找能代表感兴趣区域的典型地物特征。而这正是影像对象带来的突出优点，它不仅包含了光谱信息，比起单个像素，影像对象还携带了更多能用于分类的附加属性，如纹理、形状等。因此如何正确表示和有效利用分割影像对象特征是研究中的另一个重点。

8.4.1　对象的特征定量描述

1. 光谱统计特征

光谱是描述无人机彩色图像内容的最直接的视觉特征，其核心问题是光谱特征的表达和提取。光谱特征是描述影像对象与像素灰度值相关特征的集合，反映对象的光谱信息。本章提取了对象的一系列特征，充分挖掘有用的光谱信息，用于分类。

颜色特征可采用颜色直方图、颜色矩等方法表示。颜色直方图经常被用来解释颜色模式分布的独立特性。然而，颜色直方图不能用来提取颜色的空间分布。颜色矩是一种简单而有效的颜色特征，是由 Stricker 和 Oreng 提出的。与颜色直方图相比，该方法的另一个好处在于无须对特征进行向量化。提取图像对象中的颜色矩总共需要 12 个分量（4 个颜色分量，每个分量上 3 个低阶矩），与其他的颜色特征相比是非常简洁的。由于颜色分布信息主要集中在低阶矩中，所以在这个研究中我们只考虑四个中心距作为特征向量，它们被定义如下。

(1) 一阶矩（均值）。

$$\mu = \frac{1}{N}\sum_{i=1}^{N} s_i \quad (8-31)$$

μ 用来表示对象的灰度平均值，其中 s_i 表示每个像素点灰度值。

(2) 二阶矩（标准差）。

$$\sigma = \sqrt{\frac{1}{N}\sum_{i=1}^{N}(s_i - \mu)^2} \quad (8-32)$$

σ 用来表示对象内灰度值分布的离散的程度。

(3) 三阶矩（斜度）。

$$sk = \left(\frac{1}{N \cdot \sigma^3} \cdot \sum_{i=1}^{N}(s_i - \mu)^3\right)\frac{1}{3} \quad (8-33)$$

sk 用来表示频数分布的偏态方向。

(4) 四阶矩（陡度）。

$$ku = \left(\frac{1}{N \cdot \sigma^4} \cdot \sum_{i=1}^{N}(s_i - \mu)^4\right)\frac{1}{4} \quad (8-34)$$

ku 用来表示与正态分布相比顶点的尖锐程度。

式 (8-31) ~式 (8-34) 中，N 表示图像对象内的像素总数。

(5) 亮度。

$$b = \frac{1}{n_L}\sum_{i=1}^{n_L}\mu_i \quad (8-35)$$

式中，b 表示对象在 3 个波段上的光谱均值；μ_i 为该对象在 3 个波段上对象光谱值总和的均值；n_L 为总层数。

(6) 比值。

$$r_L = \frac{\mu_L}{\sum_{i=1}^{n_L}\mu_L} \quad (8-36)$$

r_L 表示对象在每个波段上的光谱均值与所有波段光谱均值的和的比值。

(7) 最大差分。

$$d = \frac{c_{L_{\max}} - c_{L_{\min}}}{b} \quad (8-37)$$

式中，$c_{L_{\max}}$ 表示对象每层最大灰度值；$c_{L_{\min}}$ 为每层最小灰度值。

(8) 最大灰度值。

$$v_{L_{\max}} = \max v_{L_i} \quad (8-38)$$

$v_{L_{\max}}$ 用来描述对象每个波段最大灰度值。

(9) 最小灰度。

$$v_{L_{min}} = \min v_{L_i} \qquad (8-39)$$

$v_{L_{min}}$ 用来描述对象每个波段最小灰度值。

2. 形状和纹理特征

(1) 长宽比。

$$h = \frac{\text{height}}{\text{width}} \qquad (8-40)$$

(2) 形状指数。

$$S = \frac{P}{4\sqrt{A}} \qquad (8-41)$$

S 用来描述对象边界的广化程度，边界越破碎值越大。其中，P 为周长；A 为区域面积。

(3) 面积。

$$\text{area} = \sum_{i=1}^{N} i \qquad (8-42)$$

area 表示对象的实际面积，即像素个数。

(4) 边缘指数。

$$\text{border\_index} = \frac{P_{\text{real}}}{P_{\text{rectangle}}} \qquad (8-43)$$

border_ index 表示对象的真实周长与该对象最小包围矩形的周长之比，对象形状越不规则，该特征越大。

(5) 完整度。

$$\text{solodity} = \frac{\text{area}}{\text{area}_{\text{hull}}} \qquad (8-44)$$

solodity 用来描述对象的坚固性。其中，$\text{area}_{\text{hull}}$ 为外接凸多边形面积。

8.4.2 对象选择与特征统计

我们对 8.4.1 节中提出的所有特征做了统计，见表 8-7。

在实施面向对象分类方法时，对"对象"的交互式操作是十分关键的。有效地选择和存储训练样本在信息提取过程中非常重要，本章采取了针对每个地物类别选择有效训练样本的策略，保存样本的属性信息作为分类器的重要依据。

针对监督分类，首先确定要分类类别的数目 Class_ sum，每个类别需要选择的样本个数 Class_ num，然后根据目视手动选择样本，接着进行样本信息统计。

对所选的样本以 Object_ ID 和 class_ ID、svm_ features 分两个 TXT 文件进

行保存。Object_ ID 表示该对象在分割后的唯一标识号；Class_ ID 表示经过分类后该对象的类别号（如 0、1、3 等）；sum_ features 保存了各个区域的所有特征，并以（n：num）形式保存，其中 n 表示第几个特征值，num 表示特征值，见表 8-8。

表 8-7　对象特征统计表

对象特征	具体特征	特征个数
光谱	一阶矩	3
	二阶矩	3
	三阶矩	3
	四阶矩	3
	亮度	1
	比值	3
	最大差分	1
	最大灰度值	3
	最小灰度值	3
形状	长宽比	1
	紧致度	3
	光滑度	3
	形状指数	1
	面积	1
	边缘指数	1
	周长	1
	完整度	1
纹理	均质性	12
	对比度	12
	相异性	12
	均值	12
	标准差	12
	熵	12
	角二阶矩	12
	相关性	12
总数	25	131

表 8-8　特征保存格式

特征	class_ID	μ_R	sk_R	area	Shape_index	b
1	-1	73.34	0.2823	366	1.751	90.50
2	-1	49.78	0.5500	180	1.975	63.18
3	-1	184.22	-0.2256	209	1.626	175.41
4	-1	88.28	0.1206	238	1.523	89.26

图 8-29 至图 8-31 分别展示了分割区域的面积、长宽比和 R 波段均值图的散点图统计。

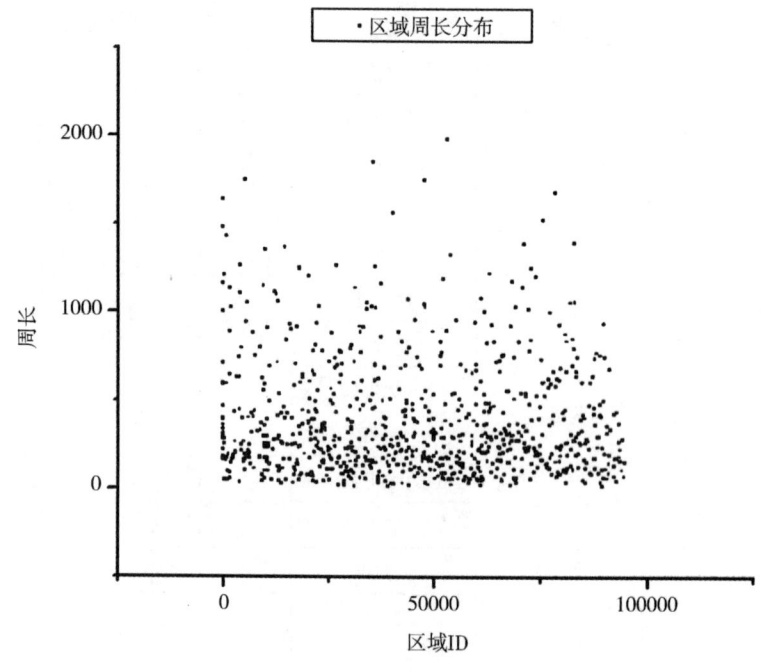

图 8-29　对象面积统计

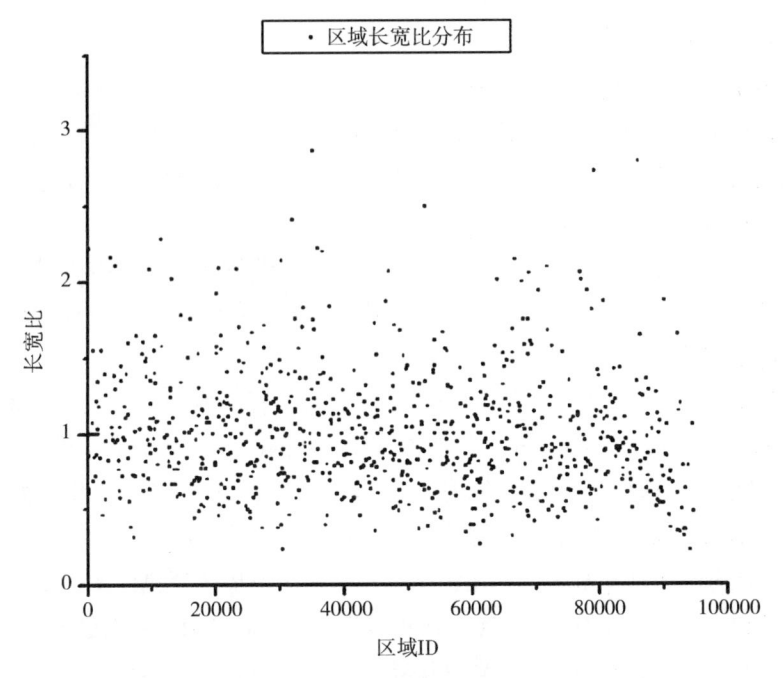

第8章 面向对象的无人机遥感图像信息提取

图 8-30 对象紧致度统计

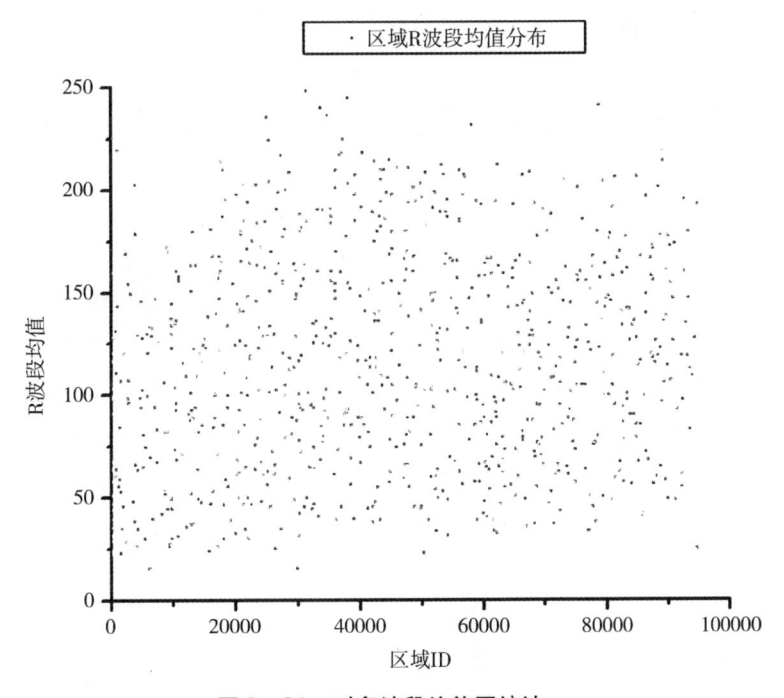

图 8-31 对象波段均值图统计

8.4.3 主成分分析

为了从不同角度综合性地对地物进行表达,提取了对象的光谱、形状、纹理等特征来对地物进行属性统计,以期能够很好地描述地物类型。而在分类的实际应用过程中,提取的特征数量往往较多,其中可能存在不相关的特征,特征之间也可能存在相互依赖,容易导致如下的后果:

(1) 特征维度越高,分析特征和训练模型形成分类器需要的时间就越长。

(2) 特征个数越多,有可能引起"维度灾难",模型将随之变得复杂,分类器的推广能力将会下降。

特征提取能将原特征空间变换为维度相对较低的空间,剔除不相关(Irrelevant)或冗余(Redundant)的特征,从而达到减少特征个数、提高模型精确度、减少计算时间的目的。同时,选出相关性过大的特征将简化分类模型。因此在提取对象特征之后,需要对主成分进行分析。

主成分分析(简称 PCA)由卡尔·皮尔逊于1901年发明,用于简化数据集,这种方法主要是通过寻找数据集中最重要的部分,消除数据集中的噪音和冗余,同时将原有的高纬度、复杂数据降维变成保留数据集对方差贡献最大的数据集。

计算过程具体步骤如下:

(1) 首先对于原数据集 $X = \begin{bmatrix} x_{11} & \cdots & x_{1p} \\ \vdots & \ddots & \vdots \\ x_{n1} & \cdots & x_{np} \end{bmatrix}$ 进行标准化得到标准化矩阵

$A = \begin{bmatrix} a_{11} & \cdots & a_{1p} \\ \vdots & \ddots & \vdots \\ a_{n1} & \cdots & a_{np} \end{bmatrix}$,其中 $a_{i,j} = \frac{x_{ij} - \overline{x_j}}{\sqrt{(1/n)(x_{ij} - \overline{x_j})^2}}$,$i = 1, \cdots, p$;

$\overline{x_j} = \frac{1}{n}\sum_{i=1}^{n} x_{ij}$,$j = 1, \cdots, p$。

(2) 求协方差矩阵。

$$R = \begin{bmatrix} r_{11} & \cdots & r_{1p} \\ \vdots & \ddots & \vdots \\ r_{p1} & \cdots & r_{pp} \end{bmatrix}$$

式中,$r_{jk} = \frac{\sum_{i=1}^{n}(a_{ij} - \overline{a_j})(a_{ik} - \overline{a_k})}{\sqrt{\sum_{i=1}^{n}(a_{ij} - \overline{a_j})^2 (a_{ik} - \overline{a_k})^2}}$,$i, j, k = 1, \cdots, p$;$\overline{a_j} = \frac{1}{n}\sum_{i=1}^{n} a_{ij}$。

(3) 求 R 的特征值（eigenvalue）和特征向量（eigenvector）。

令 $|R-\lambda I_p|=0$，得到 p 个特征值 λ_i，$i=1,\cdots,p$。

(4) 求主成分。

将 λ_i 按值的大小降序排列，根据需要确定选择多少主成分，计算公式为：$\sum_{i=1}^{m}\lambda_i / \sum_{i=1}^{p}\lambda_i \geq n\%$，表示前 m 个包含了原数据 $n\%$ 信息的主成分，即 u_1，u_2，$\cdots$，u_m 分别为第 1 主成分、第二主成分、$\cdots$、第 m 主成分。

8.4.4 对象特征提取实验

提取的对象特征经过 PCA 后，统计了前 12 个主成分的特征值、特征方差百分比和累积数据如表 8-9 所示。

从表 8-9 中可以看到，前 12 个特征值代表了 90% 以上的特征信息，可以作为特征的主成分，为后面的分类提供可靠保证。

表 8-9 PCA 统计

标号	特征值	方差百分比	累积
1	9.06926	26.67%	26.67%
2	6.10332	17.95%	44.63%
3	3.85523	11.34%	55.96%
4	2.93426	8.63%	64.59%
5	1.63104	4.80%	69.39%
6	1.42942	4.20%	73.60%
7	1.31661	3.87%	77.47%
8	1.25986	3.71%	81.17%
9	1.00543	2.96%	84.13%
10	0.9776	2.88%	87.01%
11	0.83692	2.46%	89.47%
12	0.75293	2.21%	91.68%

8.5 基于支持向量机的高分辨率无人机影像分类

8.5.1 支持向量机基础

传统的分类器如神经网络和统计分类器，它们训练是基于经验风险最小化原则（用训练样本代替所有样本的分布，可能造成过学习问题，并且这一转变并没有可靠的理论依据），训练阶段的目的是在给定的训练集上得到最小的误差率。这种方法存在着一定的缺陷，不能保证它具有很好的泛化能力：在训练阶段，分类器在模式上的未被发现的误差概率会比在训练集上的误差率高得多，也就是过学习。

近年来，根据 V. Vapnik 等提出的统计学习理论发展了支持向量机分类器。在统计学习中，训练一个分类器（比如一个神经网络有一个给定的结构）可以看作：当从一系列决策函数中选择一个决策函数时，可以通过改变分类器的参数得到，比如不同神经元之间的连接权重。统计学习理论的主要结果是一个分类器的错误率的上界不仅取决于在训练集上的错误率，也包含了分类器的内部特性，这个错误率也是决策函数"富余量"的度量。这个特性被称作 Vapnik - Chervonenkis（VC）维。决策函数集越富余，分类器在训练集上表现得越好，同时分类器的 VC 维越高，错误率上界会随着 VC 维的增大而增大。这被称为结构风险最小化原则。这个原则目的是要达到分类器错误率上界的最小值，以达到在训练集和 VC 维上的平衡。

1. 线性可分问题

SVM 是由 Vapnik 首先开始针对最简单的模式识别问题进行研究。图 8 - 32 所示的是最简单的线性分类问题，我们可以很容易找到一条直线把二维空间上的不同点分为两个部分，由图中可以看出，分类方法不止一种，可能有无数种，如图 8 - 33 所示，表面线性分类的结果有时候是不确定的。

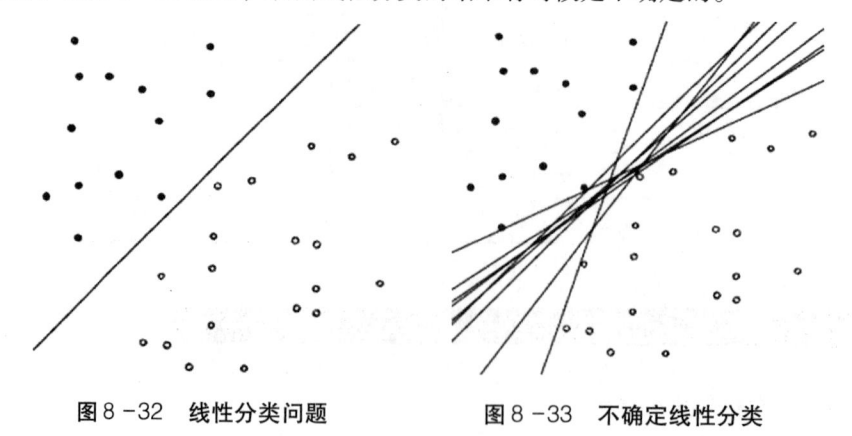

图 8 - 32　线性分类问题　　　　图 8 - 33　不确定线性分类

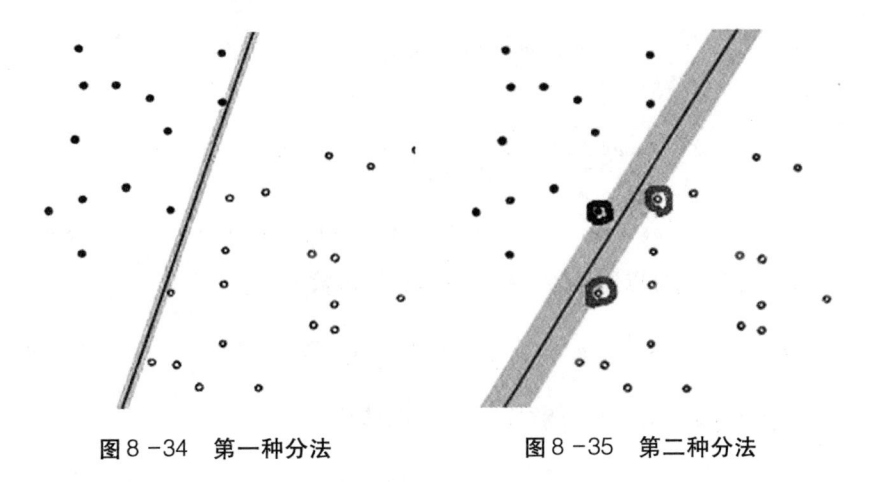

第8章 面向对象的无人机遥感图像信息提取

图 8 -34　第一种分法　　　　图 8 -35　第二种分法

为了定量表示线性分类问题,如图 8 -34 所示,将黑点定义为 -1,白点为 +1,利用直线

$$f(x) = w \cdot x + b \tag{8-46}$$

来预测空间中的任一点 x 的类别。SVM 分类就是为了找到这样一个分类的最优超平面(Optimal Hyperplane)。

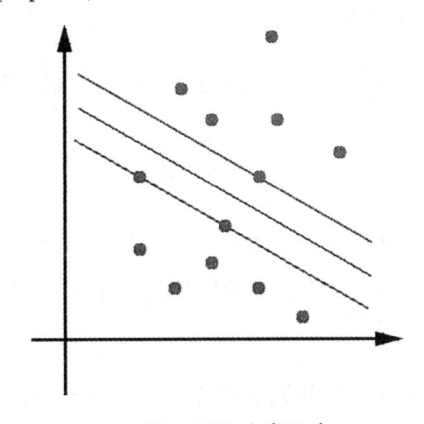

图 8 -36　SVM 分类示意

图 8 -36 所示的粉红色直线和蓝色直线上点就是 SVM 里的支持向量。深红色直线就是 $f(x)$,如果粉红色直线和蓝色直线之间距离的最大化则存在所要寻找的最优超平面。但图 8 -36 中所示深红色直线未必是最优超平面,必须通过凸二次规划问题来确定。

因为 $M = \dfrac{2}{\sqrt{w \cdot w}}$，所以问题可以表述为：

$$\max M = \max \dfrac{2}{\sqrt{w \cdot w}} = \min \dfrac{1}{2} \| w^2 \|$$

$$s.t. \ y_i (w \cdot x_i + b) \geq 1, \ i = 1, \cdots, l \tag{8-47}$$

上面这个问题可以通过建立拉格朗日目标函数求得：

$$L(w, a, b) = \dfrac{1}{2} \| w^2 \| - \sum_{i=1}^{n} (y_i (w \cdot x_i + b) - 1) \tag{8-48}$$

接着让 $L(w, a, b)$ 分别对 w、b 求偏导：

$$\dfrac{\partial L}{\partial w} = 0 \rightarrow w = \sum_{i=1}^{n} \alpha_i y_i x_i \tag{8-49}$$

$$\dfrac{\partial L}{\partial b} = 0 \rightarrow \sum_{i=1}^{n} \alpha_i y_i = 0 \tag{8-50}$$

并重新代入 $L(w, a, b)$ 得到：

$$L(w, a, b) = \dfrac{1}{2} \sum_{i=1}^{n} \alpha_i - \dfrac{1}{2} \sum_{i,j=1}^{n} \alpha_i \alpha_j y_i y_j x_i^T x_j \tag{8-51}$$

最大化超平面的问题最终变为：

$$\max \left(\dfrac{1}{2} \sum_{i=1}^{n} \alpha_i - \dfrac{1}{2} \sum_{i,j=1}^{n} \alpha_i \alpha_j y_i y_j x_i^T x_j \right), \ s.t. \ \alpha_i \geq 0; \ i = 1, \cdots, n$$

$$\sum_{i=1}^{n} \alpha_i y_i = 0 \tag{8-52}$$

可以看出，若 $\alpha_i > 0$ 则 $y_i (w \cdot x_i + b) = 1$，也就是说样本 x_i 在超平面上，被称为支持向量（SV），它们作为训练集的子集，使得最优解具有稀疏性的优良特性[52]。

这样就可以得到线性分类问题的最优分类判别函数：

$$g(x) = \text{sgn}\{w^T \cdot x + b\} = \text{sgn}\left\{\sum_{x_i} \alpha_i y_i (x_i^T x_j) + b\right\} \tag{8-53}$$

2. 线性不可分问题

线性可分是一种理性的假设。实际情况因为训练样本可能包含一些噪声点，或者问题过于复杂，往往是线性不可分的。图 8-37 中的黑白两类点就无法用一条直线将所有点正确分开。

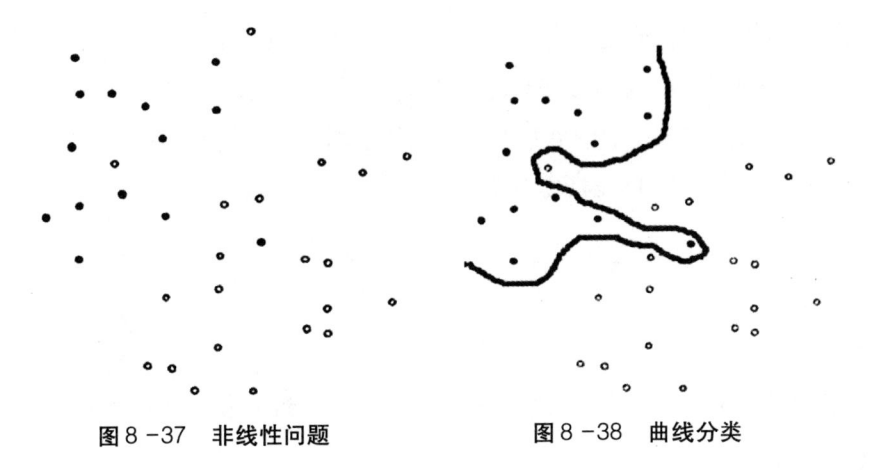

图 8-37 非线性问题 图 8-38 曲线分类

当然可以寻找如图 8-38 所示的曲线将黑白点完全分开，但这常常很难通过计算得到。

为了控制被错误分类的点数，同时使分类间隔最大化，惩罚函数被引入进来（惩罚函数就是错分点到其正确位置的距离），如图 8-39 所示蓝色直线和红色构成的最优超平面被称为软间隔分类面

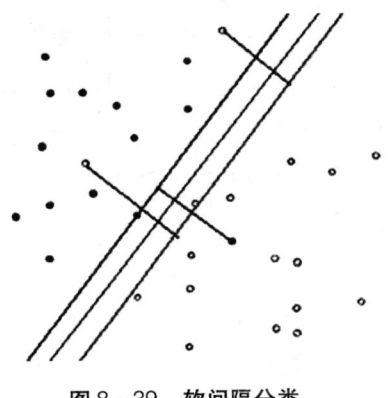

图 8-39 软间隔分类

所以，在原函数（绿色直线）上添加一个惩罚函数，表示如下：

$$\min \frac{1}{2} \| w^2 \| + c\sum_{i=1}^{R} \xi_i, \ s.t. \ y_i (w^\mathrm{T} x_i + b) \geq 1 - \xi_i, \ \xi_i \geq 0 \tag{8-54}$$

式中，$c\sum_{i=1}^{R} \xi_i$ 表示惩罚函数部分，$c>0$ 为用户自定义的惩罚因子，表示对错分样本点加入惩罚的程度，如果 c 越大，错分的样本点就越少，而 c 当为无穷大

时就相当于线性可分问题；R 表示被错分的样本点个数；$\xi_i \geq 0$ 被称为松弛变量（Slack Variable），是需要优化的变量。

按照线性分类问题的解决办法，通过建立拉格朗日目标函数，对 w、α 和 ξ 分别求导，并代入目标函数，求得：

$$\max\left(\frac{1}{2}\sum_{i=1}^{n}\alpha_i - \frac{1}{2}\sum_{i,j=1}^{n}\alpha_i\alpha_j y_i y_j x_i^T x_j\right),\ \text{s.t.} \ c \geq \alpha_i \geq 0;\ i=1,\cdots,n$$
$$\sum_{i=1}^{n}\alpha_i y_i = 0$$
(8-55)

根据式（8-55），在对偶问题中的 α 从线性可分问题的 $[0,+\infty)$ 变为 $[0,c]$。

支持向量机对式（8-55）的问题是采用核函数（Kernel Function）进行处理的，也就是将低维空间的线性不可分问题映射到高维空间变成线性可分，从而使复杂问题简单化，如图 8-40 所示。

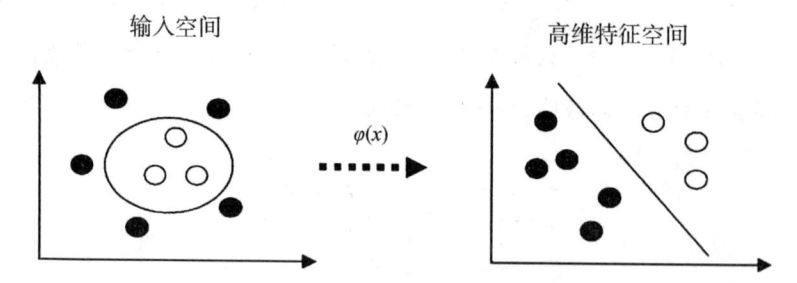

图 8-40 空间转换导致问题的简化

令

$$x_i^T x_j = \varphi(x_i)\varphi(x_j) = K(x_i, x_j) \tag{8-56}$$

$K(x_i, x_j)$ 就是所谓的核函数，核函数的优良性质使得尽管维度增大，但问题的复杂度并没有增大。

因此非线性分类问题的最优分类判别函数可表示为：

$$g(x) = \text{sgn}\{w^T \cdot \varphi(x) + b\} = \text{sgn}\left\{\sum_{x_i}\alpha_i y_i K(x_i, x_j) + b\right\}$$
(8-57)

在支持向量机里常用核函数有如下几种。

线性核函数：
$$K(x_i, x_j) = x_i^T x_j \qquad (8-58)$$

多项式核函数：
$$K(x_i, x_j) = (\gamma x_i^T x_j)^d, \gamma > 0 \qquad (8-59)$$

RBF 核函数：
$$K(x_i, x_j) = \exp(-\gamma||x_i^T x_j||), \gamma > 0 \qquad (8-60)$$

Sigmoid 核函数：
$$K(x_i, x_j) = \tanh(\gamma x_i^T x_j + r) \qquad (8-61)$$

式中，γ、r、d 均为核参数。

8.5.2 分类识别模型建立

在利用 SVM 分类器进行分类中，本章又建立如图 8-41 所示的详细的分类技术流程图。

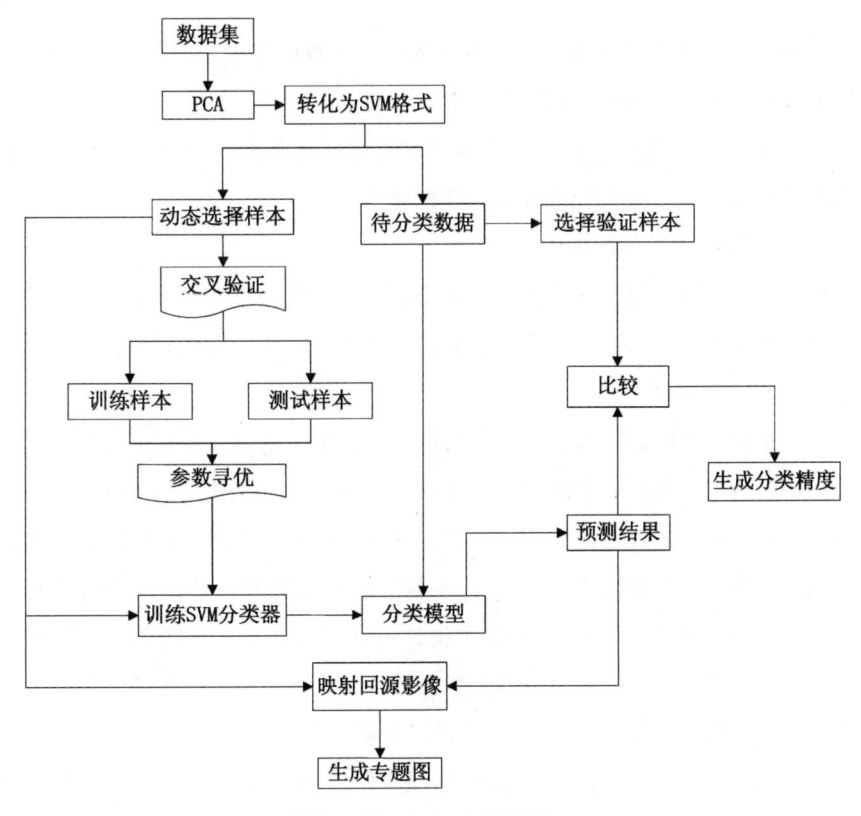

图 8-41 SVM 分类模型

具体过程如下。

（1）将保存的对象数据集，进行 8.4.4 节的 PCA，保存 90% 的数据信息。

（2）将经过 PCA 的样本数据以及待分类数据转换为 SVM 支持的格式，具体格式见图 8-42。

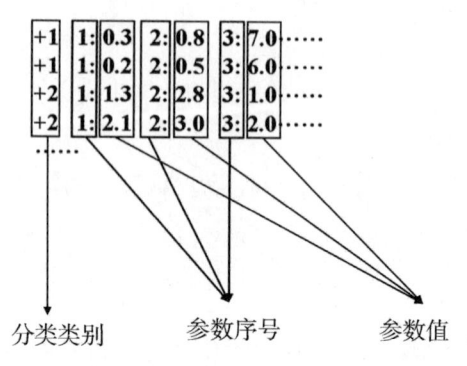

```
+1  1:0.3  2:0.8  3:7.0 ……
+1  1:0.2  2:0.5  3:6.0 ……
+2  1:1.3  2:2.8  3:1.0 ……
+2  1:2.1  2:3.0  3:2.0 ……
……
```

分类类别　　参数序号　　参数值

图 8-42　SVM 输入数据格式

其中的分类类别就是要设置的地物类别，参数序号表示是第几个参数值，参数值表示每个对象的对应特征值。

（3）通过人机交互设置分类个数，以及选择每个地物类别的样本，并且在交叉验证时把样本分类训练样本和测试样本。

（4）模型选择与参数寻优。

对于分类来说，模型的选择至关重要，它关系到分类性能和最后的分类精度，对分类结果有着直接的关系，因此，在分类之前要选取较好的分类模型和适合影像的分类参数。

一般来说，RBF 核函数是合理的首选。一方面，它比线性核函数更具有优势，RBF 核函数能将样本空间映射到更高维的空间，它能处理当类别标号和属性值之间的关系是非线性的情况，而且这种非线性情况是常常发生的。当然也可以认为线性核是 RBF 核的特例，因为具有惩罚因子 C 的非线性核与具有一些因子 (C, g) 的 RBF 核有相同的功能，sigmoid 核在某些参数上与 RBF 核有些相似。另一方面，超平面参数的个数会影响模型的复杂度，多项式核比 RBF 参数多，RBF 核数据复杂度更低。另外，多项式的核值可能达到无限，而且 sigmoid 在某些参数是无效的（比如，不是两个向量的内积）。因此本章选用 RBF 核函数。

参数寻优是为了用训练集找到分类的最佳参数，使得 SVM 分类器的学习能力和推广能力保持相对平衡，避免过学习和欠学习情况的发生。

RBF 核有两个参数：C 和 g，其中 C 表示惩罚参数，g 表示核函数参数。在给定一个问题后，(C,g) 的最优值是不知道的，因此必须要进行一些模型选择（参数搜索）。目的是发现好的 (C,g) 以至于分类器能精确地预测未知数据（如测试数据）。

对 C 和 g 用交叉验证进行网格搜索。测试不同组合的 (C,g)，选择其中交叉验证精度最好的一组。

交叉验证（Cross Validation，CV）是一种将数据样本分成较小子集的进行统计的实用方法，就是先在一个子集上（被称为训练集）做分析，而剩余子集（被称为测试集）用来对前面分析进行确认及验证。通过交叉验证能达到评估统计分析、机器学习算法对独立于训练数据的数据集的泛化能力的目的。

常见的交叉验证形式有如下几种。

1）K 折交叉验证（K-fold Cross Validation）

K 折交叉验证主要过程是将训练样本均分为 K 个子样本，选择其中 $K-1$ 个样本作为训练样本，剩下一个样本用来验证；交叉验证过程重复 K 次，用每个子样本验证一次并记录验证精度，最后平均 K 次的结果，得到最终的训练精度。K 折交叉验证的优势在于同时重复运用随机产生的子样本进行训练和验证，即便样本较少也适用。其中 10 次交叉验证是最常用的。

2）留一验证（LOOCV）

留一验证的主要过程是只使用原来样本中的一项作为验证样本，而剩余的则作为训练样本，循环进行直到每个样本均被作为一次验证样本。事实上，这与 K 折交叉验证是一样的，其中 K 为原样本个数。

K-CV 能够有效地避免过学习和欠学习状态的发生，而且最后得到的结果也比较具有说服性，因此本章选择了 K-CV。

在研究中对 C 和 g 用交叉验证进行网格搜索时，发现将 C 和 g 通过以指数方式增长搜索，是得到精度较高的 (C,g) 参数的一个可行的方法（例如，$C=2^{-5}, 2^{-3}, \cdots, 2^{15}$，$g=2^{-15}, 2^{-13}, \cdots, 2^{3}$）。

网格搜索虽然笨拙但却能得到较好的效果。研究中采用简单的网格搜索最重要的一个原因是网格搜索参数寻优只需寻找两个最有参数,因此花费的运算时间不比其他先进方法多。另外,由于每个(C, g)是独立的,所以网格搜索很容易被并行化。许多其他先进的方法要求迭代过程,很难进行并行化运算。

为了减少完全的网格搜索运算所消耗的时间,在研究中通过分阶段进行网格搜索。先用较大值作为搜索步长进行粗略网格搜索,初步确定精度最高的(C, g)所在的范围,然后用较小值作为搜索步长在该范围中再做精细的搜索。

网格搜索算法描述如下。

输入:train_label 为训练集的标签;train_data 为训练集。

Cmin,Cmax:表示 C 的变化范围,即在 $[2^{Cmin}, 2^{Cmax}]$ 内寻找最佳 C,如默认值为 Cmin = -10,Cmax = 10,即默认惩罚参数 c 的范围是 $[2^{-10}, 2^{10}]$。

$g$min,$g$max:RBF 核参数中参数 g 的变化范围,也就是在 $[2^{gmin}, 2^{gmax}]$ 内寻找最佳 g,如默认值为 $g$min = -10,$g$max = 10,即默认 RBF 核参数 g 的范围是 $[2^{-10}, 2^{10}]$。

在进行 K-CV 实验过程中,K 值取 2。

Cstep,$g$step:进行参数寻优时 C 和 g 的移动步长,即 C 的取值为 2^{Cmin},$2^{(Cmin+Cstep)}$,…,2^{Cmax},g 的取值为 2^{gmin},$2^{(gmin+gstep)}$,…,2^{gmax},默认取值为 Cstep = 1,$g$step = 1。

输出:bestCVaccracy,最终 CV 意义下的最佳分类准确率;best$C$,最佳的参数 C;best$g$,最佳的参数 g。

实施分类:

(1)将测试样本、寻优后的最佳参数输入分类器,产生训练集;然后通过训练集对测试集进行预测,获得预测结果。

(2)将验证样本 label 与预测结果 label 比较,获得分类精度。

(3)将预测结果映射到原影像,形成专题图输出。

8.5.3 分类实验及精度对比

对分割后的图像进行分类,准备分为河流、未损毁建筑物、损毁建筑物、林地和裸土五大类,训练样本分类数目分别为 10、9、15、18、9,验证样本为

8、6、13、12、6。

首先对 SVM 进行参数寻优：

(1) 先用粗略搜索，(C, g) 的变化范围均设置为 $[2^{-10}, 2^{10}]$，找出最优 $(C, g) = (2^{-3}, 2^{-5})$，交叉验证率是 90.5337%。

(2) 然后在 $(2^{-3}, 2^{-5})$ 的邻域上进行更细的搜索。

(3) 最后最优的 $(C, g) = (0.0039063, 0.0022907)$，测试精度为 91.8889%，整个训练集再次被训练以产生最后的分类器。

将测试数据输入训练好的 SVM 分类器，得出分类结果，见表 8-10 和图 8-43。

为了对比分类的效果，对原无人机图像采取同样的分割参数，采用相同的样本，利用 BP 神经网络进行分类。神经网络的具体参数为：输入层采用 4 个神经元，隐含层采用 6 个神经元，输出层采用 1 个神经元，最大训练次数设置为 3000 次，训练的目标误差设置为 0.1，学习率设置为 0.01。将训练样本数据输入建立的神经网络模型进行训练，之后将测试数据输入训练好的网络进行分类，得出分类结果，并在图上显示，基于神经网络的面向对象分类结果如表 8-11 和图 8-44 所示。

同时进行了基于像元的支持向量机分类，样本选择仍然与之前完全相同，基于像元的 SVM 分类结果见表 8-12。

表 8-10 支持向量机面向对象分类精度统计

信息类型	未损毁建筑	损毁建筑	道路	植被	裸土
制图精度	86.02%	84.57%	80.53%	90.3%	87.6%
总体精度	84.01%				
Kappa 系数	86.64%				

表 8-11 神经网络面向对象分类精度统计

信息类型	未损毁建筑	损毁建筑	道路	植被	裸土
制图精度	81.35%	78.01%	74.01%	84.32%	86.36%
总体精度	78.39%				
Kappa 系数	79.93%				

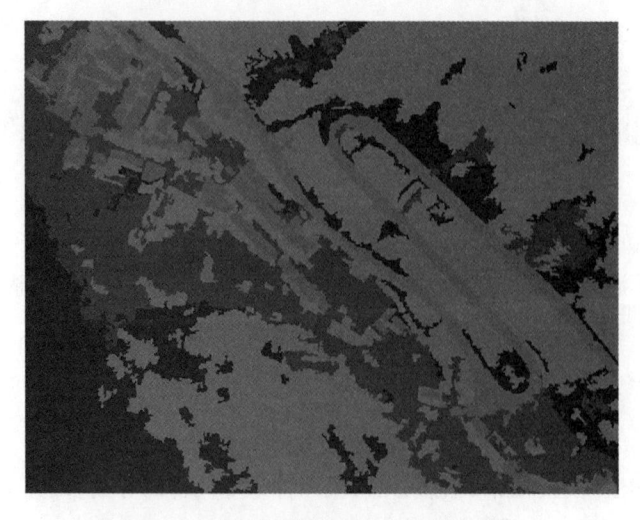

图 8-43 支持向量机面向对象分类结果

图 8-44 神经网络面向对象分类结果

表 8-12 支持向量机基于像素分类精度统计

信息类型	未损毁建筑	损毁建筑	道路	植被	裸土
制图精度	70.36%	68.58%	60.84%	73.01%	70.06%
总体精度	61.36%				
Kappa 系数	62.07%				

从分类的效果图看，面向对象分类的确没有出现"天女散花"的现象，即没有出现细碎的小斑块。通过对比，本章所提出的分类算法精度明显高于其他两种算法。

8.5.4 不同灾害信息提取

1. 堰塞湖信息提取

堰塞湖是由于河道两岸滑坡（崩塌）阻塞河道所致。堰塞坝为阻塞河道的滑坡体。确定堰塞坝体积，需判读出堰塞坝的平面规模，并结合其高度进行估计。利用面向对象信息提取方法来识别堰塞湖时，可以考虑水体的光谱特征和形状特征（如面积、宽度）的变化情况来检测堰塞湖。图8-45所示为唐家山堰塞湖无人机影像，图8-46所示为增强后的影像。唐家山堰塞湖是汶川大地震后形成的面积和危险性最大的堰塞湖，位于距北川县城约6公里处。

图8-45 唐家山堰塞湖无人机影像

图8-46 图像增强

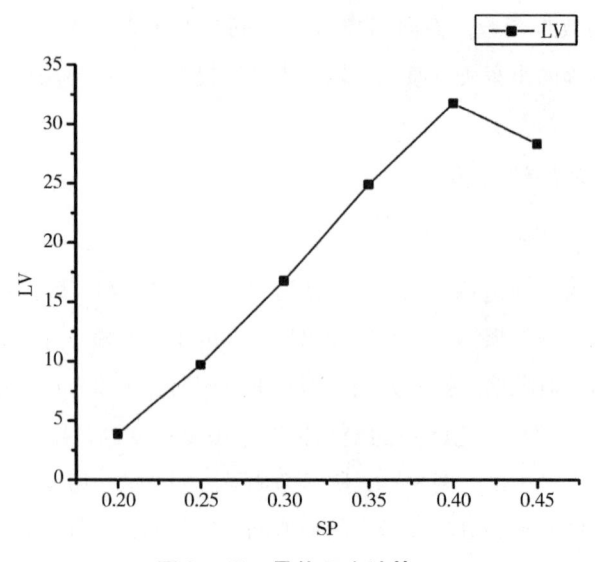

图 8-47　最佳尺度计算

经过最佳尺度计算（见图 8-47），确定分割参数为 $t=0.2$，$SP_{opt}=0.4$，$s=0.8, c=0.6$，分割结果见图 8-48。

图 8-48　多尺度分割

经过分割，选取三类样本：正常水体、含泥沙水体和其他。每类选取样本 15 个，验证样本 10 个；经网格搜索后，粗略选择结果为 $(C, g) = (0.22763, 0.21713)$，精度为 91.3647%；精细选择结果为 $(C, g) = (0.21754, 0.21733)$，精度为 91.6667%；最终分类结果如图 8-49 所示；精度评价见表 8-13；地物面积百分比统计见表 8-14。

表8-13　分类精度统计表

地物类型	正常水体	含泥沙水体	其他
制图精度	94.12%	95.45%	88.89%
总体精度		90.12%	
Kappa系数		92.83%	

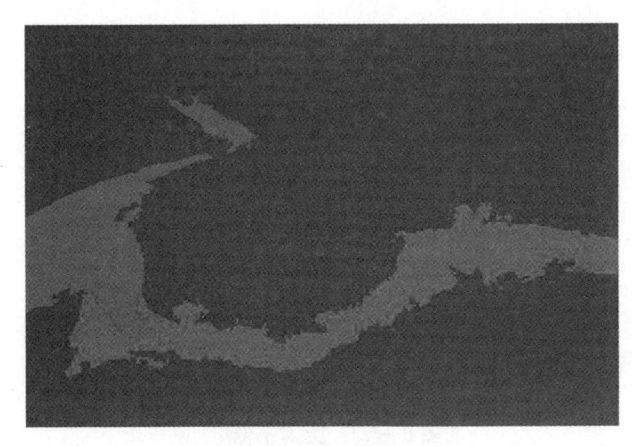

图8-49　分类结果

表8-14　面积百分比统计

类型	正常水体	含泥沙水体	其他
面积百分比	10.95%	6.73%	82.32%

面积统计表显示堰塞湖的平面信息，再结合水文和气象资料，就能计算出汇流和水位上涨信息，结合高度信息便可以计算出堰塞湖体积，决策者可根据这些信息，对堰塞湖的稳定性做出评价。

2. 根据灾前、灾后影像提取灾害信息

当发生严重灾害时，利用灾后影像虽然能够提取出整体灾害情况，但无法准确获得各类地物的受损信息，给灾害评估带来一定困难。一种有效的评估方法是对遥感影像进行分类后比较（Post-Classification Comparison），它是一种对灾前与灾后不同时相的遥感影像以相同的分类体系标准进行分类，最后比较两者的分类结果，从分类结果中提取出同一地物变化信息的方法[1]。此方法的关键是选取适合的样本，并使每个时相的分类精度尽量高。

以日本仙台市藤冢地区灾前和灾后的无人机影像为例，灾前原始图像如图 8-50 所示，利用前文提出的面向对象分类方法进行分类，之后进行对比分析，获取灾害信息。

经最佳尺度计算后（见图 8-51），分割参数为：$t=0.2$，$SP_{opt}=0.5$，$s=0.8$，$c=0.6$，分割结果见图 8-52。

图 8-50 灾前影像

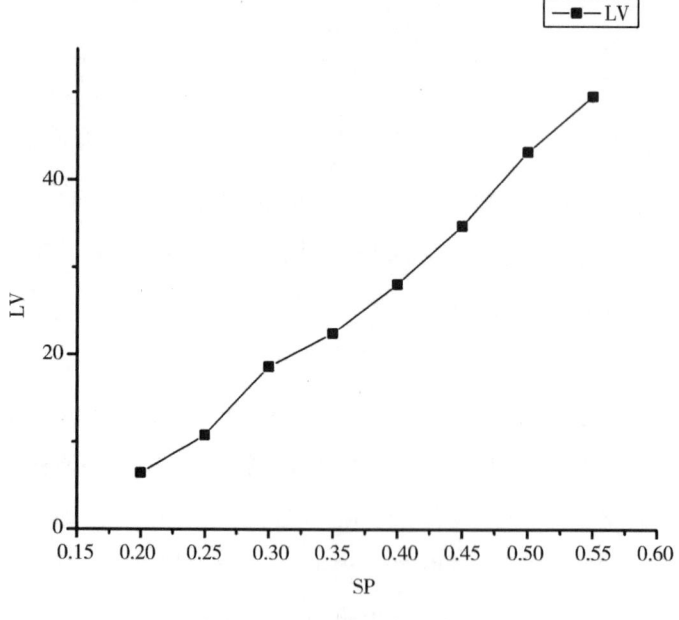

图 8-51 最佳尺度计算

图 8-52 灾前多尺度分割结果

分类策略：将地物分为建筑物、绿地和耕地、道路、水体四类，每类选取样本 13 个，验证样本 4 个。经网格搜索后，参数粗略选择结果为 (C, g) = $(0.43518, 0.75785)$，精度为 99.0013%；精细选择结果为 (C, g) = $(0.43521, 0.75796)$，精度为 99.0032%。灾前分类结果如图 8-53 所示，精度验证见表 8-15，地物面积百分比统计见表 8-16。

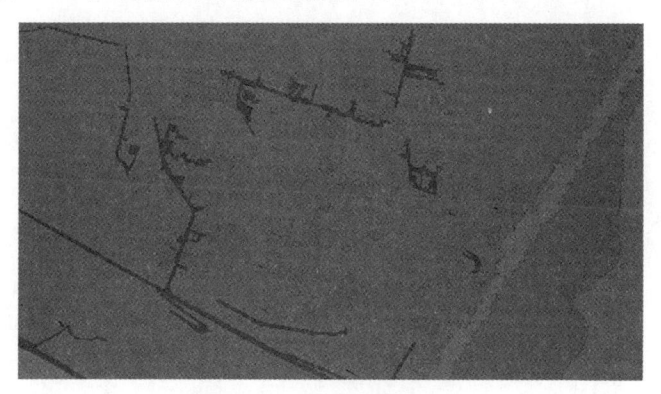

图 8-53 灾前分类图

表 8-15 分类精度统计表

地物	建筑物	绿地和耕地	道路	水体
制图精度	90.13%	82.76%	89.08%	91.59%
总体精度	85.06%			
Kappa 系数	84.56%			

表 8-16　面积百分比统计

地物	建筑物	绿地和耕地	道路	水体
所占百分比	6.09%	80.50%	4.53%	8.88%

灾后原始图像如图 8-54 所示，经最佳尺度计算（见图 8-55）后，分割参数为：$t=0.2$，$SP_{opt}=0.6$，$s=0.8$，$c=0.6$，分割结果见图 8-56。

图 8-54　灾后影像

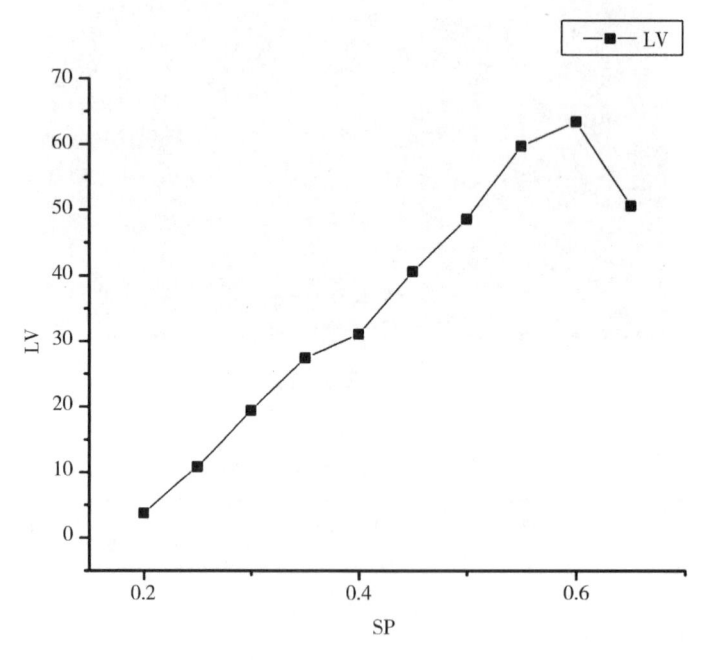

图 8-55　最佳尺度计算

第 8 章 面向对象的无人机遥感图像信息提取

图 8-56 灾后多尺度分割结果

分类策略：将地物分为水体、震害地区、完好道路、完好建筑物四类，每类分别选取样本 13、6、7、5 个，验证样本 8、4、4、3 个。经网格搜索后，参数粗略选择结果为 $(C, g) = (0.25, 2)$，精度为 63.1388%；精细选择结果为 $(C, g) = (1, 1.6245)$，精度为 94.8821%。最终分类结果如图 8-57 所示，精度统计见表 8-17，地物面积百分比统计见表 8-18。

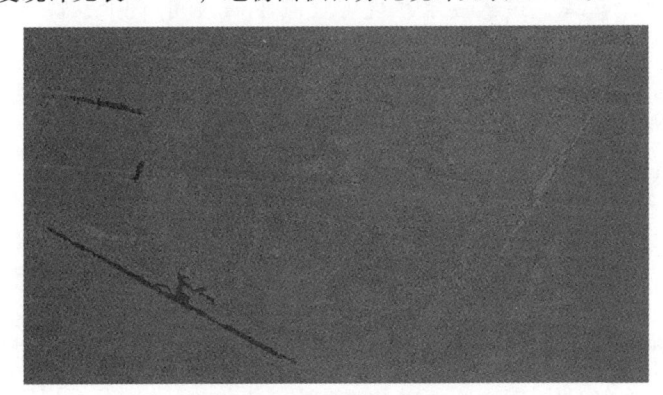

图 8-57 海啸后分类图

表 8-17 分类精度统计表

地物	建筑物	绿地和耕地	道路	水体
制图精度	86.79%	90.43%	84.67%	85.13%
总体精度	84.76%			
Kappa 系数	89.07%			

表 8-18　面积百分比统计

地物	水体	震害地区	完好道路	完好建筑物
所占百分比	47.39%	50.70%	0.68%	1.23%

从表 8-18 可以看出因为地震和海啸的原因，地面损毁达 50.07%，建筑物被损毁达 79.80%，道路损毁达 84.99%，积水覆盖区域达 38.51%，从统计数据看出日本 3.11 大地震引发的海啸对藤冢地区造成了极其严重的破坏。

参考文献

[1] 王艳秋. 利用卫星遥感技术进行气象灾害监测的研究 [D]. 哈尔滨：哈尔滨理工大学, 2006.

[2] 李才兴, 唐伶俐. 灾害遥感发展现状分析 [J]. 国际太空, 2002 (3): 12-16.

[3] 黄小雪, 罗麟. 遥感技术在灾害监测中的应用 [J]. 遥感应用技术, 2005, 13 (3): 24-26.

[4] 魏成阶. 中国地震灾害遥感应用的历史、现状及发展趋势 [J]. 遥感学报. 2009 (S1): 0332-344.

[5] 孙杰, 林宗坚, 崔红霞. 无人机低空遥感检测系统 [J]. 遥感信息, 2003, (1): 49-50.

[6] Hasegawa, H., Aoki, H., Yamazaki, F. Matsuoka, M. and Sekimoto, I., 2000b. Automated Detection of Damaged Buildings Using Aerial HDTV Images, Proceedings of the IEEE 2000 International Geoscience and Remote Sensing Symposium, IEEE, CD-ROM.

[7] H. Mitomi, F. Yamazaki, M. Matsuoka. Development of automated extraction method for building damage area based on maximum likelihood classifier. Proceedings of the 8th International Conference on Structural Safety and Reliability, CD-ROM, 8p, 2001.

[8] Matsuoka, M., Yamazaki, F. Use of satellite SAR intensity imagery for detecting building areas damaged due to earthquakes. Earthquake Spectra, 2004, 20 (3): 975-994.

[9] Mitomi, H., Yamzaki, F., Matsuoka, M. Automated detection of building damage due to recent earthquakes using aerial television images [C]. Proceedings of the 21st International Asian Conference on Remote Sensing, Taipei, 2000.

[10] M Sakamoto, Y Takasago, K Uto, S Kakumoto, Y Kosugi. Automatic detection of damaged area of Iran earthquake by high-resolution satellite imagery. in Proc. IGARSS, 2004, vol. 2: 1418-1421.

[11] 尹京苑,柳稼航,单新建,赵俊娟,基于图像结构信息的城市房屋震害特征自动提取技术 [J]. 遥感信息, 2004, 1: 27-30.

[12] 柳稼航,关泽群,等,基于影像区域分析的震害房屋建筑自动识别方法研究 [C]. // 全国遥感技术学术交流会, 2003.

[13] 任玉环,等,汶川地震道路震害高分辨率遥感信息提取方法探讨 [J]. 遥感技术与应用, 2009. 24 (1): 52-56.

[14] 李小文. 遥感原理与应用 [M]. 北京: 科学出版社. 2008.

[15] J. B. MacQueen. Some Methods for classification and Analysis of Multivariate Observations. Proceedings of 5-th Berkeley Symposium on Mathematical Statistics and Probability, Berkeley, University of California Press, 1: 281-297.

[16] 张文君等,基于均值-标准差的K均值初始聚类中心选取算法 [J]. 遥感学报, 2006, 10 (5): 715-721.

[17] 韦玉春. 遥感数字图像处理教程 [M]. 北京: 科学出版社. 2007.

[18] 贾永红. 数字图像处理 [M]. 武汉: 武汉大学出版社, 2003.

[19] JA Richards, Jia Xiuping. Remote Sensing Digital Image Analysis: An Introduction [M]. Berlin: Springer, 1999.

[20] 陈亮,刘希,张元. 结合光谱角的最大似然法遥感影像分类 [J]. 测绘工程, 2007. 16 (3): 40-42, 47.

［21］ 许凯，秦昆，杜鹃. 利用决策级融合进行遥感影像分类［J］. 武汉大学学报（信息科学版），2009（7）：826－829.

［22］ 童小华，张学，刘妙龙. 遥感影像的神经网络分类及遗传算法优化［J］. 同济大学学报（自然科学版），2008（7）：985－989.

［23］ 谭琨，杜培军. 基于支持向量机的高光谱遥感图像分类［J］. 红外与毫米波学报，2008，27（2）：123－128.

［24］ Lewinski S. Object-oriented classification of Landsat ETM + satellite. Journal of Water and Land Development，2006，vol 10：91－106.

［25］ Hellwich O, Wiedemann C. Object Extraction from High-resolution Multi-sensor Image Data. Sophia Antipolis, France, 2000.

［26］ 杜凤兰等. 面向对象的地物分类法分析与评价［J］. 遥感技术与应用，2004. 19（1）：20－23.

［27］ 王启田，林祥国，王志军，梁勇，李文杰. 利用面向对象分类方法提取冬小麦种植面积的研究［J］. 测绘科学，2008，33（2）：143－146.

［28］ 章毓晋. 图像工程：图像分析［M］. 北京：清华大学出版社，2006.

［29］ 许艳. 显微图像阈值分割算法的研究［J］. 应用光学，2010，31（5）.

［30］ Canny J. A Computational Approach To Edge Detection. IEEE Trans. Pattern Analysis and Machine Intelligence, 8：679－714, 1986.

［31］ 王骏，王士同，邓赵红，祁云嵩. 基于最小最大概率分割准则的图像阈值分割方法［J］. 模式识别与人工智能，2010，6：880－884.

［32］ 张玲. 一种基于最大类间方差和区域生长的图像分割法［J］. 信息与电子工程，2005（2）.

［33］ 龚雪晶. 基于Morton码的图像分裂合并算法研究［J］. 计算机工程与设计，2007（22）.

［34］ Definients Image GmbH. eCognition User Guide, 1999, Germany.

［35］ 刘忠艳. 一种基于置信度传播的立体匹配算法［J］. 自动化与仪器仪表，2010（1）.

[36] 何敏,张文君,王卫红. 面向对象的最有尺度分割尺度计算模型 [J]. 大地测量与地球动力学,2009,29(1):106-109.

[37] 田野. 面向对象的遥感影像多尺度自适应分割技术 [D]. 上海:上海交通大学,2009.

[38] R. M. Haralick, L. G. Shapiro. Image segmentation techniques. Computer Vision Graphics and Image Processing, 1985, 29:100-132.

[39] 魏飞鸣. 基于对象信息的遥感影像分类研究 [D]. 成都:电子科技大学,2008.

[40] André R. S. Marçal, Arlete S. Rodrigues. The Synthetic Image Testing Framework (SITEF) for the evaluation of multi-spectral image segmentation algorithms. 2009. IEEE. IV-236-IV-239.

[41] 黎小东. 面向对象的高空间分辨率遥感影像城市建筑物震害信息提取:以汶川县城为例 [D]. 成都:成都理工大学,2009.

[42] STRICKER, M., ORENGO, M. Similarity of Color Images. in Proc. SPIE Storage and Retrieval for Still Image and Video Databases III, February 1995, San Jose, CA, USA:381-392.

[43] T. Joachims Making large-Scale SVM Learning Practical. Advances in Kernel Methods - Support Vector Learning, B. Schölkopf and C. Burges and A. Smola (ed.), MIT-Press, 1999.

[44] Pearson, K. On Lines and Planes of Closest Fit to Systems of Points in Space (PDF). Philosophical Magazine. 1901, 2 (6):559-572.

[45] V. N. Vapnik. The Nature of Statistical Learning theory. Springer Verlag, New York, 1995.

[46] V. N. Vapnik. Statistical Learning theory. Wiley, New York, 1998.

[47] 蔡华利. 基于SVM的多源遥感分类的竹林信息提取方法研究 [D]. 北京:北京林业大学,2009.

[48] Keerthi, S. S., Lin, C.-J., 2003. Asymptotic behaviors of support vector ma-

chines with Gaussian kernel. Neural Comput. 15 (7), 1667-1689.

[49] Chien-Ming Huang. Model selection for support vector machines via uniform design. Computational Statistics & Data Analysis, 2007, 52: 335-346.

[50] Devijver, P. A., J. Kittler. Pattern Recognition: A Statistical Approach. Prentice-Hall, London, 1982.

[51] Kohavi, Ron. A study of cross-validation and bootstrap for accuracy estimation and model selection. Proceedings of the Fourteenth International Joint Conference on Artificial Intelligence. 1995, 2 (12): 1137-1143.

[52] 童玲, 李玉霞. 低空遥感技术与地震堰塞湖监测 [J]. 中国科学基金, 2008, 22 (6): 335-338.

[53] 赵福军. 遥感影像震害信息提取技术研究 [D]. 哈尔滨: 中国地震局工程力学研究所. 2010.